新能源科学与工程应用丛书

光伏发电原理、技术及其应用

朴政国　周京华　编著

机 械 工 业 出 版 社

本书系统地介绍了太阳能光伏发电原理、制造工艺，以及光伏发电系统的构成。首先，介绍了能源与环境问题、全球能源发展现状、可持续发展的理念，以及可再生能源发展的必要性，并阐述了光伏发电技术的发展史及发展现状。其次，重点阐述了太阳能电池的半导体物理基础理论、太阳能光伏发电原理及其基本特性、目前采用的太阳能电池材料和制造工艺。最后，介绍了光伏发电系统的结构及构成。本书力图向读者提供太阳能光伏发电技术的专业基础理论知识、太阳能电池制造工艺及技术，以及应用情况和发展前景。

本书可作为高等院校光伏发电相关专业本科生、研究生教材，也可供从事太阳能光伏相关领域的研发和工程技术人员学习及参考。

图书在版编目（CIP）数据

光伏发电原理、技术及其应用/朴政国，周京华编著.—北京：机械工业出版社，2020.1（2024.10重印）

（新能源科学与工程应用丛书）

ISBN 978-7-111-64564-1

Ⅰ.①光… Ⅱ.①朴… ②周… Ⅲ.①太阳能光伏发电-基本知识 Ⅳ.①TM615

中国版本图书馆CIP数据核字（2020）第013035号

机械工业出版社（北京市百万庄大街22号 邮政编码100037）

策划编辑：江婧婧 责任编辑：江婧婧 朱 林

责任校对：李 杉 封面设计：鞠 杨

责任印制：单爱军

北京虎彩文化传播有限公司印刷

2024年10月第1版第9次印刷

169mm×239mm · 14.75印张 · 298千字

标准书号：ISBN 978-7-111-64564-1

定价：69.00元

电话服务

客服电话：010-88361066

010-88379833

010-68326294

网络服务

机 工 官 网：www.cmpbook.com

机 工 官 博：weibo.com/cmp1952

金 书 网：www.golden-book.com

机工教育服务网：www.cmpedu.com

前 言

目前，新能源及可再生能源快速发展，其中太阳能光伏发电的发展速度最快。全球太阳能电池产量从1996年至2017年，22年间的年平均增速达到了42%，预计光伏发电将在2030年占到全球发电量的10%，对全球发电及能源供给做出实质性的贡献。

我国太阳能光伏产业也在快速增长，有一批具有国际竞争力的光伏生产企业，形成了具有规模化、国际化、专业化的产业链。2003年我国成为世界上最大的光伏组件生产国，2017年硅片产量达到了87GW，占全球产量的90%以上，几乎全球硅片都来源于我国。同时，我国光伏系统装机容量大幅提高，2017年新装机容量占全球市场的比重达到52%，累计装机容量达到130.48GW。

然而在光伏产业高歌猛进的同时，由于其是一个综合性的高技术产业，涉及电子学、光学、电工学、化学、材料学及建筑学等多学科，我国目前的人才市场严重缺乏全方位的光伏技术专业人才。为了缓和光伏领域专业人才匮乏的局面，一些大学设立了光伏专业，开设了光伏发电相关的专业课程，培养了专业人才。希望本书为高等院校本科生、研究生，以及相关工程技术人员和从业人员提供光伏发电技术的基础理论知识及技术要点，为培养光伏领域专业人才、推动我国光伏产业的发展发挥作用。

全书分为7章。第1章介绍了能源与环境问题、全球能源发展现状、可持续发展的理念以及可再生能源发展的必要性，并阐述了光伏发电技术的发展史及我国光伏产业现状。第2章介绍了太阳辐射基础理论以及太阳能资源的分布。第3~6章系统地介绍了太阳能电池的半导体物理基础理论、光生伏特效应基本原理及其输出特性以及硅基太阳能电池材料和制造工艺。第7章介绍了光伏发电系统的结构及构成。

本书的作者在编写过程中力求相关理论知识全面而准确、信息量大而有力、表述清晰流畅。但作者水平有限，书中难免存在欠缺、疏漏及错误之处，恳请广大读者批评指正，不吝赐教。

作者

2019年10月

目　录

前　言

主要参数符号表

主要参数符号表

A 理查逊常数

A^* 有效理查逊常数

A_{cell} 太阳能电池面积

A_s 太阳方位角

a （1）晶格常数

（2）加速度

b 维恩常量

c 真空中的光速

CP 太阳能电池收集概率

D 扩散系数

D_n 电子扩散系数

D_p 空穴扩散系数

D_{Sun} 太阳直径

d 厚度

E 电子能量

E_0 真空中静止电子能量

E_A 受主能级

E_C 导带底能量

E_D 施主能级

E_F 费米能级

E_F^n 电子的准费米能级

E_F^p 空穴的准费米能级

E_{Fn} n 型半导体的费米能级

E_{Fp} p 型半导体的费米能级

E_g 禁带宽度

E_i （1）本征费米能级

（2）禁带中部位置

E_t 复合中心能级

E_V 价带顶能量

$\boldsymbol{E}$ 电场强度

F （1）自由能

（2）力

$f(E)$ 费米分布函数

$f_B(E)$ 玻耳兹曼分布函数

FF 太阳能电池填充因子

G 太阳辐射强度

G_{CN} 载流子净产生率

G_{DH} 地面太阳辐射强度

G_{DN} 地表面直射太阳辐射强度

G_{EA} 大气层外太阳辐射强度

G_{GN} 地表面总太阳辐射强度

G_s^* 太阳辐射强度

G_{sc} 太阳常数

G_θ 任意平面太阳辐射强度

$g(E)$ 状态密度

$g_C(E)$ 导带底状态密度

$g_V(E)$ 价带顶状态密度

GR 光注入时电子－空穴对生成率

H 磁场强度

h 普朗克常数

η 狄拉克常数

I 电流强度

I_D pn 结结电流

I_m 太阳能电池最大功率点电流

I_{ph} 太阳能电池光生电流

I_s pn 结反向饱和电流

I_{SC} 太阳能电池的短路电流

J 电流密度

j^* 物体辐射度

J_F pn 结正向电流密度

J_{FD} pn 结正向扩散电流密度

J_G 势垒区产生电流密度

J_n　电子电流密度
J_p　空穴电流密度
J_{ph}　光生电流密度
J_r　势垒区复合电流密度
J_s　反向饱和电流密度
k　（1）波矢量
　（2）消光系数
k_0　玻耳兹曼常数
L　扩散长度
L_n　电子扩散长度
L_p　空穴扩散长度
l　长度
M_{Sun}　太阳质量
m_0　电子惯性质量
m_n^*　电子有效质量
m_p^*　空穴有效质量
N　（1）折射率
　（2）电子浓度
N_0　表面入射光子通量
N_A　受主浓度
N_C　导带的有效状态密度
N_D　施主浓度
N_t　复合中心浓度
N_S　太阳能电池的串联数
N_P　太阳能电池的并联数
N_V　价带的有效状态密度
n_0　平衡电子浓度
n_D^+　电离施主浓度
n_i　本征载流子浓度
n_s　表面载流子浓度
n_t　复合中心电子浓度
Δn　非平衡电子浓度
P　功率
P_m　太阳能电池最大输出功率
p　（1）空穴浓度
　（2）动量
p_0　平衡空穴浓度
Δp　非平衡空穴浓度
q　电子电荷
QE　太阳能电池量子效率
QR　太阳能电池生成概率
R　（1）电阻
　（2）反射系数
　（3）复合率
　（4）日地距离
R_s　太阳能电池串联内阻
R_{sh}　太阳能电池并联内阻
r　（1）复合概率
　（2）俘获系数
r_n　电子俘获系数
r_p　空穴俘获系数
r_s　太阳半径
S　能流密度
S_p　空穴扩散流密度
SR　太阳能电池光谱响应
T　透射系数温度
t　时间
t_s　真太阳时
V　（1）电压
　（2）电势
　（3）体积
V_D　pn 结内建电势差
V_F　正向偏压
V_m　太阳能电池最大功率点电压
V_{OC}　太阳能电池开路电压
V_S　表面势
W　功函数
W_m　金属功函数
W_S　半导体功函数
X_D　pn 结耗尽层宽度
α　（1）吸收系数
　（2）太阳高度角

ε	介电常数
η	效率
λ	波长
μ	（1）平均漂移速度
	（2）迁移率
μ_n	电子迁移率
μ_p	空穴迁移率
ρ	电阻率
σ	（1）电导率
	（2）斯特藩-玻耳兹曼常数
σ_i	本征电导率
σ_n	n 型电导率
σ_p	p 型电导率
δ	赤纬角
ω	时角
θ_{ZS}	太阳天顶角
ϕ	观测者地理纬度
Φ_s	太阳辐射总功率
ϕ_n	肖特基势垒高度
v	频率
χ	电子亲和能

Chapter

1 第1章 绪　论

1.1 能源

1.1.1 能源的概念

自然资源（能源）指在一定时期和地点，在一定条件下具有开发价值、能够满足或提高人类当前和未来生存和生活状况的自然因素和条件，包括气候资源、水资源、矿物资源、生物资源和能源等。

能是物质做功的能力，能量是指能的数量，其单位是焦耳（J）。能量是考察物质运动状况的物理量，是物体运动的度量。如物体运动的机械能、分子运动的热能、电子运动的电能、原子振动的电磁辐射能、物质结构改变而释放的化学能、粒子相互作用而释放的核能等。

能量的来源即能源，自然界中能够提供能量的自然资源及由它们加工或转化而得到的产品都统称为能源。也就是说，能源就是能够向人类提供某种形式能量的自然资源，包括所有的燃料、流水、阳光、地热、风等，它们均可通过适当的转换手段使其为人类生产和生活提供所需的能量。例如煤和石油等化石能源燃烧时提供热能，流水和风力可以提供机械能，太阳的辐射可转化为热能或电能等。

1.1.2 能源的分类

在能源的获取、开发和利用的过程中，为了表达的需要，可以根据其生成条件、使用性能、利用状况等进行分类。能源的分类方式多种多样，本节仅介绍常用的几种。

1. 按生成条件分类

按生成条件分类，可以把能源分为一次能源与二次能源。

一次能源又称自然能源，指以天然形态存在于自然界中（现成存在），可直接取得而不需改变其基本形态的能源，如煤炭、石油、太阳能、风能及地热能等。对于一次能源来说，各种燃料的热值是不同的，在统计能源的生产和消费，特别是在计算能耗指标时，常定义一种假想的标准燃料，即标准煤。标准煤的热值为 2.9×10^4kJ/kg，各种燃料均可按平均发热量折算成标准煤。

自然界中一次能源的初始来源，大致有3种情况。

1）第一类能源是来自地球以外天体（主要是太阳）的能量，例如能以光和热的形式直接利用的太阳能，能以化石或生物体等物质形式存储的能量，能以风、水流、波浪等形式体现的能量。

2）第二类能源是来自地球内部的能源，主要是核能和地热能，还包括地震、火山喷发和温泉等自然呈现的能量。

3）第三类能源是地球与其他天体相互作用产生的能量，例如月亮、太阳引力变化形成的潮汐能。

为了满足生产和生活的需要，有些能源通常需要经过加工进行直接或间接的转换才能使用。由一次能源经加工转换而获得的另一种形态的能源即为二次能源，如电能、沼气、酒精、汽油以及氢能等，其中电能是最重要的二次能源。

2. 按发展应用状况分类

按发展应用状况分类，可把能源分为常规能源与新能源。

常规能源是在当前的技术水平和利用条件下，已被人们广泛应用了较长时间的能源，这类能源使用较普遍，技术较成熟，现阶段主要有煤炭、石油、天然气、水能、核（裂变）能等。它们的工业化程度非常高，在总耗能量中占据绝对优势和份额。

新能源是由于技术、经济或能源品质等因素的限制而未能大规模使用的能源，有的甚至还处于研发或试用阶段，如太阳能、风能、海洋能、地热、生物质和氢能等。

常规能源与新能源的分类是相对的，在不同历史时期会有变化，这取决于应用历史和使用规模。例如在 20 世纪 50 年代，核（裂变）能属于新能源，现在有些国家已把它归为常规能源。有些能源虽然应用的历史很长，但正经历着利用方式的变革，而那些较有发展前途的新型应用方式尚不成熟或规模尚小，也被归为新能源，例如太阳能、风能。在中国，新能源指除常规化石能源和大中型水力发电、核裂变发电之外的一次能源，包括生物质能、太阳能、风能、地热能，以及海洋能。

3. 按循环恢复能力分类

按循环恢复能力分类，能源分为非再生能源和可再生能源。

非再生能源又称不可再生能源，指用完后不可重新生成的能源，这类能源总有一天会枯竭，如化石燃料和核燃料均为非再生能源。据估计，按照现有的探明储量和开采程度，地球上的化石燃料最多还可使用几百年。

而可再生能源则可以循环使用，能够有规律地不断得到补充，没有使用期限，也不会因长期使用而减少，如太阳能、水能、风能、海洋能、地热能和生物质能，均为可再生能源。

4. 按能源存在和转移形式分类

能源按其能源存在和转移形式可以分为能体能源和过程性能源。

能体能源包含能量的物质或实体。这类能源可以直接存储和运输，例如化石燃料、核燃料、生物质、地热水和地热蒸汽。

过程性能源是随着物质运动而产生、并且仅以运动过程的形式存在的能源。这类能源无法直接存储和运输。如风、水、海潮、波浪和地热等。

5. 按环境污染程度分类

按环境污染程度分类，能源分为清洁能源和非清洁能源。

清洁能源是指对环境没有污染或污染较小的能源，有时也叫绿色能源，如太阳能、风能、海洋能、垃圾发电和沼气等。

非清洁能源是指可能对环境造成较大污染的能源，例如煤炭等化石燃料。清洁与非清洁能源的划分也是相对的，能源分类见表1-1。

表1-1 能源分类

能源类别		可再生能源	非再生能源
一次能源	第一类能源 来自地球以外天体的能源	太阳能 生物质能 风能 水能 海水温差能 海水盐差能 海洋波浪能 海（湖）流能 雷电 宇宙射线	煤炭 石油 天然气 油页岩
	第二类能源 来自地球内部能源	地热能 地震 火山喷发 温泉	核能
	第三类能源 产生于地球和其他天体相互作用	潮汐能	
二次能源	燃料能源	焦炭 煤气 沼气 氢能 酒精 汽油 柴油 煤油 重油 液化气 电石	
	非燃料能源	电力 蒸汽 热水	

1.1.3 能源的品质

各种能源均有优点，也各有不足。从开发、利用的角度考虑，可以从以下几个方面对其进行评价和比较。

1. 能流密度

能流密度是指在单位空间或单位面积内，能够从某种能源获得的功率。化石燃料与核燃料的能流密度大，各种可再生能源的能流密度一般都比较小。能流密度太小，经济性就会过差，不利于开发利用。

2. 开发费用和设备造价

对于化石能源与核燃料，探、采、加工、运输均需投入大量人力和物力，而其发电设备单位容量的初期投资较小。而可再生能源的开发费用主要是开发能源的一次性投资，其设备造价比较高，而运营费用很低。开采和利用的成本与能源的转化和利用的技术难度关系很大。随着技术的发展、政策的倾斜、污染代价的计入，对于需要能源规模不是很大的场合，可再生能源发电的初期投资相对成本正在不断降低。

3. 存储的可能性与供能的连续性

在工业、农业和人们的日常生活中，对能量的需求都存在着高峰、低谷、间歇等规律，有时要求持续很长时间不间断地供能，这就要求所使用的能源在不需要的时候能够存储起来，需要时能立即输出。在这方面，化石燃料都比较容易存储，也便于连续供应；而太阳能、风能等可再生能源则不易保存，能量供应也可能有波动性和间歇性。

4. 运输费用与损耗

运输过程本身也要投资并消耗能源，远距离运输的成本和损耗会影响能源的使用。太阳能、风能、地热能难以运输，但可以就地利用，无需运输。而化石燃料可以运输，但要考虑运输的成本和耗能。

5. 对环境的影响

随着环保呼声的提高和可持续发展概念的提出，人类对环境的重视会进一步加强，对排污指标的限制也将增加。化石燃料燃烧过程中会排放 CO_2 等温室气体，甚至还有一些有毒或腐蚀性物质，对环境影响较大。核燃料有放射性污染及废料处理的问题。即使是水力发电，也会对生态平衡、土地盐碱化、灌溉与航运造成不利影响，需要加以考虑。而可再生能源大多对环境的影响较小。

6. 蕴藏量

蕴藏量是能源品质评价的一个重要方面，储量少的能源就没有开发利用的价值，与蕴藏量有关的评价还应考虑其可再生性和地理分布情况。像化石燃料等非再生能源，蕴藏量是有限的，总有用完的时候。而太阳能、风能等可再生能源可以循环使用，不断地得到补充，即使每年更新的数量有限，长期来看，也是无穷无尽的。

7. 能源品位

能源品位反映的是能源利用的方便程度。其中，二次能源要比一次能源品位高。而能直接变成机械能和电能的能源（如水力和风能），要比那些必须先经过热利用环节的能源（如化石燃料）的品位高。

从以上几个方面评价能源的品质，应以动态的观点来衡量。随着科学技术的进步和应用的发展，其各项指标都可能发生变化，也许会得到改善。

1.2 能源与社会发展

1.2.1 能源利用与人类文明

能源是人类赖以生存的物质基础，是国民经济发展的命脉。天然能源的原始利用起源非常早，几十万年以前人类就学会了用火，这是利用能源的第一次大突破。在漫长的岁月里，人类一直以柴草为生活能量的主要来源，燃火用于烧饭、取暖和照明，这一时期也被称为柴草时期。后来人类逐渐学会将畜力、风力、水力等自然动力用于生产和交通运输。

2000多年以前人类就知道煤炭可以作为燃料。14世纪的中国、17世纪的英国采煤业都已相当发达，但煤炭长期未能在能源消费结构中占据主导地位。在1860年的世界能源消费结构中，薪柴和农作物秸秆仍占能源消费总量的73.8%，煤炭仅占25.3%。

18世纪70年代，英国的瓦特制成了以煤炭作为燃料的改良型蒸汽机，这种蒸汽机得到迅速推广，大大推动了机器的普及和发展。人类社会由此进入了“蒸汽时代”。蒸汽机的广泛应用使煤炭迅速成为第二代主体能源，煤炭时期即从此时开始。煤炭在世界一次能源消费结构中所占的比重，从1860年的25%，上升到1920年的62%。煤炭的大量使用，使人类进入了机械化时代。

之后便是石油时代。人类很早就发现了石油，《汉书》《梦溪笔谈》中都有描述。直到19世纪，石油工业才逐渐兴起。1854年，美国宾夕法尼亚州开采出了世界上第一口油井，是现代石油工业的开端。1886年，德国人本茨和戴姆勒研制出第一辆以汽油为燃料、由内燃机驱动的汽车，从此进入大规模使用石油的汽车时代。石油和天然气逐渐取代煤炭，在世界能源消费构成中占据主要地位。1965年，在世界能源消费结构中，石油首次超过煤炭占居首位，成为第三代主体能源。到1979年，石油所占的比重达到54%，相当于煤炭的3倍。

原始能源最广泛的利用方式是转化为电能。1881年，美国建成了世界上第一个发电站，同时还研制出电灯等实用的用电设备。从此以后，电力的应用领域越来越广，发展规模也越来越大，人类社会逐步进入电气化时代。石油、煤炭、天然气等化石燃料被转换成更加便于输送和利用的电能，进一步推动了工业革命，带来了巨大的技术进步。

1973年西方世界爆发了石油危机，宣告了石油时代的结束。核能利用迅速发展起来，在世界能源结构中占据了重要位置。到20世纪90年代，核能发电所提供的电力已占全世界发电总量的17%左右。

进入21世纪以来，太阳能、风能、海洋能、生物质能等可再生能源发展很快，并且逐渐走向成熟化和规模化，所占的比重也有望大幅度提高，为人类解决能源和环保问题开辟了新的天地。

1.2.2 全球能源发展现状

根据英国石油公司（British Petroleum，BP）发布的《BP世界能源统计年鉴》2017版，截至2016年化石能源探明可采储量分别为，全球石油2407亿吨、天然气186.6万亿立方米，以及煤炭11393.31亿吨，折合1.72万亿吨标准煤，其中煤炭占 66.1%。这些化石能源在全球分布不均匀，48%的石油资源分布在中东地区，73%的天然气资源分布在中东地区和欧洲及欧亚大陆，47%的煤炭资源分布在亚太地区，如图 1-1 所示。中国化石能源以煤炭为主，其可采储量为 2440.1 亿吨，占 95.3%；石油可采储量为 36 亿吨，占 2%；天然气 5.4 万亿立方米，占 2.7%。

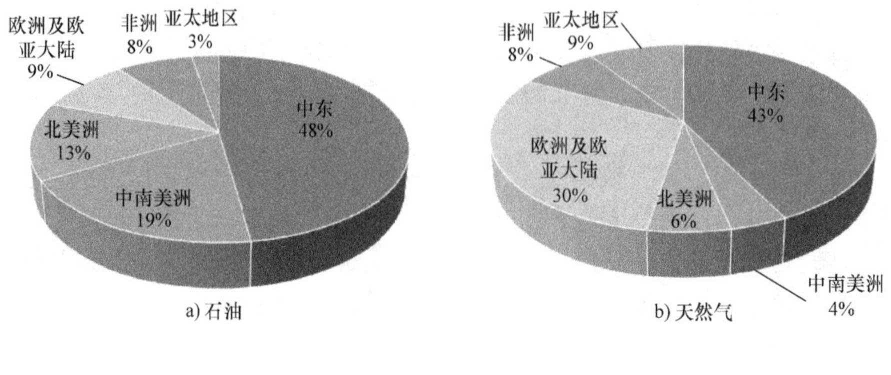

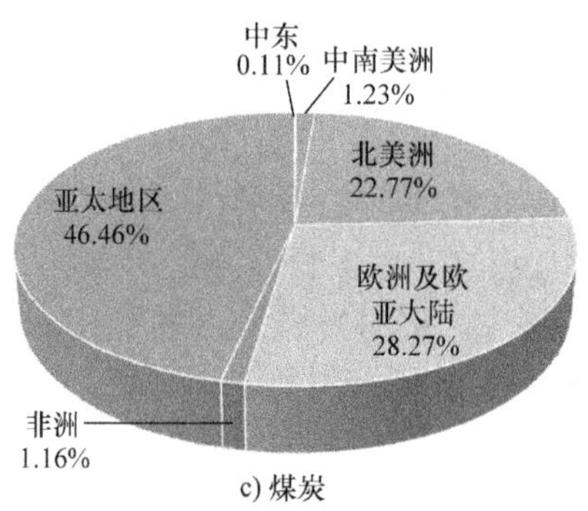

图 1-1　截至 2016 年化石能源探明可采储量的分布

全球能源消费持续增长，2016 年全球一次能源消耗达到 189.6 亿吨标准煤，增长 1.3%，2006～2016 年全球一次能源消耗量如图 1-2 所示。其中石油消费量为 63 亿吨标准煤，占 33%，为消费量最大的能源品种。其次为煤炭，占 28%，天然气占 24%，2006 年与 2016 年全球一次能源消费结构如图 1-3 所示。化石能源面临枯竭、污染排放严重等现实问题，占比逐步降低，而清洁能源不仅总量丰富，而且低碳环保、可以再生，消费量逐步增多。水电及可再生能源的消费量持续增长，2016 年水电消费量达到了 13 亿吨标准煤，同比增长 3.0%，近十年增长约 32%，占一次能源消费量的 6.86%；2016 年可再生能源消费量达到了 6 亿吨标准煤，同比增长 14.4%，近十年增长约 350%，占一次能源消费量的 3.16%。

目前，石油是全球一次能源消费量最大的能源品种，2016 年全球石油产量和消费分布如图 1-4 所示。中东地区和俄罗斯石油产量合计占 46.8%，而其石油消费量只占全球消费总量的 12.8%。与此相反，北美、欧洲和亚太地区石油产量合

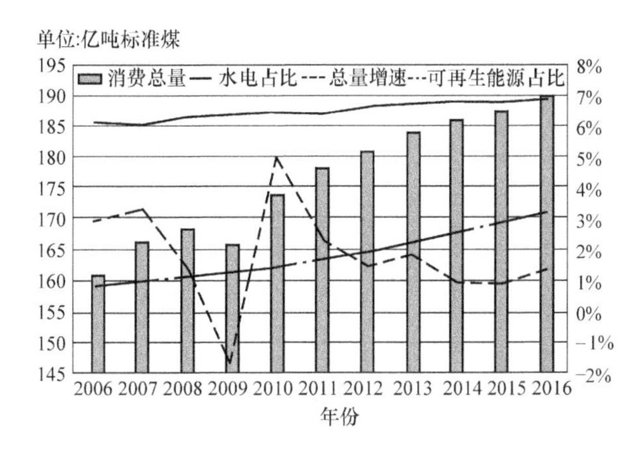

图 1-2 2006 ~ 2016 年全球一次能源消耗量

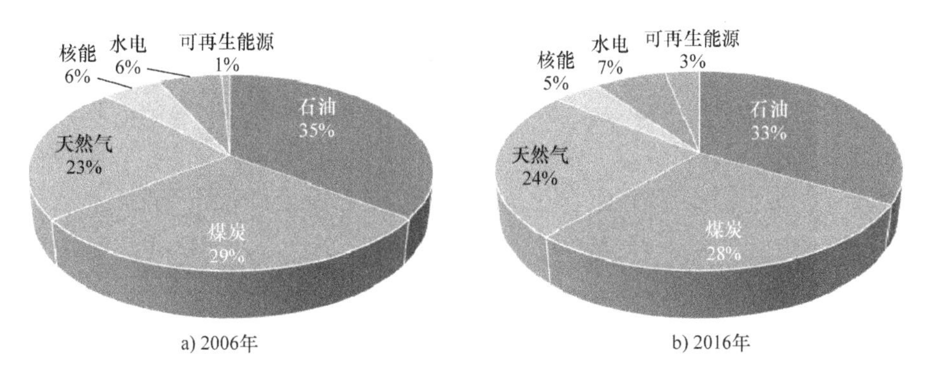

图 1-3 全球一次能源消费结构

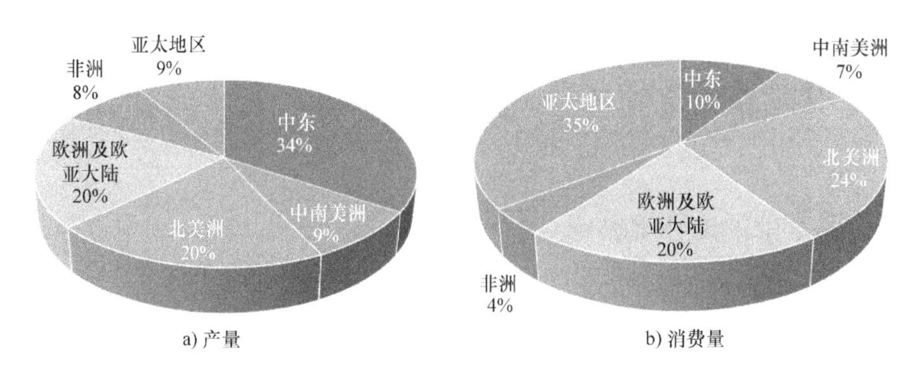

图 1-4 2016 年全球石油产量和消费分布

计占全球总产量的 35.9%，而消费量却占 75.6%。

随着产业转移和人口比重变化，发达国家在全球一次能源消费中所占比重下降，发展中国家占比上升。2016 年亚太地区一次能源消费达到 79.7 亿吨标准煤，同比增长 2.4%，近 10 年增长 42%，占全球比重约 42%。亚太地区一次能源消费量及增长如图 1-5 所示，全球一次能源消费格局如图 1-6 所示。

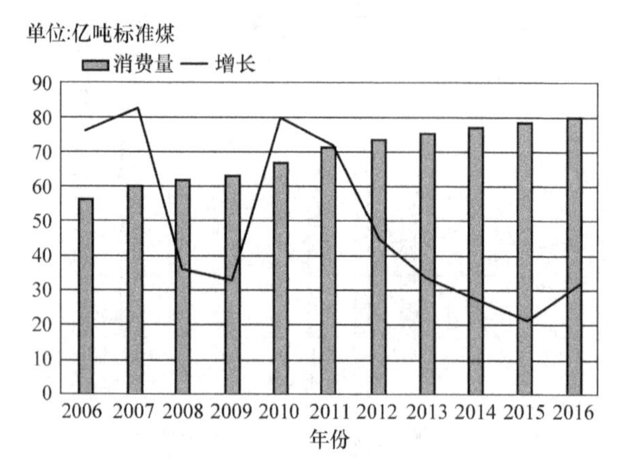

图 1-5　亚太地区一次能源消费量及增长

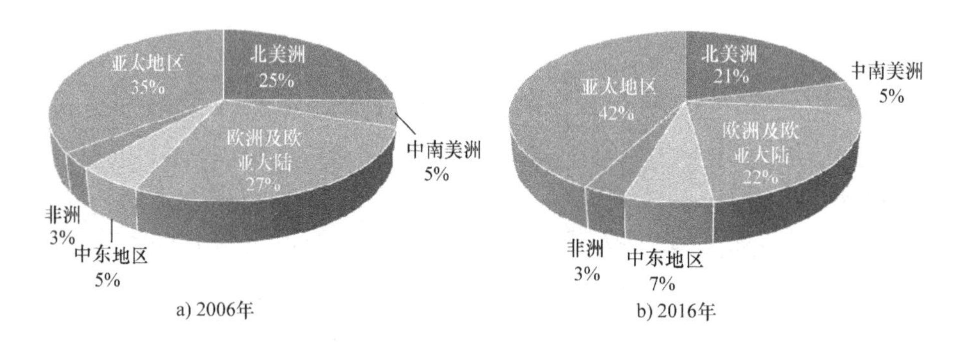

图 1-6　全球一次能源消费格局

1.3　能源与环境问题

1.3.1　常规能源的环境影响

人类既是环境的产物，又是环境的改造者。但由于人类认识能力和科学技术水平的限制，在利用能源的过程中，造成了对环境的污染和破坏。

根据热力学定律，任何能量转换装置的效率都不能达到 100%，实际效率较低。例如，火电厂将煤的化学能转化为电能的效率约为 40%；汽车发动机将石油化学能转化为机械能的效率约为 25%；核电站的效率约为 33%。大部分能源在消费过程中以热能的形式散失于环境，造成热污染，同时还向环境排放有害污染物[1]。

1. 环境污染物

化石能源的应用直接导致空气污染、水体和土壤污染、放射性污染以及热污染等。化石燃料在其燃烧利用过程中排放 CO、SO_2、NO_x、碳氢化合物以及烟尘等物质会直接污染大气。

根据世界资源研究所（World Resources Institute，WRI）给出的温室气体数据显示，2014 年全球温室气体排放总量为 457.4 亿吨二氧化碳当量（Carbon Dioxide Equivalence，CO_2e），同比增长 1%。其中，CO_2 排放量为 347 亿吨，同比增长 0.9%，占 75.9%；CH_4 排放量为 72 亿吨二氧化碳当量，同比增长 1%，占 15.7%；N_2O 排放量为 29.65 亿吨，同比增长 1.58%，占 6.5%；含氟气体排放量为 8.74 亿吨，同比增长 6.13%，占 1.9%，见表 1-2。能源行业排放量最多，达到 358.2 亿吨，占 78.3%，主要为电力及供热行业，排放量达到了 153 亿吨，占排放总量的 33.47%。此外，交通运输业排放量达到了 75.47 亿吨，占 16.5%。表 1-2 为 2011 ~2014 年全球温室气体排放量数据。

表 1-2　全球温室气体排放量（2011 ~2014 年）

单位：亿吨二氧化碳当量

年度	总量	CO_2	CH_4	N_2O	含氟气体	能源	工业	农业	垃圾
2011	440.6	333.9	70.37	29.10	7.23	346.63	27.33	51.80	14.83
2012	445.3	337.3	70.98	29.33	7.73	349.47	28.76	52.13	14.95
2013	452.6	343.9	71.29	29.19	8.24	355.20	30.54	51.79	15.07
2014	457.4	347.01	72.0	29.65	8.74	358.20	31.56	52.46	15.19

根据国家统计局给出的我国污染物排放数据中，2014 年 SO_2 排放量为 1974.4 万吨，同比下降 3.4%。其中，工业排放量为 1740.3 万吨，城镇生活排放量为 233.9 万吨。NO_x 排放量为 2078 万吨，同比下降 6.7%。其中，工业排放量为 1404.8 万吨，机动车排放量为 627.8 万吨，城镇生活排放量为 45.1 万吨。烟尘排放量为 1740.8 万吨，同比增长 36%。其中，工业排放量为 1456.1 万吨，机动车排放量为 57.4 万吨，城镇生活排放量为 227.1 万吨。表 1-3 为 2011 ~2014 年我国废气中主要污染物排放量数据。

表 1-3　中国废气中主要污染物排放量（2011 ~2014 年）　单位：万吨

	年度	排放总量	工业源	生活源	机动车	集中式
SO_2	2011	2217.9	2017.2	200.4	—	0.3
	2012	2117.6	1911.7	205.7	—	0.2
	2013	2043.9	1835.2	208.5	—	0.2
	2014	1974.4	1740.3	233.9	—	0.2

（续）

	年度	排放总量	工业源	生活源	机动车	集中式
NO_x	2011	2404.3	1729.7	36.6	637.6	0.4
	2012	2337.8	1658.1	39.3	640.0	0.4
	2013	2227.4	1545.6	40.8	640.6	0.4
	2014	2078.0	1404.8	45.1	627.8	0.3
烟尘	2011	1278.8	1100.9	114.8	62.9	0.2
	2012	1235.8	1029.3	142.7	63.6	0.2
	2013	1278.1	1094.6	123.9	59.4	0.2
	2014	1740.8	1456.1	227.1	57.4	0.2

2. 对环境的影响

污染物在大气中经过物理过程和光化学反应形成酸雨和光化学烟雾，影响到整个环境。大气中有害气体对环境的影响如图 1-7 所示。

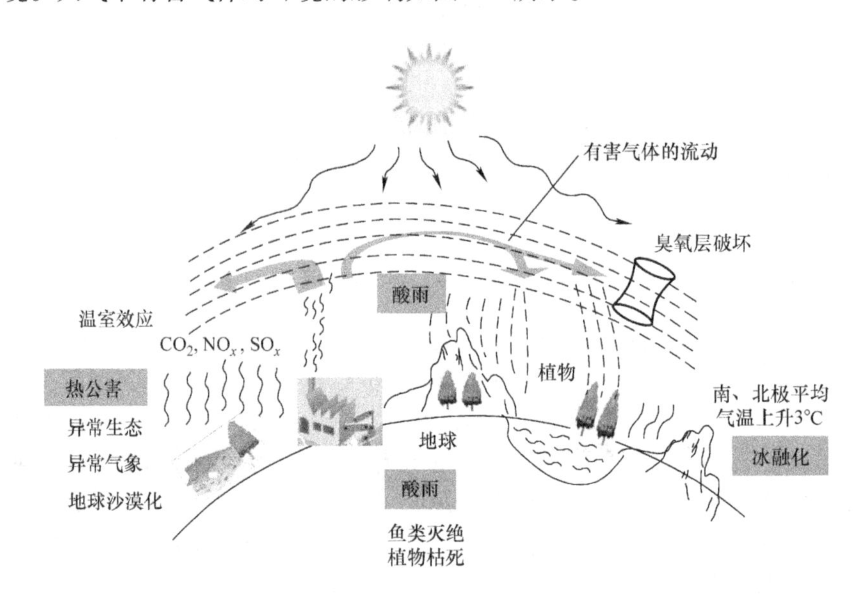

图 1-7　大气中有害气体对环境的影响

1）大气污染：化石燃料的利用过程中产生的 CO、SO_2、NO_x 等有害气体，不仅会导致生态系统的破坏，还会直接损害人体健康。在很多国家和地区，因大气污染造成的直接和间接损失已经相当严重。

2）酸雨：SO_2、NO_x 等污染物经大气传输，在一定条件下形成酸雨，危害农作物和森林生态系统，破坏水生生态系统，腐蚀材料，造成重大经济损失。酸雨还导致地区气候变化。

3）温室效应：大气中 CO_2 的浓度增加，地表平均温度将上升，尤其在极地，结果可能导致海平面上升，将给许多国家造成严重的经济和社会影响。现在由于大量化石能源的燃烧，大气中 CO_2 浓度正不断增加。

4）其他影响：若再考虑能源开采、运输和加工过程中的不良影响，则造成的损失将更为严重。如煤炭开采会有人员伤亡和土地塌陷。核能的利用虽然不会产生上述污染物，但存在核废料问题。世界范围内的核能利用，将产生成千上万吨的核废料。如果不能妥善处理，放射性物质的危害或风险将持续几百年。

1.3.2 可持续发展战略

联合国世界环境与发展委员会完成调查报告《我们共同的未来》，提出了可持续发展概念。这一概念及其构想在 1992 年联合国环境与发展大会上得到世界一百多个国家的认同[2]。可持续发展就是“满足当代人的需求，又不损害子孙后代满足其需求能力的发展”。且由于现在不容乐观的能源及环境形势，世界各国纷纷采取行动鼓励可再生能源的发展。

美国在 2007 年由布什总统签署了新的能源法案，即《能源独立与安全法》（也称《新能源法》）。该法案主要强调了节能提效和发展替代能源，将发展替代能源提高到“国策”的地位，对美国联邦机构建筑和商业建筑的能耗标准做出了新的规定，大范围推广节能产品，淘汰白炽灯等[3]。2009 年，奥巴马政府提出能源新政，大力发展清洁能源，每年拨款 150 亿美元，鼓励可再生能源利用。同时，通过了《清洁能源与安全法案》，首次提出国家减排方案，同时也正式提出了国家层面的可再生能源目标，即在 2020 年可再生能源的比重达到 20%[4]。2011 年 3 月，奥巴马政府在公布的《能源安全未来蓝图》中勾勒出美国能源的发展方向，提出节能减排的推广，降低能源消耗，并加快清洁能源的发展进程，政府发挥示范效应，引领世界开拓新兴能源的供应[4]。

而欧盟早在 1997 年即发表了《可再生能源发展白皮书》，而后在 2000 年发表了《能源安全绿皮书》，之后 2003 年的《生物液体燃料发展规划》，2005 年的《生物质能发展行动计划》，2006 年建立的《欧洲可持续、可竞争、安全的能源战略绿皮书》都显示了欧盟开发新能源的决心[5]。欧盟 2007 年制定“20－20－20”战略，提出到 2020 年将温室气体排放量在 1990 年基础上减少 20%，可再生能源占一次能源消费的比例在 2006 年 8.2% 的基础上提高到 20%，能源利用效率提高 20%[6]。2014 年 1 月，欧盟发布《2030 年气候和能源框架》，进一步提出到 2030 年温室气体减排 40%，可再生能源比重至少达到 27%[7]。

据预计，到 2070 年，世界上 80% 的能源为可再生能源，表 1-4 为各国新能源利用计划。

表 1-4　各国新能源利用计划

国家	2020 年	2050 年
美国	可再生能源发电比例达 20%	—
加拿大	水电比例达 76%	—
德国	可再生能源发电比例达 20%	可再生能源发电比例达 50%
英国	可再生能源发电比例达 20%	—
法国	—	可再生能源发电比例达 50%
日本	到 2030 年，可再生能源发电比例达 20%	
中国	可再生能源发电比例达 12%	可再生能源发电比例达 30%

目前，可再生能源总量越来越多，可再生能源在人类的总能耗中占有越来越重要的地位。

根据 REN21 发布的《2018 年可再生能源全球现状报告》，2017 年全球可再生能源发电新增装机容量达到 167GW，总的装机容量达到 2179GW，同比增长 8.3%。截至 2017 年，可再生能源装机容量分布如图 1-8 所示。2017 年全球光伏发电新增装机总量为 98GW，累计装机容量达到了 402GW，同比增长 32%。新增光伏装机容量大于燃煤、天然气和核电净增装机容量之和，自 2016 年创下新增装机容量纪录后，光伏连续第二年成为新增装机排行的榜首。2017 年全球风电新增装机容量约为 52GW，累计装机容量提升至 539GW 左右，同比增长约 11%。全球海上风电增长 30%。总体而言，可再生能源在 2017 年全球电力装机净增量中的比重约为 70%。

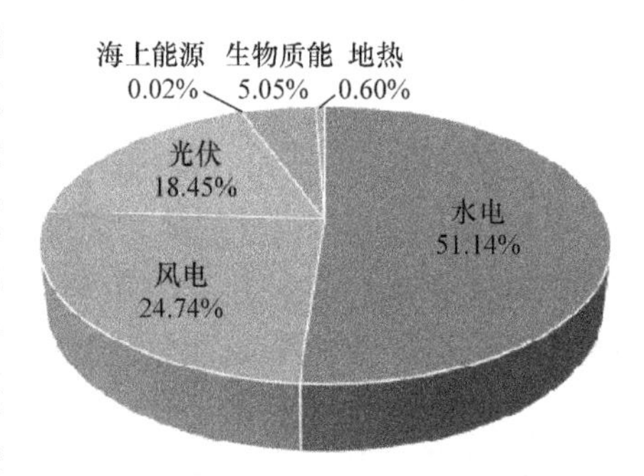

图 1-8　2017 年可再生能源装机容量分布

1.4　我国能源概述

1.4.1　我国能源现状、问题与对策

新中国成立以来，尤其是改革开放以后，随着我国经济的快速发展，能源消费总量也出现了较大幅度的增长。根据国家统计局发布的《中国统计年鉴 2017》及《新中国六十年统计资料汇编》，1949 年新中国成立时，全国一次能源生产总量为 2374 万吨标准煤，居世界第 10 位。1953 年，一次能源的生产总量和消费总量分别为 5192 万吨和 5411 万吨标准煤。1978 年，一次能源的生产总量和消费总量分别达到 6.2 亿吨和 5.7 亿吨标准煤。1998 年，一次能源的生产总量和消费总量分别

达到12.4亿吨和13.6亿吨标准煤，居世界第三位，成为世界能源大国。2009年，一次能源消费总量达到33.26亿吨标准煤，跃居世界第一位（见图1-9）。2016年，一次能源消费总量达到43.6亿吨标准煤，其中原煤27亿吨标准煤，占62.06%；石油8.1亿吨标准煤，占18.62%；天然气2.75亿吨标准煤，占6.25%，如图1-10b所示。

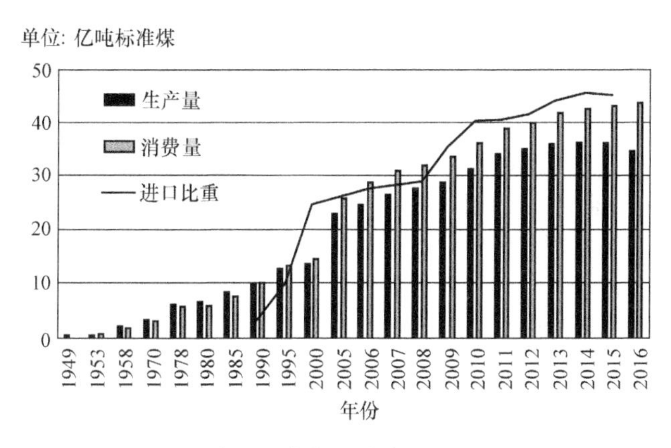

图1-9 我国一次能源消费量及进口比重

同时，我国能源消费结构也正在变化，效率相对较低的煤炭消费比重逐渐降低，效率相对较高的石油、天然气比重逐渐增大，且水电及可再生能源等绿色能源消费比重快速增长，如图1-10所示。

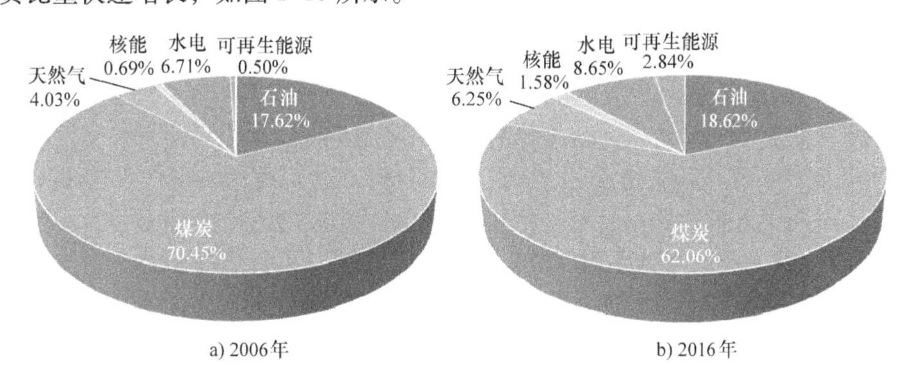

图1-10 我国能源消费结构

我国能源环境存在着许多问题，如人均能耗低、人均能源资源不足、能源效率低以及污染环境等。虽然能源结构有所改善，但是，目前仍然以煤为主，占比达到62%，效率低、污染环境、交通运输压力大。并且，虽然已是能源消费第一大国，但是人均能源资源不足，特别是石油及天然气。2016年石油进口量达到3.826亿吨，同比增长13.8%，占石油消费量的66%。2016年天然气进口量达到723亿立方米，同比增长21.7%，占天然气消费量的34.4%。

我国针对国内能源发展中存在的问题，提出了能源发展的对策，包括：坚决实施能源节约战略方针，提高能源利用率；大力优化能源结构；积极发展洁净煤技术；大力开发利用新能源与可再生能源；采取措施保证能源供应安全，降低进口风险等。

1.4.2 我国可再生能源现状与前景

1995 年颁布的《中华人民共和国电力法》明确宣布，国家鼓励和支持利用可再生能源和清洁能源来发电。强调指出，农村利用太阳能、风能、地热能、生物质能和其他能源进行农村电力建设，增加农村电力供应，将得到国家的支持和鼓励。

1996 年，第八届全国人民代表大会第四次会议审议通过了《中华人民共和国国民经济和社会发展“九五”计划和 2010 年远景目标纲要》，正式确定了“以电力为中心，以煤炭为基础，加强石油、天然气资源的勘探开发，积极发展新能源，改善能源结构”的能源发展方针和政策。

1997 年颁布的《中华人民共和国节约能源法》再次肯定了新能源对节能减排、改善环境的重要战略作用和地位。一些地方政府也制定并出台了关于新能源和可再生能源的法律、法规和条例。

2005 年 2 月 28 日，第十届全国人民代表大会常务委员会第十四次会议通过了《中华人民共和国可再生能源法》，是我国可再生能源发展史上的里程碑。法案第一章第一条指出“为了促进可再生能源的开发利用，增加能源供应，改善能源结构，保障能源安全，保护环境，实现经济社会的可持续发展，制定本法”，这就是制定该法案的宗旨。第四章第十三条指出“国家鼓励和支持可再生能源并网发电”，第十四条又指出“电网企业应当与依法取得行政许可或者报送备案的可再生能源发电企业签订并网协议，全额收购其电网覆盖范围内可再生能源并网发电项目的上网电量，并为可再生能源发电提供上网服务”，为可再生能源的并网发电开辟了道路。并在第五章“价格管理与费用补偿”中规定了上网电价问题。

《中华人民共和国可再生能源法》的实施让我国可再生能源步入了飞速发展的快车道。2006 年 4 月，国家发展改革委员会出台了《中华人民共和国可再生能源法》实施细则暂行办法；2007 年 7 月国家电力监管委员会主席办公会议审议通过了《电网企业全额收购可再生能源电量监管办法》等，逐渐完善了法律法规等。并且 2007 年 8 月，国家发展改革委员会发布了《可再生能源中长期发展规划》，指出到 2010 年太阳能发电总量达到 300MW，到 2020 年达到 1800MW；2009 年《新能源产业振兴规划（草案）》提出新能源发电 2020 年的装机目标，风电 1.3 亿~1.5 亿千瓦，太阳能发电 2000 万千瓦等，推出了一系列政策推动了可再生能源的发展。

2014 年 11 月 12 日，中美两国共同发布了《中美气候变化联合声明》，中国政府提出 2030 年左右碳排放达到峰值，将非化石能源在一次能源中的比重提升到

20%左右。美国政府提出到2025年温室气体排放较2005年整体下降26%～28%。

在21世纪前30年，我国新能源与可再生能源将有大的发展，到21世纪中叶，将有可能成为重要的替代能源。因为我国拥有丰富的新能源与可再生能源资源可供开发利用；我国对新能源和可再生能源的需求量巨大，市场广阔；我国对新能源和可再生能源的发展适逢良好的市场机遇。

1.5 太阳能的利用

古人对太阳非常崇拜，有很多关于太阳的传说。世界上最早利用太阳能的国家可能就是中国。《周礼》有用“夫燧”向太阳取明火的记载。说明至少在3000多年前的周代，我们的祖先就已经开始利用太阳能了。早期的应用主要是在白天接受太阳的烘晒和取暖。

从世界范围来看，首次将太阳能作为一种能源动力加以利用距今为止有不到400年的历史。1615年，法国工程师发明了第一台利用太阳能抽水的机器。这可能是世界上第一个以太阳能为动力的设备。此后到19世纪末，世界上又研制出多台太阳能装置。其中，比较成熟的产品是太阳灶。进入20世纪以后，太阳能技术获得了比较快的发展，但其发展道路比较曲折。1901年以后，美国、埃及先后建成了太阳能抽水装置。

第二次世界大战后，开始出现太阳能学术组织。对太阳能真正意义上的大规模开发利用才渐渐开始。1952年法国建成了一座功率为50kW的太阳炉。1954年美国研制出实用型硅太阳能电池，为光伏发电的大规模应用奠定了基础[8]。后来由于太阳能利用技术尚不成熟，投资大，效果不佳，发展再度停滞。

1973年中东战争爆发，引发了“能源危机”。许多工业发达国家重新加强了对太阳能等可再生能源技术发展的支持。1973年美国制定了政府的阳光发电计划[9,10]。1974年日本政府制定了“阳光计划”，决定将太阳能和燃料电池技术作为国家战略[11]。1974年欧共体通过了《关于1985年共同体能源政策目标的决议》，1980年制定了《关于1990年共同体能源目标及成员国政策趋同的决议》，形成了新能源政策的初步框架。新能源在能源结构中的角色逐渐发生变化，一开始仅有水电、地热能被列入目标体系，核能、地热、水电等占能源消费的比例显著提高，对地热能、太阳能等可再生能源项目的财政支持也大大增加[12]。我国也于1975年在河南安阳召开了“全国第一次太阳能利用工作经验交流大会”[13]。

20世纪80年代以后，石油价格大幅度回落，使尚未取得重大进展的太阳能技术再度受到冷落。直到全球性的环境污染和生态破坏，对人类的生存和发展构成威胁，太阳能才又得到人们的重视。

1992年6月11日，联合国西元地球环境高峰会议在巴西里约热内卢召开。180多个国家和地区的代表、60多个国际组织的代表及100多位国家元首或政府首脑在大会上发言。一位12岁的加拿大女孩［塞文·苏佐克（Severn Suzuki）］在冠盖云集的世界各国领导人面前，发表了一篇仅有6分钟的演说，“不要给我们最时髦的打扮，不要给我们最昂贵的补习，请为我们留下最美丽的地球。”她的演说简单扼要却直指人心，要求大人们对于环保要说到做到，否则就是对下一代的不负责任。会议通过了关于环境与发展的《里约热内卢宣言》和《21世纪行动议程》及有关森林保护的非法律性文件《关于森林问题的政府声明》，154个国家签署了《气候变化框架公约》，148个国家签署了《保护生物多样性公约》[2]。

1996年，联合国在津巴布韦召开了“世界太阳能高峰会议”，发表了《太阳能与持续发展宣言》，并讨论了《世界太阳能10年行动计划》《国际太阳能公约》《世界太阳能战略规划》等重要文件[14]。

我国政府也提出了10年对策和措施，明确要“因地制宜地开发和推广太阳能、风能、地热能、潮汐能、生物质能等清洁能源”，制定了《中国21世纪议程》，进一步明确了太阳能重点发展目标。1995年，国家计委、国家科委和国家经贸委制定了《新能源和可再生能源发展纲要（1996～2010）》，明确提出了我国在1996～2010年新能源和可再生能源的发展目标任务以及相应的对策和措施。

1.5.1 太阳能的特点

太阳能是无污染的清洁能源，具体来说，太阳能与其他常规能源相比有以下几个特点[15]。

1. 广泛性

太阳辐射到处都有，就地可用，无需运输或输送，它取之不尽，用之不竭。用户只需一次投资建好系统，之后的维护费用非常低。

2. 清洁性

矿物燃料在燃烧时会排放大量的有害气体，核燃料工作时要排出放射性废料，这些对环境的污染都很大。利用太阳能则可以大大减少人类对环境的污染。

3. 分散性

地球轨道上的平均太阳辐射强度为1367kW/m^2，地球获得的能量可达173000TW。在海平面上的标准峰值强度为1kW/m^2，地球表面某一点24小时的年平均辐射强度为0.20kW/m^2，相当于102000TW的能量，达人类所利用的能源的一万多倍。但太阳能的能量密度低，在需要较大能量的时候，就必须采用超大的受光面积。对于集体或大的工程系统来说，就要涉及设备的材料、结构、占用土地等费用问题，其初期投资可能会比其他能源高一些。

4. 间歇性

由于受到昼夜、季节、地理纬度、海拔等自然条件的限制，以及阴晴云雨等随机因素的影响，太阳辐射既是间断的又是不稳定的，它的随机性很大。在利用太阳能时，为了保障能量供给的连续性与稳定性，需要长期配备相当容量的储能设备，如贮水箱、蓄电池等，这不仅增加了设备及维持费用，而且也降低了整个太阳能系统的效率。

5. 地区性

辐射到地表的太阳能，随地点不同而有所变化。它与地理纬度有较大关系，但地理纬度不是唯一的因素，还与当地的大气透明度和气象变化等诸多因素有关。

6. 永久性

太阳辐射至今已经持续了几十亿年，据估测太阳的寿命大约仍有 5×10^9 年。因此，相对而言可以认为太阳能是一个永久性能源，对人类的可持续发展将起到一定的积极作用。

总而言之，太阳能有很多的优点，但也有诸多尚待解决的问题，因此在考虑太阳能利用时，不仅应从技术方面考虑，还应从经济、环境保护、生态、居民福利，特别是国家建设的整体方针政策来全面考虑研究。

1.5.2　太阳能的利用方式

太阳能利用的主要形式，包括太阳能供热、太阳能热发电、太阳能光伏发电。

1. 太阳能热利用

直接将太阳能转换为热能供人类使用（例如：加热和取暖）称为太阳能的热利用，或者叫光热利用。直接热利用是最古老的应用方式，也是目前技术最成熟、成本最低、应用最广泛的太阳能利用模式。太阳能热利用所提供的热能，载体温度一般都较低，小于或等于100℃，较高一些的也只有几百摄氏度。显然，它的能源品位较低，适合于直接利用。

2. 太阳能热发电

太阳能热发电就是利用太阳辐射所产生的热能发电，是在太阳能热利用的基础上实现的。一般需要先将太阳辐射能转变为热能，然后再将热能转变为电能，实际上是“光－热－电”的转换过程。

3. 太阳能光化学利用

光化学利用基于光化学反应，其本质是物质中的分子、原子吸收太阳光子的能量后变成“受激原子”，受激原子中的某些电子的能态发生改变，使某些原子的价键发生改变，当受激原子重新恢复到稳定态时，即产生光化学反应。光化学反应包括光解反应、光合反应、光敏反应，有时也包括由太阳能提供化学反应所需要的热量。通过光化学作用将太阳能转换成电能或制氢也是利用太阳能的一条途径，有不少人在这方面做了许多研究工作，这方面的技术目前仍处于研究阶段。

4. 太阳能光生物利用

通过光合作用收集与存储太阳能。地球上的一切生物都是直接或间接地依赖光合作用获取太阳能，以维持其生存所需要的能量。所谓光合作用，就是绿色植物利用光能，将空气中的 CO_2 和 H_2O 合成有机物与 O_2 的过程。光合作用的理论值可达

5%，实际上小于1%。近年来在这方面的研究投入有所增加，人们期盼着出现突破性的进展。

5. 光伏发电

光伏（Photovoltaic，PV）发电是利用某些物质的光电效应，即光生伏特效应，将太阳光辐射能直接转变成电能的发电方式。这种应用方式在近几十年得到了迅速发展。由于电能的品位相当高，所以它的应用范围广、发展速度快，并且前景相当乐观。

1.6 光伏发电技术

新能源及可再生能源的使用在快速增长，其中太阳能光伏发电的增长更加明显。光伏发电有许多常规能源无法比拟的优势[16]：

1）太阳能资源分布广泛、储量巨大，使得太阳能发电系统受到地域、海拔等因素的影响较小，且取之不尽，用之不竭。

2）光伏发电系统可以实现就近发电及供电，减少了长距离输电时线路造成的损失。

3）光伏发电是直接从光子到电子的能量转换，不存在机械磨损。

4）光伏发电不排放任何废气，不产生噪声，对环境友好。

5）光伏发电系统可安装在荒漠戈壁，充分利用荒废的土地资源，同时也可以与建筑物相结合，节省宝贵的土地资源。

6）光伏发电系统操作、维护简单，运行稳定可靠，基本可实现无人值守，维护成本低。

7）光伏发电系统使用寿命长，晶体硅太阳能电池寿命可长达20~35年。

8）太阳能发电系统建设周期短，而且根据用电负荷，容量可大可小，方便灵活，极易组合、扩容。

但是，光伏发电也有一些缺点[16]：

1）太阳能的能量密度低，最高辐射强度约为1000W/m^2，且太阳能电池板的光电转换效率仅为20%左右，因此大规模发电需要很大的面积。

2）受气候因素影响大，如长期的雨雪天、阴天、雾天甚至云层的变化，都会严重影响系统的发电状态。另外，环境因素的影响也很大，比如空气中的颗粒物（如灰尘）等降落在太阳能电池组件表面，阻挡部分光线的照射，这会使电池组件的转换效率降低，从而造成发电量的减少。

3）系统成本高，由于太阳能光伏发电效率低，到目前为止，其成本仍然是其他常规发电方式（如火力和水力发电）的几倍，这是制约其广泛应用的最主要因素。

4）晶体硅电池的制造过程耗能高，且会对环境造成污染。

1.6.1 光伏发电技术发展史

从光生伏特效应的发现到现在大规模的利用，光伏发电技术经过了170多年的漫长发展历史。早在1839年，法国科学家贝克雷尔（Becquerel）就发现，当太阳光照射在液体电解质上时，两个金属片之间产生电动势。这种现象后来被称为“光生伏特效应（Photovoltaic effect）”，简称“光伏效应”。实验证明，这种光生伏特效应在气体、液体和固体中均可能产生，尤其半导体的光生伏特效应最为明显，这引起了人们的重视。但是因为当时煤炭、石油等化石能源充足，可满足全球需求，另一方面也没有环境意识，因此没有多大的动力去制备高纯度的半导体材料，制约了光伏发电技术的发展。

1877年，W. G. Adams和R. E. Day研究了硒（Se）的光伏效应，并制作了第一片硒太阳能电池。

1883年，美国科学家弗里茨（Charles Fritts）成功制备了第一块大面积（$30cm^2$）太阳能电池，用Se在半导体上覆上一层极薄的金属层形成半导体金属结，效率为1%。弗里茨记录如下：产生的电能，如果无需即刻使用，可以存储在蓄电池里，或输送到远方使用。他在一百多年前就提出了光伏发电系统的利用方式，就是现在我们实际所应用的方式[17]。

1904年，德国物理学家爱因斯坦（Albert Einstein）发表了关于光电效应（Photoelectric effect）的理论，解析了光电效应，并因此获得了1921年诺贝尔（Nobel）物理奖。光电效应分为光电子发射、光电导效应和光生伏特效应。

1916年，波兰科学家切克劳斯基（Czochralski）发明了利用旋转着的籽晶从坩埚里的熔体中提拉制备出单晶的方法，称为切克劳斯基法（简称CZ法），又称直拉法。并于1918年用来测定金属结晶速率。

1947年，美国贝尔（Bell）实验室发明了晶体管，引发了半导体技术的一场革命，半导体技术开始飞跃发展。1950年，贝尔实验室的蒂尔（G. K. Teal）用CZ法拉出锗（Ge）单晶，接着又拉出硅（Si）单晶。1951年发展Ge的区域提纯技术和Si的无坩埚区域提纯技术，获得了纯度达99.999999%的锗、硅单晶，为光伏发电技术的发展奠定了基础。

1954年，美国科学家恰宾（Chapin）和皮尔松（Pearson）在贝尔实验室首次制成了实用的以单晶硅半导体为材料的太阳能电池，该太阳能电池的转换效率为6%[10]。同年，在美国莱特帕特森空军基地（Wright - Patterson Air Force Base）制成了基于Cu_2S/CdS薄膜异质结的太阳能电池，其效率也有6%，成为薄膜太阳能电池研究的基础[18]。1955年，美国的RCA实验室制成了效率为6%的pn结砷化镓（GaAs）太阳能电池[19]。

1954年，在美国亚利桑那州成立了应用太阳能协会（Association For Applied Solar Energy，AFASE）。1955年，全世界第一次太阳能应用研讨会在美国亚利桑那州召开，共37个国家的千余名科学家与工程师参加了本次研讨会。1971年更名为国际太阳能学会（International Solar Energy Society，ISES）。

1955年，西部电工（Western Electric）开始出售硅电池技术商业专利，在亚利桑那大学召开的国际太阳能会议中，Hoffman电子推出效率为2%、功率为14mW/片的商业太阳能电池产品，售价25美元/片，相当于1785美元/W[20]。

1960年，Prince、Loferski、Rappaport、Wysoski、Shockley（获得诺贝尔奖）和Queisser等科学家发表了几篇重要论文，解析了pn结太阳能电池的工作原理，理论分析了带隙、入射光谱、温度、热力学和效率等[21~23]。

1957年，苏联发射的第一颗人造卫星“伴侣号（Sputnik）”利用太阳能电池作为卫星电源。1958年，美国发射的“先锋一号”将太阳能电池作为电源。我国1958年开始进行太阳能电池的研制工作，并于1971年将研制的太阳能电池装备于中国卫星实践1号。1965年Peter Glaser和A. D. Little提出卫星太阳能电站构思，1966年带有1000W光伏阵列的大轨道天文观察站发射成功。

宇宙开发极大地促进了太阳能电池的开发。为了防止因宇宙射线的影响而降低电池的发电能力，人们开始了深入的研究。GaAs电池由于效率高、抗宇宙射线等特点，受到研究者的重视。1970年，苏联科学家Alferov（获得诺贝尔奖）领导的一家研究所开发了GaAlAs/GaAs异质结太阳能电池，降低了GaAs表面的复合速率，提高了GaAs太阳能电池的效率[24]。1973年美国IBM研制了效率为13%的GaAs异质结太阳能电池[25]。

同时，20世纪60年代，英国标准通信实验室利用辉光放电技术制备了氢化非晶硅（a-Si：H）薄膜[26]。1975年，W. E. Spear等人在非晶硅材料中实现了替位式掺杂，做出了pn结[27]。1976年美国无线电公司（Radio Corporation of America，RCA）实验室的D. E. Carlson等人研制出了p-i-n结构的第一个非晶硅（a-Si）太阳能电池，光电转换效率达到2.4%[28]。1980年，Carlson将非晶硅电池效率提高到8%。同年，日本三洋电气公司利用非晶硅电池率先制成手持式袖珍计算器，接着完成了非晶硅组件的批量生产并进行了户外测试。1982年，一种p-i-n异质结（a-SiC：H/a-Si：H）太阳能电池的效率突破了10%[29]。2008年，美国Uni-Solar公司报道了初始效率达到15.39%的a-Si/a-SiGe/μc-Si三结叠层非晶硅薄膜电池。

1.6.2 光伏行业发展史

随着光伏发电技术的发展、化石能源的危机以及对新能源的需求，光伏行业开始发展起来了。

1963年，日本Sharp公司成功生产光伏电池组件，在一个灯塔上安装242W光伏电池阵列，在当时是世界上最大的光伏电池阵列。

1972年，美国开始生产地面用太阳能电池，光伏组件价格约500美元/W。

1973 年，美国特拉华大学建成世界上第一个光伏住宅。

1973 年 10 月，第一次石油危机爆发，造成油价上涨，给工业化世界造成了冲击波，大多数国家开始计划鼓励可再生能源，特别是太阳能。因此，光伏相关研究者们对这次石油危机赋予了新的意义，并开始研究光伏发电系统的地面应用，研发了光伏水泵、光伏汽车、光伏飞机、光伏屋顶等，随着技术的不断进步，太阳能电池的光电转换效率逐渐提高，成本也大幅度下降。

1973 年，美国成立了太阳能开发银行，促进太阳能产品的商业化，低价格化的太阳能电池的开发成为研究的重点之一。

1974 年，日本开始执行“阳光计划”，加速太阳能电池技术研究和产业化技术开发。同时，由于社会环保意识的提高，日本人民主动用上清洁的可再生能源。政府开展了市场庞大的民用住宅屋顶光伏发电的应用示范工程。

20 世纪 70 年代，多晶硅铸造技术的出现大幅度降低了成本，在国际上得到了广泛应用，逐渐打破了单晶硅材料的垄断地位。铸造多晶硅虽然含有大量的晶粒、晶界、位错等缺陷，但由于省去了高费用的晶体拉制过程，因此能耗及成本相对较低。1975 年，德国的瓦克公司（Wacker）在国际上首先利用浇铸法制备多晶硅材料用来制备太阳能电池。几乎同时，美国的 Solarex 公司提出了结晶法，美国晶体系统公司提出了热交换法，日本电气公司和大阪钛公司提出了模具释放铸锭法等多晶硅的铸造法[30]。

1992 年 6 月 3 日，里约地球首脑会议以后，世界各国开始加强对清洁能源技术的开发，将太阳能利用与环境保护结合在一起。

1996 年召开的“世界太阳能高峰会议”发表了《太阳能与持续发展宣言》，并讨论了《世界太阳能 10 年行动计划》《国际太阳能公约》《世界太阳能战略规划》等重要文件，推动了光伏行业的启航。图 1-11 为全球太阳能电池年产量变化图。1998 年世界太阳能电池年产量超过 151.7MW，多晶硅太阳能电池产量首次超过单晶硅太阳能电池。2004 年世界太阳能电池年产量超过 1GW，2009 年超过 10GW，2017 年超过了 100GW。从 1996 年至 2017 年，22 年的每年平均增速达到了 42%[31,32]。

1.6.3 我国光伏产业现状

我国从 20 世纪 50 年代开始研制太阳能电池。1971 年，我国发射的第二颗人造卫星“实践一号”上配备了多块单晶硅太阳能电池板，在后面 8 年的服役期内，太阳能电池功率衰减不到 15%[33]。1994 年，中科院电工所建造了许多适合小户型使用的光伏发电系统和 100kW 独立光伏电站等。2003 年，我国成为世界上最大的光伏组件生产国。2007 年，崇明岛兆瓦级光伏电站示范工程正式并网发电。2009 年，我国首个大型光伏并网发电项目——国投敦煌 10MW 光伏发电项目投产发电[34]。

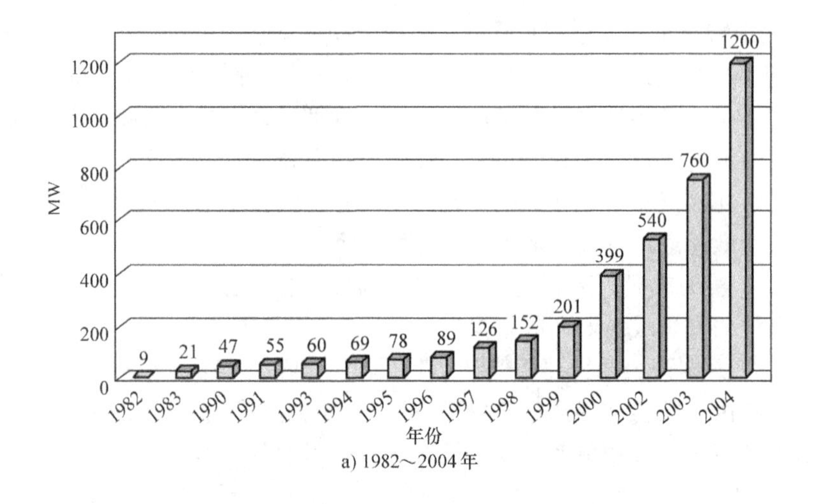

a) 1982～2004年

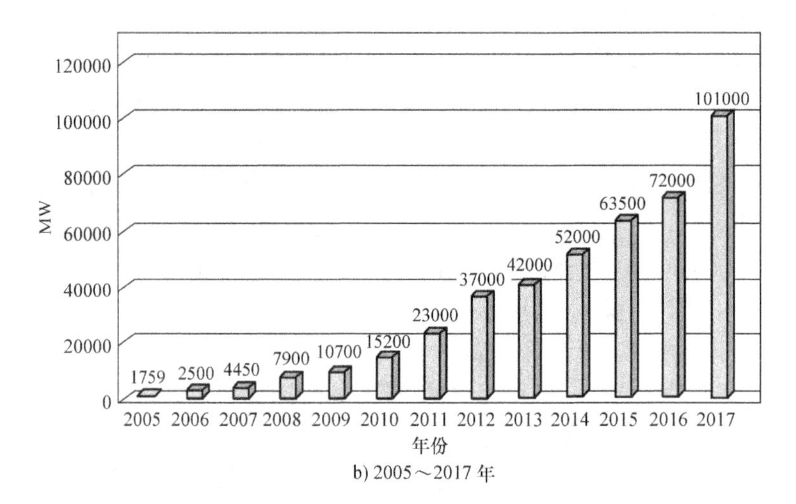

b) 2005～2017年

图1-11　全球太阳能电池年产量变化图

1. 对光伏产业采取大力扶持政策

2009年3月，财政部、住房和城乡建设部联合印发了《关于加快推进太阳能光电建筑应用的实施意见》，旨在推动光伏建筑应用，促进中国光伏产业健康发展。该意见提出，为有效缓解光伏产品国内应用不足的问题，实施“太阳能屋顶计划”，计划包括推进光伏建筑应用示范。2009年7月，财政部、科技部、国家能源局联合印发了《金太阳示范工程财政补助资金管理暂行办法》，对于并网光伏发电项目，国家原则上将按光伏发电系统及其配套输配电工程总投资的50%给予补助。其中偏远无电地区的独立光伏发电系统按总投资的70%给予补助。对于光伏发电关键技术产业化和基础设施建设项目，主要通过贴息和补助的方式给予支持。

2011年8月，国家发展改革委员会发布了《关于完善太阳能光伏发电上网电价政策的通知》，对非招标光伏发电项目实行全国统一的标杆上网电价。2011 年 7 月 1 日以前核准建设、2011 年 12 月 31 日建成投产、国家发展改革委员会尚未核定价格的光伏发电项目，上网电价统一核定为 1.15 元/kWh。

国务院 2013 年 7 月 15 日发布《国务院关于促进光伏产业健康发展的若干意见》，其主要内容有：积极开拓光伏应用市场；加快产业结构调整和技术进步；规范产业发展秩序；完善并网管理和服务；完善支持政策：电价、补贴、财税、金融、土地；加强组织领导等。并指出我国光伏产业的发展目标为在“十二五”期间光伏装机容量上升到 35GW。国务院发布的该意见表明政府从能源战略高度看待光伏产业，提高了重视程度；强调全面推出市场开拓、制造结构调整与技术进步、政策保障体系措施；它还特别强调政策的落实，相关职能部门的政策细则也正陆续出台。

2013 年大量光伏发电政策集中出台。2013 年 5 月，国家能源局发布《关于申报新能源示范城市和产业园区的通知》，提出 2GW 的装机容量目标；9 月，国家能源局发出《关于申报分布式光伏发电规模化应用示范区的通知》，将装机容量目标提高到 15GW；国家电网也同时提出《关于做好分布式光伏发电并网服务工作的意见（暂行）》，使并网难的状况大大得到改善；之后 11 月，财政部办公厅、科技部办公厅协同住房城乡建设部办公厅与国家能源局综合司共同发出《关于组织申报金太阳和光电建筑应用示范项目的通知》，提出 5GW 的装机容量目标。

与此同时，正在制定的相关政策措施有《促进光伏发展的指导意见》《分布式发电管理办法》与《分布式光伏发电示范区实施办法和电价补贴的标准》等。

由于政策的支持，我国光伏贸易环境也在逐渐改善。2013 年 8 月 3 日欧盟公布我国 94 家光伏企业与欧盟就中国输欧的光伏组件产品达成“价格协议”，主要内容包括设定浮动的组件价格下限，设定市场配额指标。中欧光伏产品“价格协议”对我国光伏产业影响巨大，它促使国内企业放弃低价竞争，转向技术创新、质量提升、品牌和渠道建设，倒逼国内制造业的整合，企业的兼并重组，加速了国内光伏市场的开拓[35,36]。

我中国光伏市场自 2011 年加速发展，2012 年占全球市场的比重为 14.5%，2013 年在国家新政策的扶持下，光伏系统装机容量大幅提高，2017 年新增装机容量达到 53.06GW，占全球市场的比重达到 52%，累计装机容量达到 130.48GW，图 1-12 为截至 2017 年年度新增装机容量。

但是，与发达国家相比，我国分布式光伏比重严重偏低，且由于大型电站大多建造在西北部偏远地区，当地负荷无法完全消纳，并且由于电网建设滞后，跨区输电能力不足，无法输送到负荷集中区，造成了弃光现象频发，资源浪费严重，根本不能真正有效解决用电问题。

分布式发电贴近用电负荷，并且符合智能配电、用电的发展方向，未来将成为国内光伏发展的重要方向。国家相关能源规划均对分布式光伏提出了超常规发展目

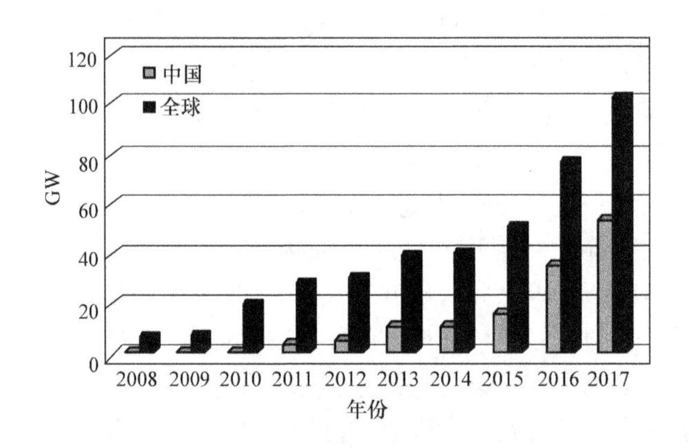

图 1-12　全球及我国光伏年度新增装机容量

标。2016 年底出台的《电力发展“十三五”规划》对分布式光伏设定了超常规发展目标：“2020 年，太阳能发电装机达到 1.1 亿 kW（110GW）以上，分布式光伏 6000 万 kW（60GW）以上”。

为保障目标的实现，国家出台了一系列政策予以扶持，最为典型的是价格政策扶持。2016 年底，国家发展改革委员会发出《关于调整光伏发电陆上风电标杆上网电价的通知》，提出将分资源区降低光伏电站、陆上风电标杆上网电价，而分布式光伏发电补贴标准和海上风电标杆电价不做调整。2017 年 1 月 1 日之后，一类至三类资源区新建光伏电站的标杆上网电价分别调整为 0.65 元/kWh、0.75 元/kWh、0.85 元/kWh，比 2016 年电价下调 0.15 元/kWh、0.13 元/kWh、0.13 元/kWh。同时，国家发展改革委员会明确表示，今后光伏标杆电价根据成本变化情况每年调整一次。相对于地面集中电站的补贴下调，分布式光伏项目依然坚挺，保持 0.42 元/kWh 电价，利润相对丰厚，成为促进分布式光伏快速发展的最大利好因素。

种种迹象显示，分布式光伏尤其是家庭分布式光伏即将迎来快速发展机遇期。图 1-13 为分布式光伏装机容量及其在光伏装机总容量中的占比。分布式光伏 2017 年新增装机容量 19.44GW，同比增长 350%，占年度新增光伏装机总容量的 36.64%，比 2016 年的分布式光伏装机总容量 4.26GW 以及在年度新增装机总容量中的占比 12.33% 大幅提高。未来 4 年每年平均至少有 12GW 的新增装机容量，分布式光伏具有巨大的发展空间。

2. 光伏产业链飞速发展

在国际光伏市场的强力拉动下，我国光伏产业飞速发展。在短短几年时间内形成了光伏材料制造设备、多晶硅原材料、硅锭及硅片、太阳能电池、组件和光伏发电系统等较为完整的光伏产业链条。

光伏设备制造业逐渐形成规模，为产业的发展提供了强大的支撑。在晶体硅太阳能电池生产线的十几种主要设备中，6 种以上国产设备已在国内生产线中占据主导地位。其中单晶炉、清洗制绒设备、扩散炉、等离子刻蚀机、组件层压机及太阳模拟仪等已达到或接近国际先进水平，性价比优势十分明显。多晶硅铸锭炉、多线切割机等设备制造技术取得了重大进步，打破了国外产品的垄断。

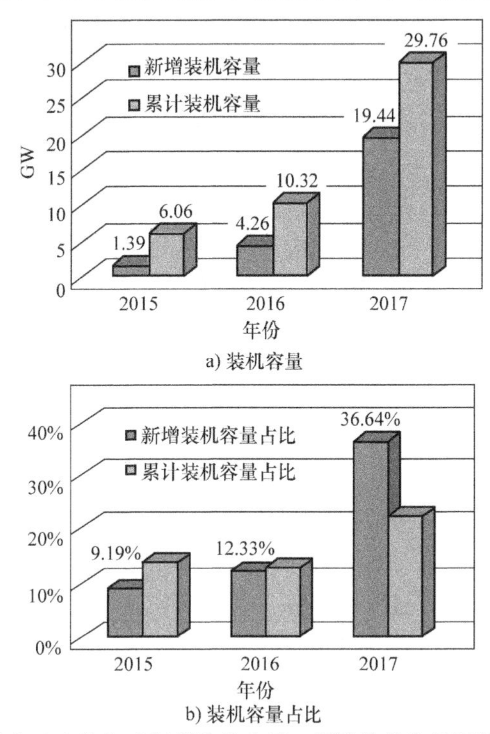

a) 装机容量

b) 装机容量占比

图 1-13 分布式光伏年度新增装机容量、累计装机容量及装机容量占比

多晶硅规模化生产技术取得重大突破，实现了循环利用和环保无污染、节能低耗生产，缩小了与国际先进水平的差距。2017 年全球多晶硅产量约为 43. 2 万吨，同比增长 13. 7%；其中，我国产量为 23. 6 万吨，占比 54. 7%，连续第二年占比过半，排名世界第一；韩国产量为 7. 7 万吨，同比增加 4. 1%，排名第二；德国产量 5. 8 万吨，同比减少 7. 9%，排名第三。全球多晶硅产量占比如图 1-14 所示。

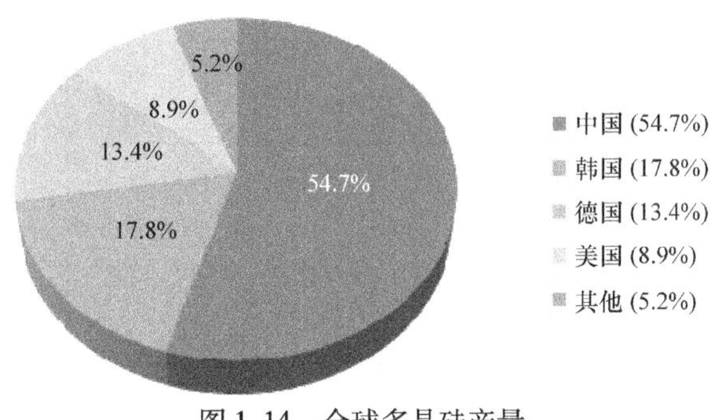

图 1-14 全球多晶硅产量

2017年我国多晶硅净进口量约为15.2万吨，总供应量达39.2万吨，自给率达到61.42%，相比于我国“硅片－电池－组件”70%的全球占比，多晶硅料环节仍存在提升空间。

国外多晶硅料企业平均成本约为14.5美元/kg，全球平均成本约为11.9美元/kg，国内多晶硅料企业平均成本约为11美元/kg，仅为国外平均成本的78%，成本优势显著。多晶硅生产成本构成如图1-15所示。电费成本占总成本比重接近50%，是成本的最大构成，因此，国内新增产能纷纷向低电价区域转移。

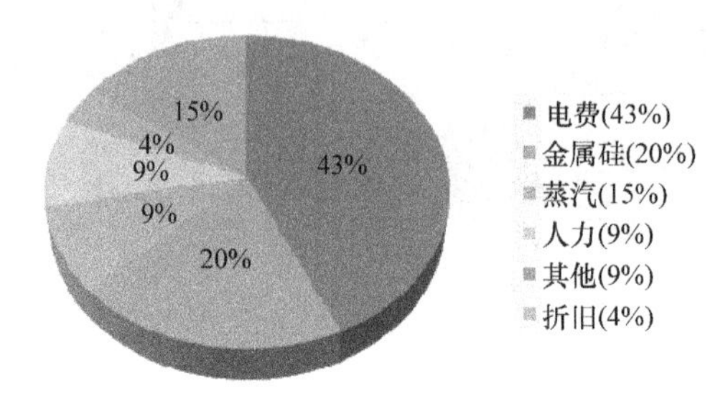

图1-15　多晶硅生产成本构成

我国企业生产的晶硅电池的产品质量和成本方面为世界领先，单晶硅太阳能电池的转换效率达到了22.6%，多晶硅太阳能电池达到了21.6%，单晶硅及多晶硅太阳能电池产业化效率分别达到19.8%和18.5%，均达到世界一流水平。并且太阳能电池的高纯硅材料的用量从世界平均水平的9g/W下降到6g/W，大大降低了制造成本。

图1-16为截至2017年我国硅片及光伏组件年度产量，2017年硅片产量达到了87GW，同比增长40%，占全球产量的90%以上，几乎全球硅片都来源于中国。光伏组件产量达到了83.34GW，同比增长44%。

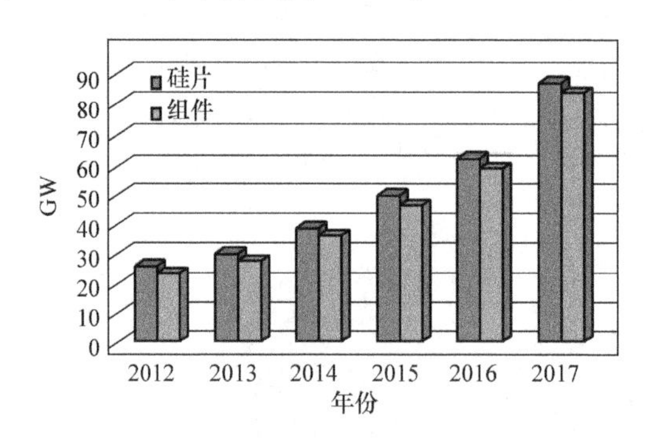

图1-16　我国硅片及光伏组件年度产量

单晶硅太阳能电池的效率平均比多晶硅太阳能电池高1%～2%，且成本不断下降，其硅片产量占比明显上升，2015年国内单晶硅片市场份额约为15%，2016

年占比约为27%，2017年占比达到31%，如图1-17所示。

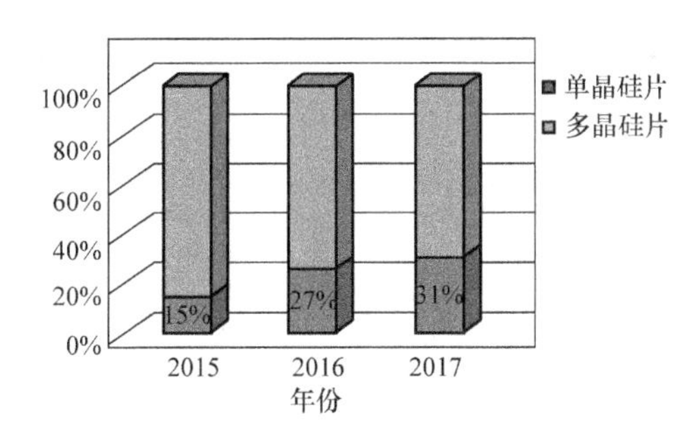

图1-17 单晶硅片占比

图1-18为截至2017年的156.75mm×156.75mm规格硅片价格，2017年单晶硅片价格为5.7元/片，同比下降10%，而多晶硅片价格为4.7元/片。

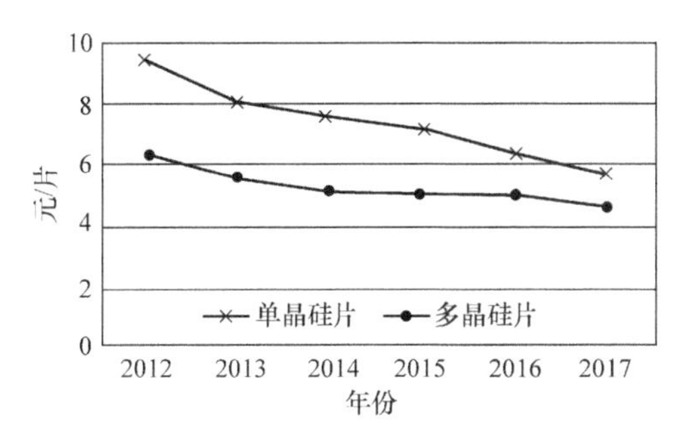

图1-18 硅片价格

习 题

1. 人类面临着什么样的能源和环境问题？
2. 太阳能的主要利用方式有哪些，其特点是什么？
3. 我国光伏产业发展面临什么样的问题？
4. 光伏发电的优缺点是什么？

参考文献

[1] 韦保仁．能源与环境［M］．北京：中国建材工业出版社，2015.
[2] 柯金良，蜀光．联合国环境和发展大会报道［J］．世界环境，1992（2）：2－48.
[3] 苏彤．美国能源独立战略的实施及其影响［D］．长春：吉林大学，2014.
[4] 熊兴．中美清洁能源合作研究：动因、进程与风险［D］．武汉：华中师范大学，2015.

[5] 程春华. 欧盟新能源政策与能源安全 [J]. 中国社会科学院研究生院学报，2009 (1)：113 - 118.

[6] 高虎，黄禾，王卫，等. 欧盟可再生能源发展形势和2020年发展战略目标分析 [J]. 可再生能源，2011，29 (4)：1 - 3.

[7] 张敏. 解读“欧盟2030年气候与能源政策框架” [J]. 中国社会科学院研究生院学报，2015 (6)：137 - 144.

[8] CHAPIN D M, FULLER C S, PEARSON G L. A new Silicon p - n junction photocell for converting solar radiation into electrical power [J]. Journal of Applied Physics, 1954, 25 (5): 676 - 677.

[9] 李凯，王秋菲，许波. 美国、欧盟、中国绿色电力产业政策比较分析 [J]. 中国软科学，2006 (2)：54 - 60.

[10] 徐波，张丹玲. 德国、美国、日本推进新能源发展政策及作用机制 [J]. 中国经济评论，2007 (10)：17 - 24.

[11] 周鹍. 日本能源战略转型及对中国的影响与启示 [D]. 哈尔滨：黑龙江省社会科学院，2014.

[12] 程荃. 欧盟新能源法律与政策研究 [D]. 武汉：武汉大学，2012.

[13] 刘登瀛，金家骅，陈祥林. 我国太阳能利用及研究简况 [J]. 力学进展，1979，9 (4)：63 - 65.

[14] 哈拉雷. 世界太阳能高峰会议 哈拉雷太阳能与持续发展宣言 [J]. 太阳能，1997 (2)：2.

[15] 施钰川. 太阳能原理与技术 [M]. 西安：西安交通大学出版社，2009.

[16] 安悦珩. 基于DSP模拟太阳能电池输出特性的研究 [D]. 北京：北方工业大学，2014.

[17] FRITTS C E. On the fritts Selenium cells and batteries [J]. Journal of the Franklin Institute, 1885, 119 (3): 221 - 232.

[18] REYNOLDS D C, LEIES G, ANTES L L, et al. Photovoltaic effect in Cadmium sulfide [J]. PHYS REV, 1954, 96 (2): 533 - 534.

[19] JENNY D A, LOFERSKI J J, RAPPAPORT P. Photovoltaic effect in GAAS p - n junctions and solar energy conversion [J]. Physical Review, 1956, 101 (101): 1208 - 1209.

[20] LUQUE A, HEGEDUS S. Handbook of photovoltaic science and engineering [M]. Chichester: John Wiley & Sons Ltd, 2002.

[21] PRINCE M B. Silicon solar energy converters [J]. Journal of Applied Physics, 1955, 26 (5): 534 - 540.

[22] LOFERSKI J J. Theoretical considerations governing the choice of the optimum semiconductor for photovoltaic solar energy conversion [J]. Journal of Applied Physics, 1956, 27 (7): 777 - 784.

[23] WYSOSKI J J, RAPPAPORT P. Effect of temperature on photovoltaic solar energy conversion [J]. Journal of Applied Physics, 1960, 31 (3): 571 - 578.

[24] ALFEROV Z I, ANDREEV V M, KAGAN M B, et al. Solar - energy converters based on p - n AlxGal - x As - GaAs heterojunctions [J]. Sov. Phys. - Semicond. (Engl. Transl.); (United

States), 1971, 4.
[25] HOVEL H J, WOODALL J M. Improved GaAs solar cells with very thin junctions [C]. Photovoltaic Specialists Conference, 12th, 1976: 945 - 947.
[26] 邹红叶. 硅薄膜太阳能电池的原理及其应用 [J]. 物理通报, 2009 (5): 56 - 57.
[27] SPEAR W E, COMBER P L. Substitutional doping of amorphous Silicon [J]. Solid State Communications, 1975, 17 (9): 1193 - 1196.
[28] WRONSKI C R, CARLSON D E. AMORPHOUS SILICON SOLAR CELLS [J]. IEEE Transactions on Electron Devices, 1976, 28 (11): 671 - 673.
[29] TAWADA Y, OKAMOTO H, HAMAKAWA Y. a - SiC: H/a - Si: H heterojunction solar cell having more than 7.1% conversion efficiency [J]. Applied Physics Letters, 1981, 39 (3): 237 - 239.
[30] 杨德仁. 太阳电池材料 [M]. 北京: 化学工业出版社, 2008.
[31] ARNULF J W. PV status : Research, Solar cell Production and Market Implementation of Photovoltaics [J]. Refocus, 2005, 6 (3): 20 - 23.
[32] ABERG E, ADIB R, FABIANI A, et al. RENEWABLES 2018 GLOBAL STATUS REPORT [EB/OL]. REN21 [2018 - 09 - 01]. http: //www.ren21.net.
[33] 赵争鸣. 太阳能光伏发电及其应用 [M]. 北京: 科学出版社, 2005.
[34] 陈祥. 大型并网光伏电站的设计与探讨 [Z]. 2011: 46 - 48.
[35] 杨学坤. 中欧光伏产品反倾销威慑与价格承诺 [J]. 黑龙江社会科学, 2016 (4): 88 - 94.
[36] 刘静. 欧盟对华光伏产业反倾销调查的现状与启示 [D]. 南宁: 广西大学, 2014.

Chapter 2

第2章 太阳与太阳辐射

2.1 太阳

太阳是距离地球最近的一颗恒星，为一个炽热的气态球体，直径约为 1.392×10^6km，相当于地球的 10^9 倍，体积为 1.412×10^{18}km^3，为地球体积的130万倍，质量约为 1.989×10^{30}kg，大约是地球质量的33万倍。太阳的主要组成元素是氢和氦，其中氢元素约占78.4%，氦元素约占19.8%，其他元素总计只占1.8%，关于太阳的一些基本数据如表2-1所示[1,2]。

表2-1 太阳基本数据

名称		量值
太阳直径 D_{Sun}		1.392×10^6km
太阳质量 M_{Sun}		1.989×10^{30}kg
太阳体积 V_{Sun}		1.412×10^{18}km^3
太阳平均密度 ρ_{Sun}		1409kg/m^3
成分	氢	78.4%
	氦	19.8%
	其他	1.8%
有效温度 T_{Sun}		5770K
日地距离	近日点	1.471×10^8 km
	远日点	1.521×10^8 km
	平均	1.4959802×10^8 km

太阳是一个气体球，气体密度随离中心距离呈指数下降，且太阳内部有明确的结构划分，从内到外主要分为核心层（Core）、辐射层（Radiation Zone）、对流层（Convection Zone），如图2-1所示。对流层之外就是太阳的大气层，由光球（Photosphere）、色球（Chromosphere）和日冕（Corona）三层构成。一般定义太阳的半径

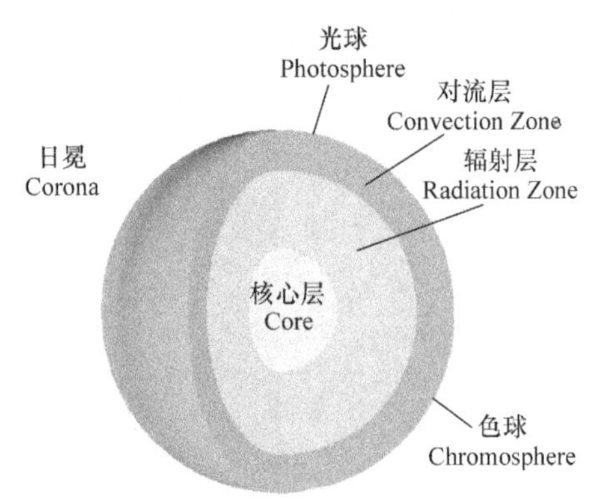

图2-1 太阳内部结构

就是从它的中心到光球的距离。

太阳核心层不停地发生核聚变，产生巨大的能量，其温度高达 1.4×10^6K，通过辐射层和对流层向外发射能量，温度也随之降低，到光球层其温度为 6000K 左右。我们用肉眼看到的就是太阳的光球层，太阳光就是从这一层辐射到太空，太阳光谱实际上就是光球的光谱。

2.2　日地天文关系

2.2.1　地球的自转与公转

贯穿地球中心，与南、北两极相连的线称为地轴。地球绕地轴自西向东旋转，从北极点上空看呈逆时针方向，自转一周约 24 小时（见图 2-2）。同时，地球还在椭圆形轨道上围绕太阳公转，周期为 1 年（365 天），该椭圆形轨道称为黄道。由于黄道是椭圆形的，随着地球的绕日公转，日地之间的距离就不断变化。在黄道上距太阳最近的一点，称为近日点。地球过近日点的日期大约在每年 1 月初，此时地球距太阳约为 1.471×10^8 km，通常称为近日距。地球轨道上距太阳最远的一点，称为远日点。地球过远日点的日期大约在每年的 7 月初，此时地球距太阳约为 1.521×10^8 km，通常称为远日距。近日距和远日距的平均值为 1.496×10^8 km，这就是日地平均距离，即 1 个天文单位 AU。一年中任一天的日地距离均可由式（2-1）计算得到。

$$R = 1.5\times10^8\times\left[1+0.017\sin\left(2\pi\times\frac{d-93}{365}\right)\right] \tag{2-1}$$

式中，d 是所求当日在一年中的日子数，从 1 月 1 日算起。

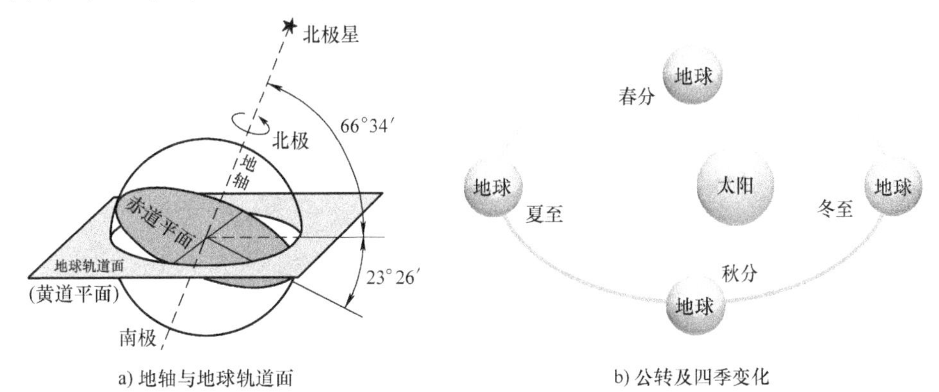

a) 地轴与地球轨道面　　b) 公转及四季变化

图 2-2　地球自转与公转

地轴与赤道平面垂直，与黄道平面呈 66°34′。赤道平面与黄道平面的夹角为 23.45°，称为黄赤交角。地球中心和太阳中心连线与地球赤道平面的夹角称为赤纬

角 δ，也称太阳赤纬，表示太阳直射点的地球纬度。由于地轴在空间的方位始终不变，地球公转时赤纬角随时在变化。已知黄赤交角为 $23°26'$，因此赤纬角 δ 在 $\pm 23°26'$ 之间变化，北纬 $23°26'$ 纬度圈为北回归线，南纬 $23°26'$ 纬度圈为南回归线。在北半球，春分日或秋分日赤纬角 $\delta = 0°$，太阳直射赤道；夏至日赤纬角 $\delta = 23°26'$，太阳直射北回归线；冬至日赤纬角 $\delta = -23°26'$，太阳直射南回归线。一年 365 天，太阳光垂直入射地表的位置在南北回归线之间来回运动，形成了地球上的一年四季。一年中某日的赤纬角 δ 可由式（2-2）计算得到。

$$\delta = 23.45° \sin\left(360° \times \frac{284 + d}{365}\right) \tag{2-2}$$

2.2.2 天球与天球坐标系

在晴朗的夜晚，仰望天空，眼前像有一个半球形的夜幕天穹，上面点缀着无数闪烁发亮的明星，感觉自己仿佛是处在这个天穹的中心，这就是人们对“天球”的印象。天文学家为了研究天体在太空中的位置和天体的运动，引入了天球的概念和天球坐标系。天球是一个假想的球，它是以观测者为中心，以无穷长为半径，所有天体都分布在这个球上，称为天球。天球如图 2-3 所示有几个基本点、线和面，地平坐标系如图 2-4 所示：

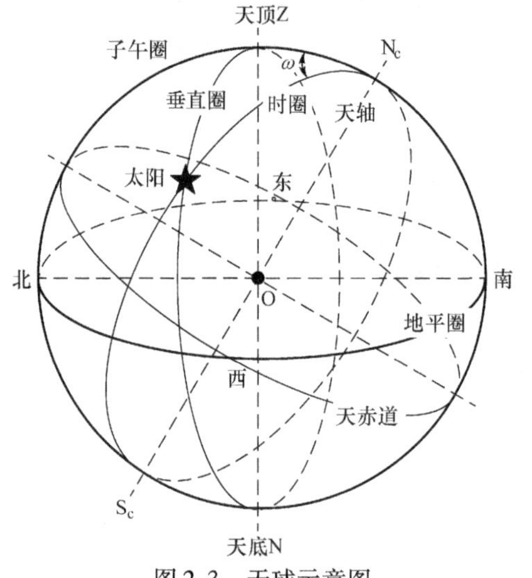

图 2-3　天球示意图

天轴：地球自转轴的延长线。

天极：天轴与天球相交的点，北交点称为北天极 N_c，南交点称为南天极 S_c。

天顶 Z：通过观测者垂直向上，与天球的交点。

天底 N：与天顶相对应，通过观测者垂直向下，与天球的交点。

垂直圈：任何过天顶 Z 和天底 N 的大圆。

子午圈：过天极和天顶的大圆，是垂直圈的一个特例。

地平圈：观测者的地平面与天球相交的大圆。

天赤道：地球赤道面的投影与天球相交的大圆。

时圈：垂直于天赤道，并经过太阳的大圆，也叫赤纬圈。沿着时圈测得天赤道到太阳之间的角度对应于赤纬。

天球有如下特点：

1）天球是与直观感觉相符的科学抽象，半径可任意选取；

2）天体在天球上的位置只反映天体视方向的投影；

3）天球上任意两天体的距离用其角距（对天球球心的张角）表示；

4）地面上两平行方向指向天球同一点；

5）可选任意点为天球球心。

根据观测者的不同目的或需要，可选择不同的位置作为天球的球心，从而构造出不同的天球坐标系。以观测者为中心构成的叫作地平坐标系；以地球中心为天球中心的叫作赤道坐标系；以太阳中心为天球中心的叫作黄道坐标系；以银河中心为天球中心的叫作银河坐标系。

在天文学上，研究天体在天球上的位置及其运动规律时，最常采用的坐标系是地平坐标系。地平坐标系如图2-4所示，过天顶Z和天体B做一垂直圈，它与地平圈交于K点。从地平圈的南点顺时针方向计量到K点为天体方位角A，是从子午圈到经过天顶和天体的大圆之间的夹角。天体方位角A以地平圈的正南方向为0°，顺时针即从南向西方向测量为正，逆时针方向为负。从K点向天顶方向计量到天体B点为天体高度角α，向天顶方向为正，向天底方向为负。天体高度角α的余角为天体的天顶角θ_Z。在地平坐标系，观测者只需确认某一时刻天体的方位角和高度角（或天顶角），就能确定天体在该时刻的位置。

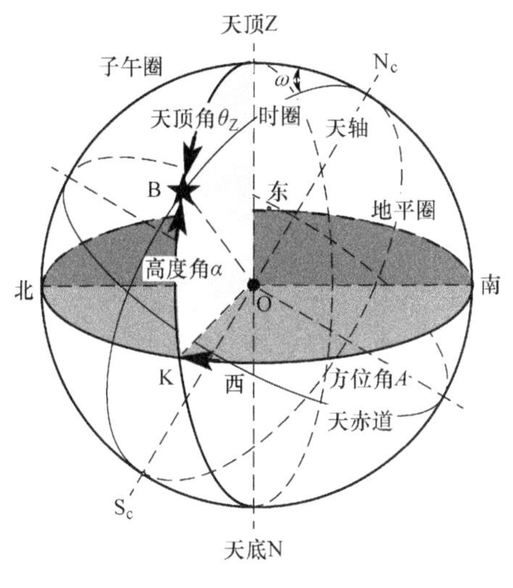

图2-4　地平坐标系

2.2.3　太阳时

位于地球上的人觉得太阳每天都是从东方升起，又在西方落下，从而认为是太阳绕地球运动。天文学上，观测分析某个天体时，通常假定天体以观察者为中心做运动，称为天体的视运动。太阳视运动是指太阳相对于地球运动的情况，即假定地球是静止的，太阳在围绕地球转动。

太阳视运动用时角 ω 表示，时角定义为时圈与观察者子午圈之间的角度。正午时角 ω 为零，上午为负，下午为正。时角的单位可以是时、分和秒，也可以是度、分或弧度。地球自转一周 360°，所需时间为 24 小时，因此相当于每小时自转 15°，也就是太阳视运动 15°，每分钟 15′，每秒钟 15″。

我们日常使用的钟表时间是平太阳时，平太阳时是假设地球绕太阳是标准的圆形，一年中每天都是均匀的，每天都是 24 小时。但是，地球绕日运行的轨道是椭圆的，地球相对于太阳的自转并不是均匀的，每天并不都是 24 小时。在天文学上，太阳视运动的计量时间用真太阳时表示。所谓真太阳时是采用真太阳中心的时角来计量的，它的起点是真太阳的上中天（太阳位于观察者子午圈），太阳连续过两次上中天的时间间隔叫作真太阳日，真太阳日并不是 24 小时常数，有时候多有时候少。真太阳时与平太阳时之差称之为时差 E，单位为分钟（min）。一年中时差变化如图 2-5 所示，最高时差可达 18min。

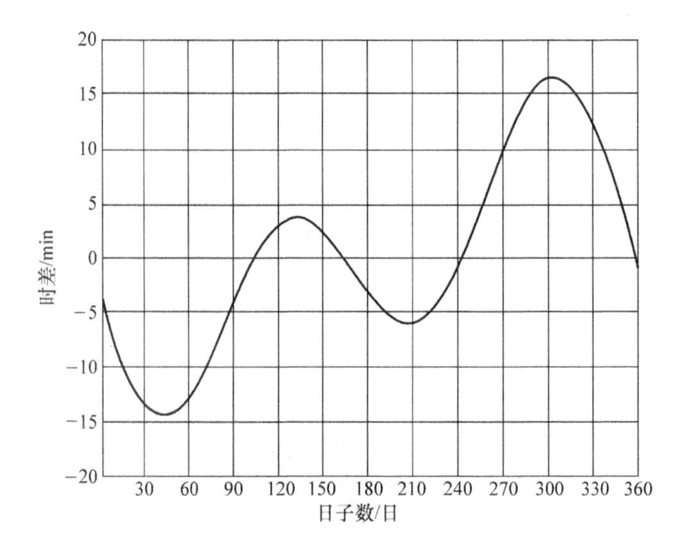

图 2-5　时差变化曲线

真太阳时 t_s 可由式（2-3）计算得到。

$$t_s = t + E \pm 4(L - L_s) \tag{2-3}$$

式中，t 为当地标准时间（min）；L 为当地的地理经度；L_s 为当地标准时间位置的地理经度；“±”号，表示所处地理位置在东半球取正，西半球取负。时差 E 可用式（2-4）近似计算得到。

$$E = 9.87\sin 2B - 7.53\cos B - 1.5\sin B \tag{2-4}$$

式中

$$B = \frac{2\pi(d - 81)}{365} \tag{2-5}$$

2.2.4　太阳位置

太阳和地球上观测者之间的关系如图2-6所示。太阳S、北天极N_c和天顶Z形成天球球面三角。图2-6中A_S为太阳方位角，α为太阳高度角，ω为时角，δ为赤纬角，ϕ为观测者地理纬度。

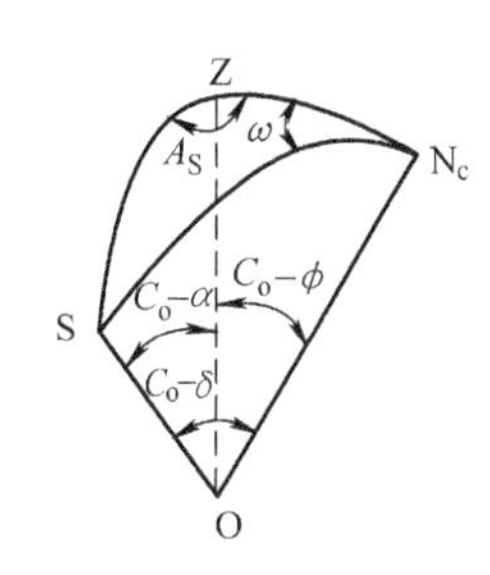

图2-6　地平坐标系太阳的天球球面三角

根据球面三角的余弦定理和正弦定理，可得式（2-6）和式（2-7）。

$$\cos\left(\frac{\pi}{2}-\alpha\right)=\cos\left(\frac{\pi}{2}-\phi\right)\cos\left(\frac{\pi}{2}-\delta\right)+\sin\left(\frac{\pi}{2}-\phi\right)\sin\left(\frac{\pi}{2}-\delta\right)\cos\omega \tag{2-6}$$

$$\frac{\sin A_S}{\sin\left(\frac{\pi}{2}-\delta\right)}=\frac{\sin\omega}{\sin\left(\frac{\pi}{2}-\alpha\right)} \tag{2-7}$$

简化可得式（2-8）、式（2-9）。

$$\sin\alpha=\sin\phi\sin\delta+\cos\phi\cos\delta\cos\omega \tag{2-8}$$

$$\sin A_s=\frac{\sin\omega\cos\delta}{\cos\alpha} \tag{2-9}$$

即可得太阳高度角α和方位角A_s，如式（2-10）及式（2-11）。

$$\alpha=\arcsin(\sin\phi\sin\delta+\cos\phi\cos\delta\cos\omega) \tag{2-10}$$

$$A_s=\arcsin\left(\frac{\sin\omega\cos\delta}{\cos\alpha}\right) \tag{2-11}$$

2.3　太阳辐射

太阳是一个充满气体的热球，其内部发生核聚变反应，每秒将6.57×10^{11} kg的氢聚变成6.53×10^{11} kg的氦，并释放出3.8×10^{23}kW的能量，即太阳辐射能。太阳辐射以3×10^{5}km/s的速度向太空辐射，因离地球距离遥远，太阳释放的能量中只有22亿分之一的能量投射到地球。到达大气层表面的太阳辐射能，经过大气层的反射和吸收，到达地表面的只有70%左右。尽管如此，每年到达地球表面的太阳辐射能仍高达102000TW，相当于1300万亿吨标准煤，是全球能耗的上万倍。

太阳大约还可以持续100亿年。相对于人类发展历史而言，可以说是“无穷无尽”。太阳能是各种可再生能源中最重要的基本能源，其分布最广，也最容易获取。如果能有效地利用太阳提供的能量，那么人类未来就不会为能源的枯竭问题担忧了。

2.3.1 太阳辐射光谱

太阳辐射不是由单一波长构成的电磁波，而是连续波谱，太阳辐射随波长的分布称为太阳光谱，其光谱能量分布如图 2-7 所示。整个太阳光谱包括紫外区、可见光区和红外区 3 部分。但其主要部分，是由 0.3～3μm 的波长所组成：其中，波长小于 0.4μm 的紫外区和波长大于 0.76μm 的红外区，则是人眼看不见的紫外线和红外线；波长为 0.4～0.76μm 的可见光区，就是我们所看到的白光。在到达地面的太阳光辐射中，紫外线占的比例很小，大约为 8.03%；主要是可见光和红外线，分别占 46.43% 和 45.54%。

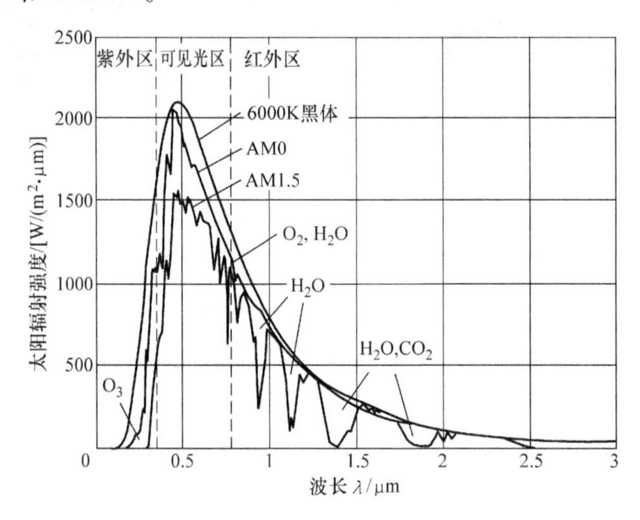

图 2-7　太阳光谱能量分布

分析可知各种颜色的光都有相应的波长范围，详细界分见表 2-2。

表 2-2　常见光谱界分

区域	名称	波长/μm	波长范围/μm
紫外线	远紫外区	—	0.010～0.280
	中紫外区	—	0.280～0.315
	近紫外区	—	0.315～0.380
可见光	紫	0.420	0.380～0.450
	蓝	0.470	0.450～0.480
	绿	0.510	0.480～0.550
	黄	0.580	0.550～0.600
	橙	0.620	0.600～0.640
	红	0.700	0.640～0.760

（续）

区域	名称	波长/μm	波长范围/μm
红外线	近红外区	—	0.760 ~ 1.400
	中红外区	—	1.400 ~ 3.000
	远红外区	—	3.000 ~ 1000

2.3.2　太阳辐射[3-5]

太阳被叫作光球，其表面温度大概在 6000K 左右，接近于一个黑体。黑体的辐射能由普朗克辐射定律给出，其方程如式（2-12）。

$$w(\nu,T) = \frac{8\pi h\nu^3}{c^3}\frac{1}{e^{\frac{h\nu}{k_0 T}}-1} \tag{2-12}$$

式中，w 为黑体的辐射能密度，是指单位频率在单位体积内的能量，单位是 $J/(m^3 \cdot Hz)$；T 为黑体的绝对温度，单位为 K；ν 为辐射频率；h 为普朗克（Planck）常数，$h = 6.626 \times 10^{-34} J \cdot s$；$c$ 为真空中的光速，$c = 3.0 \times 10^8 m/s$；k_0 为玻耳兹曼常数，$k_0 = 1.381 \times 10^{-23} J/K$。

黑体的辐射能也可写成波长的函数，如式（2-13），单位为 W/（$m^2 \cdot \mu m$）。

$$w(\lambda,T) = \frac{2\pi hc^2}{\lambda^5}\frac{1}{e^{\frac{hc}{\lambda k_0 T}}-1} \tag{2-13}$$

式中，λ 为波长。

图 2-8 表示不同温度下理想黑体的辐射分布。热辐射的基本定律为维恩位移定律（Wien displacement law）：在一定温度下，绝对黑体的温度与辐射能最大值相对应的波长 λ_m 的乘积为一常数 b，称为维恩常量。

$$b = \lambda_m T = 2897.8(\mu m \cdot K) \tag{2-14}$$

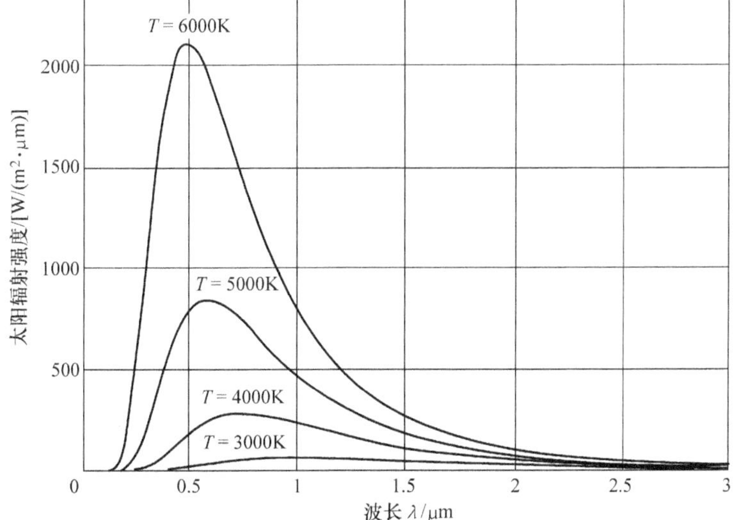

图 2-8　不同温度下理想黑体的辐射分布

维恩位移定律表示物体辐射中最大功率对应的波长随物体温度而变化，与其温度成反比，即增加温度，辐射的最大功率点向短波方向移动。温度的增加引起辐射光谱从红外向紫外逐渐移动，温度较低时，辐射的红色光能量较大呈现红色；温度达到6000K左右时，整个辐射呈现白光。

观测太阳光谱可知 $\lambda_m = 0.5023\mu m$，故太阳表面温度为

$$T = b/\lambda_m = 5769K \tag{2-15}$$

斯特藩－玻耳兹曼定律（Stefan－Boltzmann law），又称斯特藩定律：一个黑体表面单位面积在单位时间内辐射出的总能量 j^*，称为物体的辐射度或能量通量密度，与黑体本身的绝对温度 T 的四次方成正比。

$$j^* = \varepsilon\sigma T^4 \tag{2-16}$$

式中，σ 为斯特藩—玻耳兹曼常数，$\sigma = 5.67 \times 10^{-8} W/(m^2 \cdot K^4)$；$\varepsilon$ 为黑体的辐射系数，若为绝对黑体，则 $\varepsilon = 1$。

由此可算出太阳表面的辐射强度与总功率，为

$$G_s^* = \sigma T^4 = 6.28 \times 10^7 (W/m^2) \tag{2-17}$$

$$\Phi_s = 4\pi r_s^2 G_s^* = 4\pi r_s^2 \cdot \sigma T^4 = 3.8 \times 10^{20} (MW) \tag{2-18}$$

式中，G_s^* 为太阳辐射强度；Φ_s 为太阳辐射总功率；r_s为太阳半径。

2.3.3 太阳常数

地球大气层外的太阳辐射强度可通过太阳表面的辐射强度、太阳半径 r_s和地球与太阳之间的距离 R 计算得到（见图2-9）。根据能量守恒定律，与太阳距离 R 的球面上的辐射总功率为 Φ_s，因此地球大气层外的太阳辐射强度如式（2-19）所示。

$$G_0 = \frac{\Phi_s}{4\pi R^2} = \frac{r_s^2}{R^2} \times G_s^* \approx 1360 (W/m^2) \tag{2-19}$$

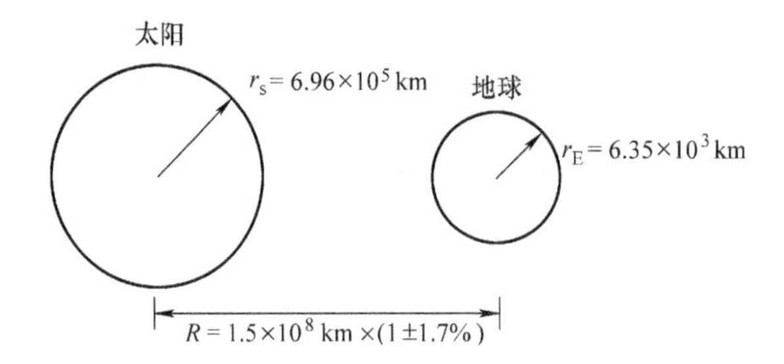

图2-9　日地关系示意图

由于日地距离的变化，根据式（2-19）到达地球大气层外的辐射强度也是变化的。为了统一标准，定义在地球大气层外的平均日地距离处的太阳辐射强度为太阳常数 G_{sc}。1971年测得的这个值是1353W/m²。1981年10月世界气象组织仪器和观测方法委员会第八届会议通过的最新数值是1367W/m²，目前太阳常数采用这

个数值[4]。

实际的太阳辐射强度会有轻微的变化，实际到达地球大气层表面的太阳辐射强度可由式（2-20）计算得到。

$$G_0 = G_{sc}\left(1 + 0.033\cos\frac{360d}{365}\right) \tag{2-20}$$

2.3.4　地表太阳辐射强度

地球外围有一层数千公里的大气层，大气对太阳辐射有反射、吸收及散射作用。在天气晴朗的时候，太阳光穿过大气层时，有3%左右的能量被大气反射回宇宙；有18%左右的能量被吸收；有9%左右的能量被散射，但是散射辐射中仍然有大约7%的直接辐射含量；直接到达地球表面的太阳辐射有70%。地球大气对太阳辐射的影响示意图如图2-10所示[6]。

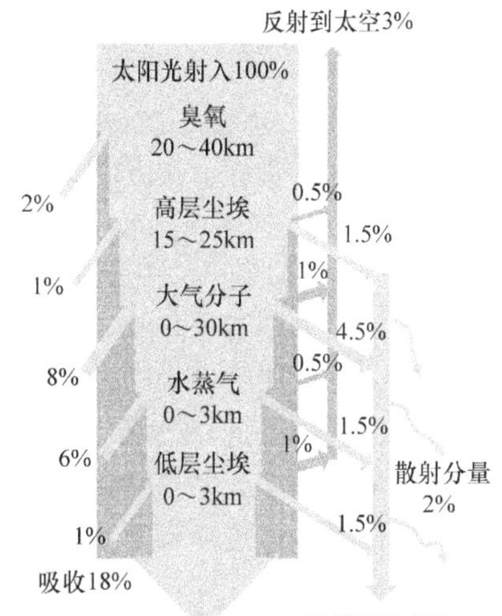

图2-10　太阳辐射损失示意图

大气对太阳辐射的反射、吸收和散射过程是同步进行的。因此，到达地球表面的太阳辐射受到大气影响，辐射强度总体会有不同程度的减弱，并产生了一定数量的散射辐射，太阳光谱曲线出现了众多缺口，某些波段受到强烈的衰减，如图2-7所示。

因为大气对太阳光的散射，使得天空呈现蓝色。当阳光进入大气时，波长较长的色（可见）光，如红光，透射力大，能透过大气射向地面；而波长短的紫、蓝、青色光，碰到大气分子时，就很容易发生散射现象。被散射了的紫、蓝、青色光布满天空，就使天空呈现出一片蔚蓝。

特殊的气体包括氧（O_2）、臭氧（O_3）、二氧化碳（CO_2）和水蒸气（H_2O）都能强烈地吸收能量与其分子键能相近的光子，使得辐射光谱曲线呈现缺口。多数波长大于2μm的远红外光会被水蒸气和二氧化碳吸收。大多数波长小于0.3μm的紫外光会被O_2和O_3吸收。

太阳辐射在大气层中的衰减程度与辐射行程中的大气介质条件相关。但是，实际大气是一种不均匀介质，如大气的温度和压力均随高度而改变。为了便于解决问题，引入了均质大气概念。均质大气是指其空气密度各处都相同，成分和地面气压均与实际大气相同。根据这一定义，大气在单位面积上垂直气柱内所包含的空气质量与实际大气的一样。因此，大气质量可以用大气高度来表示。并假定，在标准大气压（101.3kPa）和气温为0℃时，海平面上阳光垂直入射时的行程长度定义为1个大气光学质量（Air Mass，AM），即AM1。大气光学质量示意图如图2-11所示。大气光学质量（AM）是一个无量纲参数。

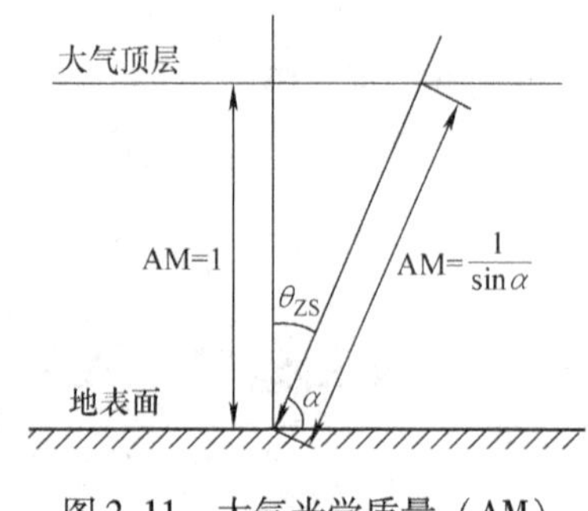

图2-11　大气光学质量（AM）

大气光学质量量化了太阳辐射穿过大气层时被空气和尘埃吸收后的衰减程度。利用太阳高度角α和天顶角θ_{ZS}，可将大气质量表示为

$$AM = \frac{1}{\cos\theta_{ZS}} = \frac{1}{\sin\alpha} \geqslant 1 \qquad (2\text{-}21)$$

注：$\theta_{ZS}=0°$时，AM=1，表示为AM1；

$\theta_{ZS}=48.2°$时，AM=1.5，表示为AM1.5；

$\theta_{ZS}=60°$时，AM=2，表示为AM2。

由式（2-21）可知，太阳高度角α越小，AM越大，太阳辐射能量越低。且，只有位于南、北回归线之间的地区才有可能获得AM1光谱。而AM1.5的太阳光谱则在地球上的大部分地区均可以得到，可表示晴天时太阳光照射到一般地面的情况，其太阳辐射强度为$1kW/m^2$，用于太阳能电池和组件效率测试时的标准。

晴朗天气时，地表面的直射太阳辐射强度G_{EA}与大气层外太阳辐射强度G_{EA}的关系如式（2-22）[7]。

$$G_{DN} = G_{EA} \times (0.7^{AM})^{0.678} \qquad (2\text{-}22)$$

式中，0.7为太阳辐射到达地表的直接辐射百分比，即70%；0.678为大气对太阳辐射的反射、吸收及散射的作用，是一实验值。

在天气晴朗的时候，通过散射辐射到达地表面的直接辐射含量也有大约7%。因此，垂直入射到地表的总太阳辐射强度G_{GN}如式（2-23）所示。

$$G_{GN} = 1.1G_{DN} \qquad (2\text{-}23)$$

根据图2-12所示，地面（水平面）太阳辐射强度G_{DH}如式（2-34）所示。

$$G_{DH} = G_{GN}\sin\alpha \qquad (2\text{-}24)$$

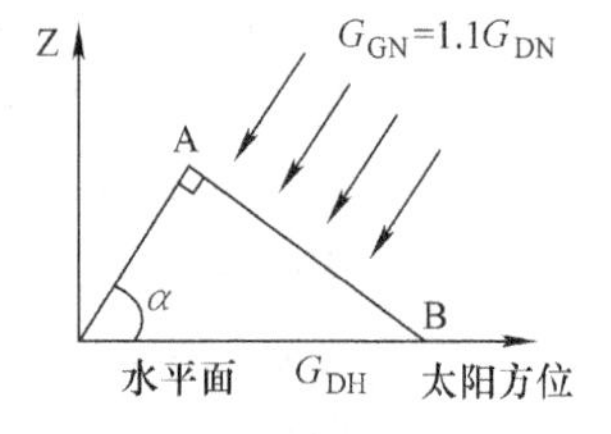

图2-12　太阳辐射强度与入射角

2.3.5　任意平面太阳辐射强度

在光伏发电系统中，大部分光伏电池板的安装形式并非水平，而是与地面形成一定倾斜角，以提高太阳能的利用率。光伏电池板的安装形式，因不同地方、不同应用目的而异。因此，需要计算特定倾斜面的太阳辐射强度。

任意位于地理位置维度φ的平面，其方位角（受光平面的法线方向在地平面上的投影与正南方向的夹角，向东为正，向西为负）为γ，倾斜角为β的倾斜面，其太阳辐射入射角为 θ_i。各角度之间关系如图 2-13 所示，图中以东为 $\boldsymbol{j}$ 轴，以南为 $\boldsymbol{i}$ 轴，以天顶为 $\boldsymbol{z}$ 轴，可确定太阳辐射入射矢量 $\boldsymbol{S}$ 及倾斜面法线矢量 $\boldsymbol{N}$，如式（2-25）及式（2-26）所示。

$$\left.\begin{aligned} \boldsymbol{S} &= S_i\boldsymbol{i} + S_j\boldsymbol{j} + S_z\boldsymbol{z} \\ S_i &= \cos\alpha\cos A_s \\ S_j &= \cos\alpha\sin A_s \\ S_z &= \sin\alpha \end{aligned}\right\} \tag{2-25}$$

$$\left.\begin{aligned} \boldsymbol{N} &= N_i\boldsymbol{i} + N_j\boldsymbol{j} + N_z\boldsymbol{z} \\ N_i &= \sin\beta\cos\gamma \\ N_j &= \sin\beta\sin\gamma \\ N_z &= \cos\beta \end{aligned}\right\} \tag{2-26}$$

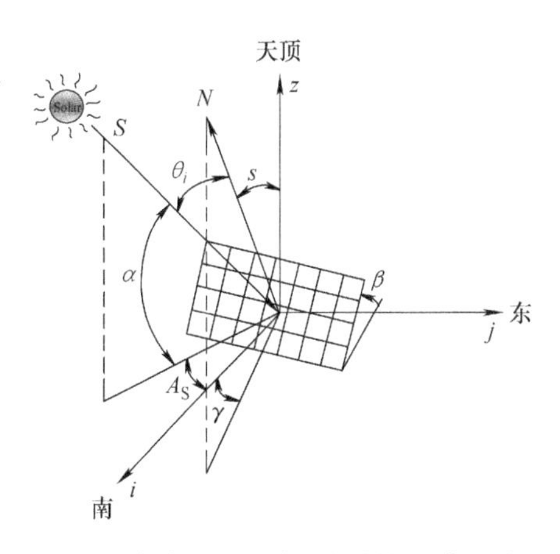

图 2-13　任意平面的太阳辐射角示意三维图

将太阳辐射入射矢量 $\boldsymbol{S}$ 向倾斜面法线矢量 $\boldsymbol{N}$ 投影，可得太阳辐射入射角为 θ_i 的余弦值，如式（2-27）所示。

$$\begin{aligned} \cos\theta_i &= \boldsymbol{S}\cdot\boldsymbol{N} \\ &= (S_i\boldsymbol{i} + S_j\boldsymbol{j} + S_z\boldsymbol{k})(N_i\boldsymbol{i} + N_j\boldsymbol{j} + N_k\boldsymbol{k}) \\ &= \sin\alpha\cos\beta + \cos\alpha\sin A_s\sin\beta\sin\gamma \\ &\quad + \cos\alpha\cos A_s\sin\beta\cos\gamma \end{aligned} \tag{2-27}$$

将太阳高度角和方位角的式（2-8）、式（2-9）代入式（2-27），可得

$$\begin{aligned} \cos\theta_i &= \sin\delta\sin\phi\cos\beta \\ &\quad - [\mathrm{sign}(\phi)]\sin\delta\cos\phi\sin\beta\cos\gamma \\ &\quad + \cos\delta\cos\phi\cos\beta\cos\omega \\ &\quad + [\mathrm{sign}(\phi)]\cos\delta\sin\phi\sin\beta\cos\gamma\cos\omega \\ &\quad + \cos\delta\sin\gamma\sin\omega\sin\beta \end{aligned} \tag{2-28}$$

式中，$\mathrm{sign}(\phi)$ 为地理位置符号，北半球为正，南半球为负。

为了提高太阳能利用率，一般将光伏电池板面向正南方向，即方位角 $\gamma=0$。此时，式（2-28）可简化为式（2-29）。

$$\begin{aligned} \cos\theta_i &= \sin\delta\sin\phi\cos\beta \\ &\quad - [\mathrm{sign}(\phi)]\sin\delta\cos\phi\sin\beta \\ &\quad + \cos\delta\cos\phi\cos\beta\cos\omega \\ &\quad + [\mathrm{sign}(\phi)]\cos\delta\sin\phi\sin\beta\cos\omega \end{aligned} \tag{2-29}$$

确定太阳辐射对倾斜面的入射角，图 2-13 的太阳辐射与倾斜面示意三维图可简化为二维平面图，如图 2-14 所示。

任意平面太阳辐射强度 G_θ 如式（2-30）所示。

$$G_\theta = G_{GN}\cos\theta_i = G_{DH}\frac{\cos\theta_i}{\sin\alpha} \tag{2-30}$$

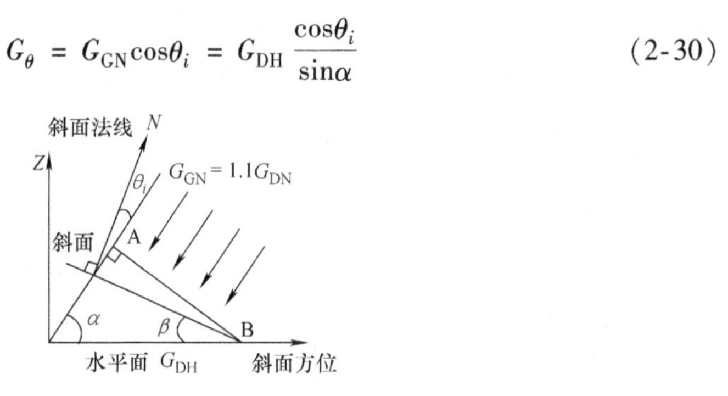

图 2-14　任意平面的太阳辐射角二维平面图

2.4　太阳能资源分布

2.4.1　世界太阳能资源分布

全球太阳能资源集中在赤道附近地区，纬度低、太阳直射多，其中一些地区多为干旱、半干旱或沙漠地带，太阳散射少，因此太阳能资源极其丰富。根据国际太阳能热利用区域分类，全世界太阳能辐射强度和日照时间最佳的区域包括北非、中东地区、美国西南部和墨西哥、南欧、澳大利亚、南非、南美洲东、西海岸和中国西部地区等。

北非地区是世界太阳能辐射最强烈的地区之一。摩洛哥、阿尔及利亚、突尼斯、利比亚和埃及太阳能热发电潜能很大。阿尔及利亚的年太阳辐射总量为 $9720MJ/m^2$，摩洛哥的年太阳辐射总量为 $9360MJ/m^2$，埃及的年太阳辐射总量为 $10080MJ/m^2$，年太阳辐射总量大于 $8280MJ/m^2$ 的国家还有突尼斯、利比亚等国。阿尔及利亚有 $2381.7km^2$ 的陆地区域，其沿海地区年太阳辐射总量为 $6120MJ/m^2$，高地和撒哈拉地区年太阳辐射总量为 $6840 \sim 9540MJ/m^2$，全国总土地的 82% 适用于太阳能开发利用。

中东几乎所有地区的太阳能辐射能量都非常高。以色列、约旦和沙特阿拉伯等国的年太阳辐射总量为 $8640MJ/m^2$。以色列的总陆地区域是 $20330km^2$，内盖夫（Negev）沙漠覆盖了全国土地的一半，也是太阳能利用的最佳地区之一，以色列的太阳能热利用技术处于世界最高水平之列。我国第一座 70kW 太阳能塔式热发电站就是利用以色列技术建设的。

美国也是世界太阳能资源最丰富的地区之一，美国西南部地区太阳能资源最丰富，全年平均温度较高，有一定的水源，冬季没有严寒，虽属丘陵山地区，但地势平坦的区域也很多，只要避开大风地区，是非常好的太阳能开发利用地区。美国太阳能资源Ⅰ类地区的年太阳辐射总量为 9198 ~ 10512MJ/m²，分布在西南部地区，包括亚利桑那州和新墨西哥州的全部，加利福尼亚州、内华达州、犹他州、科罗拉多州和得克萨斯州的南部，占总面积的 9.36%。Ⅱ类地区年太阳辐射总量为 7884 ~ 9198MJ/m²，除了包括Ⅰ类地区所列州的其余部分外，还包括怀俄明州、堪萨斯州、俄克拉何马州、佛罗里达州、佐治亚州和南卡罗来纳州等，占总面积的 35.67%。Ⅲ类地区年太阳辐射总量为 6570 ~ 7884MJ/m²，包括美国北部和东部大部分地区，占总面积的 41.81%。Ⅳ类地区年太阳辐射总量为 5256 ~ 6570MJ/m²，包括阿拉斯加州大部地区，占总面积的 9.94%。Ⅴ类地区年太阳辐射总量为 3942 ~ 5256MJ/m²，仅包括阿拉斯加州最北端的少部地区，占总面积的 3.22%。美国的外岛如夏威夷等均属于Ⅱ类地区。

南欧的年太阳辐射总量超过 7200MJ/m²，包括葡萄牙、西班牙、意大利、希腊等。西班牙年太阳辐射总量为 8100MJ/m²，其南方地区是最适合于太阳能开发利用地区。葡萄牙的年太阳辐射总量为 7560MJ/m²，意大利为 7200MJ/m²，希腊为 6840MJ/m²。

澳大利亚的太阳能资源也很丰富，尤其中部的广大地区人烟稀少，土地荒漠，适合于大规模的太阳能开发利用。澳大利亚太阳能资源Ⅰ类地区年太阳辐射总量为 7621 ~ 8672MJ/m²，主要在澳大利亚北部地区，占总面积的 54.18%。Ⅱ类地区年太阳辐射总量为 6570 ~ 7621MJ/m²，包括澳大利亚中部，占全国面积的 35.44%。Ⅲ类地区年太阳辐射总量为 5389 ~ 6570MJ/m²，在澳大利亚南部地区，占全国面积的 7.9%。年太阳辐射总量低于 6570MJ/m² 的Ⅳ类地区仅占 2.48%。

2.4.2　我国太阳能资源分布

我国陆地大部分处于北温带，太阳能资源十分丰富，每年陆地接收的太阳辐射总量大约是 1.9×10^{16}kWh。全国各地年太阳辐射总量基本都在 3000 ~ 8500MJ/m² 之间，平均值超过 5000MJ/m²。而且大部分国土面积年日照时间都超过 2200 小时。太阳能资源分布，西部高于东部，而且基本上是南部低于北部（除西藏、新疆以外），与通常随纬度变化的规律并不一致。这主要是由大气云量以及山脉分布的影响造成的。

我国太阳能资源分布的主要特点有：太阳能的高值中心和低值中心都处在北纬 22° ~ 35°。这一带，青藏高原是高值中心，四川盆地是低值中心；年太阳辐射总量，西部地区高于东部地区，而且除西藏和新疆两个自治区外，基本上是南部低于北部；由于南方多数地区云多雨多，在北纬 30° ~ 40°地区，太阳能的分布情况与一般的太阳能随纬度而变化的规律相反，太阳能不是随着纬度的增加而减少，而是随着纬度的增加而增长。

我国陆地根据各地接受太阳总辐射量的多少，可将全国划分为五类地区[9]。

Ⅰ类地区：年太阳辐射总量为 6680 ~ 8400MJ/m²，相当于日辐射量为 5.1 ~

6.4kWh/m²。这些地区包括宁夏北部、甘肃北部、新疆东部、青海西部和西藏西部等地。西藏西部最为丰富，最高达2333kWh/m²，日辐射量为6.4kWh/m²，仅次于撒哈拉大沙漠，居世界第2位。

Ⅱ类地区：年太阳辐射总量为5850～6680MJ/m²，相当于日辐射量为4.5～5.1kWh/m²。这些地区包括河北西北部、山西北部、内蒙古南部、宁夏南部、甘肃中部、青海东部、西藏东南部和新疆南部等地，为我国太阳能资源较丰富地区。相当于印度尼西亚的雅加达一带。

Ⅲ类地区：年太阳辐射总量为5000～5850MJ/m²，相当于日辐射量为3.8～4.5kWh/m²。主要包括山东、河南、河北东南部、山西南部、新疆北部、吉林、辽宁、云南、陕西北部、甘肃东南部、广东南部、福建南部、苏北、皖北、台湾西南部等地，为我国太阳能资源的中等地区。

Ⅳ类地区：我国太阳能资源较差地区，年太阳辐射总量为4200～5000MJ/m²，相当于日辐射量为3.2～3.8kWh/m²。这些地区包括湖南、湖北、广西、江西、浙江、福建北部、广东北部、陕西南部、江苏北部、安徽南部以及黑龙江、台湾东北部等地，是我国太阳能资源较差的地区。

Ⅴ类地区：主要包括四川、贵州两省，是我国太阳能资源最少的地区，年太阳辐射总量为3350～4200MJ/m²，相当于日辐射量只有2.5～3.2kWh/m²，此区是中国太阳能资源最少的地区。

各太阳能资源带的全年太阳能总辐射量如表2-3所示。前3类地区覆盖大面积国土，有利用太阳能的良好条件。第Ⅴ类地区太阳能资源较差，有的地方也有太阳能可开发利用。

表2-3　各类地区辐射量

	资源带分类	年辐射量/（MJ/m²）
Ⅰ	资源丰富带	>6680
Ⅱ	资源较丰富带	>5850～6680
Ⅲ	资源一般带	>5000～5850
Ⅳ/Ⅴ	资源缺乏带	≤5000

习　题

1. 夏天和冬天什么时候离太阳更近？为什么夏天更热？
2. 主要有哪些因素影响地球表面的太阳辐射量？
3. 试说“大气质量”和“一个标准大气质量”的定义和表示方式。
4. 大气光学质量的意义是什么？

5. 北京市 5 月 1 日 10 时，1）太阳高度角是多少？2）此时水平面太阳辐射量是多少？3）面向正南方向，倾斜角为 30°的斜面受到的太阳辐射量是多少？

参考文献

[1] 刘鉴民. 太阳能利用：原理・技术・工程 [M]. 北京：电子工业出版社，2010.

[2] 杨贵恒. 太阳能光伏发电系统及其应用 [M]. 北京：化学工业出版社，2015.

[3] 施钰川. 太阳能原理与技术 [M]. 西安：西安交通大学出版社，2009.

[4] 段光复. 高效晶硅太阳电池技术：设计、制造、测试、发电 [M]. 北京：机械工业出版社，2014.

[5] RER N, PETER W E. Physics of solar cells: from principles to new concepts [M]. Weinheim: Wiley - VCH Verlag GmbH & Co, KGaA, 2005.

[6] 沈文忠. 太阳能光伏技术与应用 [M]. 上海：上海交通大学出版社，2013.

[7] STUART R W, MARTIN A G. Applied photovoltaics [M]. London: Earthscan, 2008.

[8] 刘振亚. 全球能源互联网 [M]. 北京：中国电力出版社，2015.

[9] 刘宏. 家用太阳能光伏电源系统 [M]. 北京：化学工业出版社，2007.

Chapter

3 第3章 半导体物理基础

3.1 晶体结构[1,2]

固体物质是由大量的原子、分子或离子按照一定方式排列而成的，这种微观粒子的排列方式称为固体的微结构。按照固体微结构的有序程度，分为晶体、非晶体和准晶体三类。图3-1为晶体、非晶体和准晶体的二维示意图。

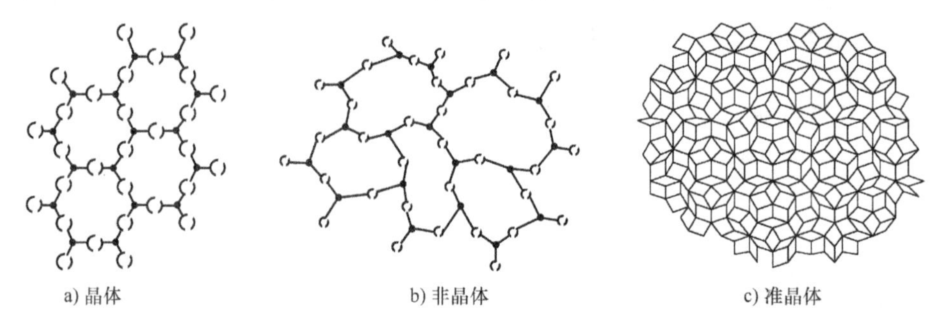

图3-1 晶体、非晶体和准晶体二维示意图

晶体具有规则的几何外形，是晶体中原子、分子规则排列的结果。实验表明，在晶体中尺寸为微米量级的小晶粒内部，原子的排列是有序的。在晶体内部呈现的这种原子的有序排列，称为长程有序。长程有序是所有晶体材料都具有的共同特征，这一特性导致晶体在熔化过程中具有一定的熔点。

晶体分为单晶体和多晶体，如图3-2所示。在单晶体内部，原子都是规则排列的。单晶体是个凸多面体，围成这个凸多面体的面是光滑的，称为晶面。由许多小单晶（晶粒）构成的晶体，称为多晶体。多晶体仅在各晶粒内原子才是有序排列的，不同晶粒内的原子排列是不同的。

非晶体材料的原子排列不具有晶体结构的周期性，但是非晶体材料中原子的排列并不是杂乱无章的。

以硅材料为例，晶体硅具有金刚石结构，每个硅原子与周围四个硅原子形成正四面体结构。近邻原子之间的距离（称为键长）和连线之间的夹角（称为键角）都是相同的。金刚石结构是由一系列六原子环组成。非晶硅材料中每个硅原子周围也是四个近邻原子，形成四面体结构，只是键长和键角无规起伏。非晶硅的结构就是由这些四面体单元构成的无规网络，其中不仅有六原子环，还有五原子环、七原子环等。

准晶体材料的原子排列不具有晶体结构的周期性，但具有晶体周期性所不能容许的点群对称性，具有准周期性。图 3-1c 所示的准晶体二维示意图中，具有五次对称的取向序，而没有平移对称性。它具有两个不同的键长和键角，且是非周期的，但是以某种规律排列。

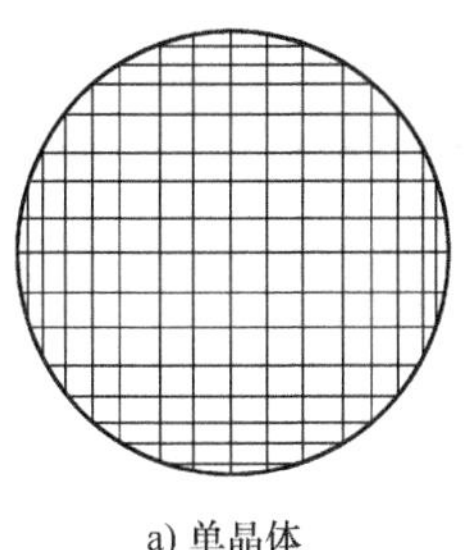
a) 单晶体

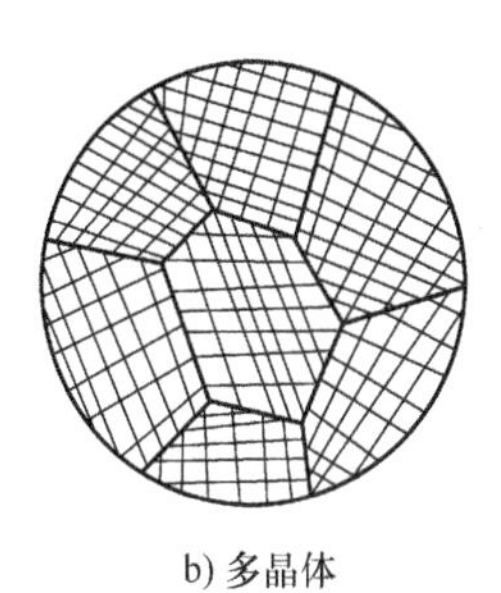
b) 多晶体

图 3-2　单晶体和多晶体示意图

固体中原子排列的形式是研究固体材料的宏观性质和各种微观过程的基础。通过两个多世纪的研究，晶体学形成了理论体系。对非晶体材料的结构也有了一定的了解，但还有不少问题仍有待研究解决。而对准晶体材料结构的研究才刚刚开始。

3.1.1　晶格

晶体是由原子、分子或离子在三维空间规则排列而形成的，而表示原子（或分子、离子）在晶体中排列规律的空间格架称为晶格，它表示晶体中原子排列的具体形式。不同晶体的原子规则排列的具体形式可能是不同的，说明它们具有不同的晶格结构。

晶格用黑圆点表示原子球，黑圆点所在的位置就是原子球心的位置。图 3-2 表示一些典型晶格。整个晶格是将晶胞沿着三个方向重复排列构成的。图 3-2a 表示简单立方晶格，没有实际的晶体具有简单立方晶格的结构，但是一些更复杂的晶格可以在简单立方晶格的基础上加以分析。

图 3-3b 表示体心立方晶格，可以看出除了在立方体的顶角位置有原子以外，在体心位置还有一个原子。体心立方晶格的堆积方式是上面一层原子球心对准下面一层的体心，即由两个简单立方晶格沿立方体对角线位移 1/2 的长度到彼此体心而相套构成。具有体心立方晶格结构的典型晶体有 Li、Na、K 等。

图 3-3c 表示面心立方晶格，立方体的每个顶角位置和立方体的 6 个面的中心有一个原子，典型晶体有 Cu、Ag、Au、Ca、Al 等。

图 3-3d 表示六方密排晶格，晶胞中十二个金属原子分布在六方体的十二个角上，在上下底面的中心各分布一个原子，上下底面之间均匀分布三个原子。具有六方密排晶格结构的典型晶体有 Be、Mg、Zn、Cd、Ti 等。

图 3-3e 表示金刚石晶格，在一个面心立方晶格内还有四个原子，分别位于四个空间对角线的 1/4 处，它们正好在正四面体的顶角上。金刚石晶格是由两个面心立方子晶格沿立方体对角线位移 1/4 的长度套构而成。具有金刚石晶格的晶体除了金刚石以外，还有 Si、Ge 等。

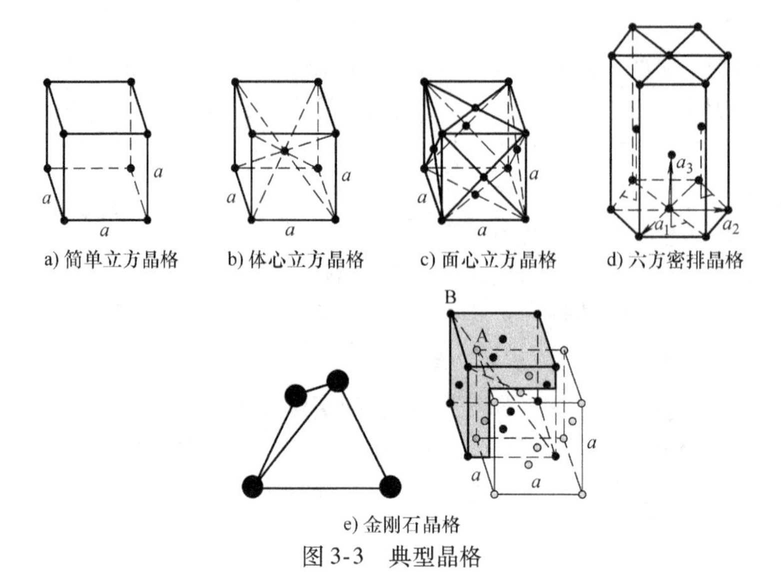

图 3-3　典型晶格

3.1.2　晶格的周期性

在晶格中取一个格点为顶点，过该顶点的三个不共面的方向上以周期为边长形成的平行六面体作为重复单元，这个平行六面体沿三个不同的方向进行周期性平移，就可以充满整个晶格，形成晶体，这个平行六面体即为原胞，代表原胞三个边的矢量称为原胞的基本平移矢量，简称基矢，一般用 $\boldsymbol{a}_1$、$\boldsymbol{a}_2$、$\boldsymbol{a}_3$ 表示。原胞反映了晶体结构的周期性。

图 3-4 所示为一些典型晶格的原胞。简单立方晶格的立方单元就是最小周期性单元，通常就选取它为原胞，晶格基矢的三个立方边长短相等，如图 3-4a 所示。面心立方晶格和体心立方晶格的立方单元都不是最小的周期单元。在面心立方晶格中，可以由一个立方体顶点到三个近邻的面心格点引晶格基矢 $\boldsymbol{a}_1$、$\boldsymbol{a}_2$、$\boldsymbol{a}_3$，以这三个晶格基矢为边建立平行六面体原胞，如图 3-4b 所示。在体心立方晶格中，可以由一个立方体的中点到最邻近的三个体心顶点引晶格基矢 $\boldsymbol{a}_1$、$\boldsymbol{a}_2$、$\boldsymbol{a}_3$，以这三个晶格基矢为边建立平行六面体原胞，如图 3-4c 所示。

晶格分为简单晶格和复式晶格两类。在简单晶格中，每一个原胞有一个原子；在复式晶格中，每一个原胞包含两个或更多的原子。简单晶格中所有原子均是完全“等价”的，它们不仅化学性质相同，而且在晶格中处于完全相似的地位。复式晶格实际上表示晶格包含两种或更多种等价原子（或离子）。如 NaCl 晶格包含 Na^+ 和 Cl^-，它们之间的化学性质不同，当然不是“等价”的。即使是元素晶体，所有原子都是一样的，也可以是复式晶格，这是因为原子虽然相同，但它们在晶格中占据的位置在几何上可以是不“等价”的。金刚石结构是在一个面心立方晶格内还有四个原子，分别位于四个空间对角线的 1/4 处，这四个原子与立方体顶角和面

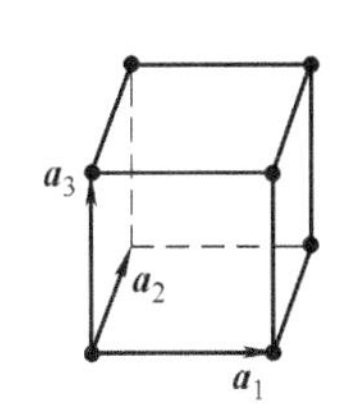

a) 简单立方晶格的原胞

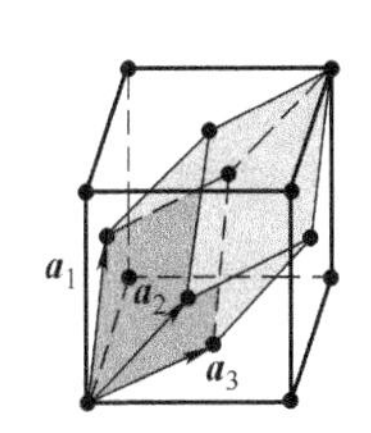

b) 面心立方晶格的原胞

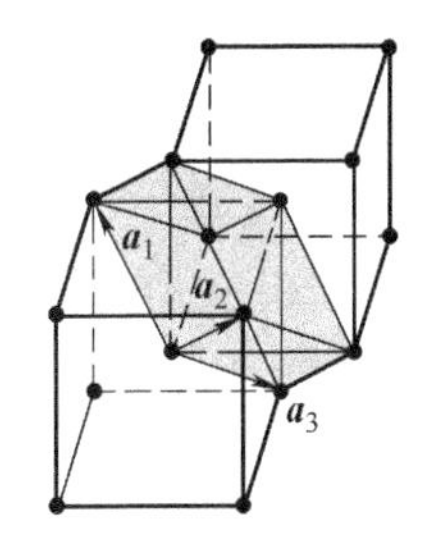

c) 体心立方晶格的原胞

图3-4　典型晶格的原胞

心上的原子不是“等价”的，所以成为复式晶格。

对于简单晶格每个原子的位置坐标都可以写成式（3-1）的形式。

$$l_1\boldsymbol{a}_1 + l_2\boldsymbol{a}_2 + l_3\boldsymbol{a}_3 \tag{3-1}$$

式中，$\boldsymbol{a}_1$、$\boldsymbol{a}_2$、$\boldsymbol{a}_3$ 为晶格基矢；l_1、l_2、l_3 为一组整数，表示晶格的周期性。

对于复式晶格，每个原子的位置坐标可以写成式（3-2）的形式。

$$r_a + l_1\boldsymbol{a}_1 + l_2\boldsymbol{a}_2 + l_3\boldsymbol{a}_3 \tag{3-2}$$

式中，r_a 为原胞内各种等价原子之间的相对位移。以金刚石结构为例，若把图3-3e中在面心立方位置的B原子表示为 $l_1\boldsymbol{a}_1 + l_2\boldsymbol{a}_2 + l_3\boldsymbol{a}_3$，则立方单元体内对角线上的A原子表示为 $\boldsymbol{\tau} + l_1\boldsymbol{a}_1 + l_2\boldsymbol{a}_2 + l_3\boldsymbol{a}_3$，其中 $\boldsymbol{\tau}$ 为1/4体对角线。空间格子就可以用 $\{l_1\boldsymbol{a}_1 + l_2\boldsymbol{a}_2 + l_3\boldsymbol{a}_3\}$ 表示，（l_1、l_2、l_3）表示空间格子所有格点的集合，它们相对位移为 r_a（金刚石结构为 $\boldsymbol{\tau}$）。这个空间格子表征了晶格的周期性，称为布拉菲（Bravais）格子。

3.1.3　晶向及晶面

晶格的一个基本特点是具有方向性，沿晶格的不同方向晶体性质不同，即晶体的各种性质具有各向异性。

晶格的格点可以看成分列在一系列相互平行的直线系上，这些直线系称为晶列。图3-5所示为不同方向的晶列，同一个格子可以形成方向不同的晶列，每一个晶列定义了一个方向，称为晶向。同一族晶列互相平行，并且完全等同。它们具有两个特征：同族晶列具有相同的取向，即晶向；同族晶列上格点具有相同的周期。

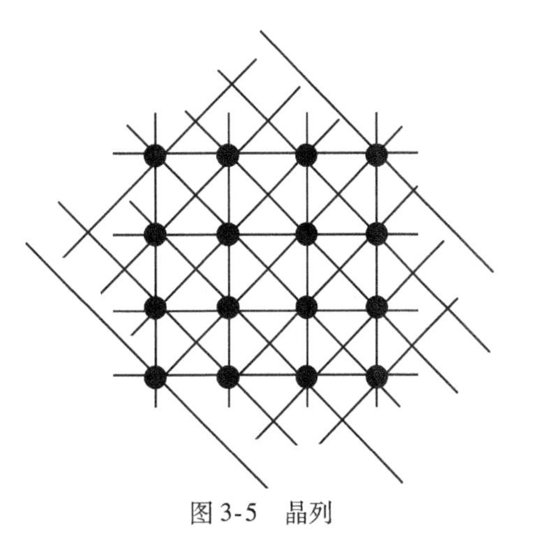

图3-5　晶列

如果从一个原子沿晶向到最近的原子的位移矢量为 $l_1\boldsymbol{a}_1 + l_2\boldsymbol{a}_2 + l_3\boldsymbol{a}_3$，则晶向就用 [$l_1$　l_2　l_3] 来标志，称为晶向指数。

以简单晶格为例，如图 3-6 所示的立方原胞的立方边 OA 的晶向为［1　0　0］；面对角线 OB 的晶向为［1　1　0］；体对角线 OC 的晶向为［1　1　1］。在立方原胞立方边一共有六个不同的晶向，如图 3-7a 所示分别用［1　0　0］［0　1　0］［0　0　1］和 $[\bar{1}\ 0\ 0]$ $[0\ \bar{1}\ 0]$ $[0\ 0\ \bar{1}]$ 表示。其中后三个晶向指数顶上有一横，表示负值。由于晶格的对称性，这六个晶向并没有什么区别，晶体在这些方向上的性质是完全相同的。统称这些等效晶向时写成〈1　0　0〉。如图 3-7b 所示，面对角线晶向共有 12 个，统称这些等效晶向为〈1　1　0〉。如图 3-7c 所示，体对角线晶向共有 8 个，统称这些等效晶向为〈1　1　1〉。

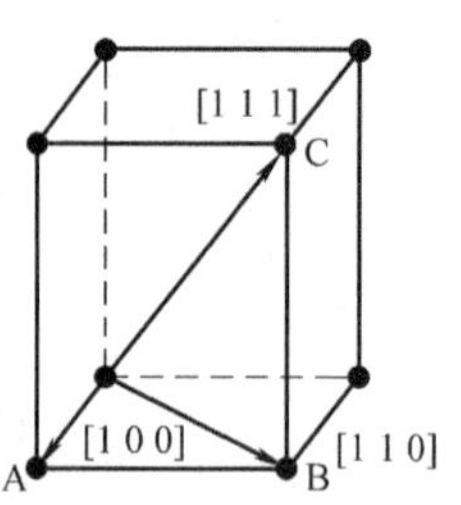

图 3-6　立方晶格中的晶向

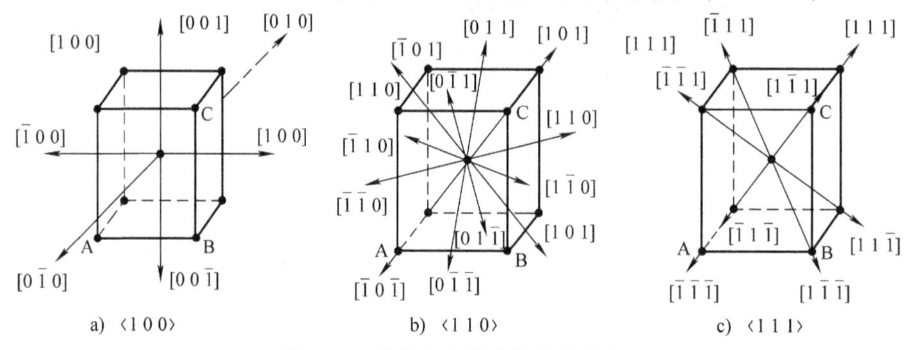

a)〈1 0 0〉　　b)〈1 1 0〉　　c)〈1 1 1〉

图 3-7　简单立方晶格的等效晶向

晶格的格点还可以看成分列在平行等距的平面系上，这样的平面称为晶面。和晶列一样，同一个格子可以有无穷多方向不同的晶面系。晶面系用（h_1　h_2　h_3）来标记，称为密勒指数（Miller indices）。h_1、h_2、h_3 为正或负的整数，实际表明等距的晶面分别把基矢 $\boldsymbol{a}_1$（或 $-\boldsymbol{a}_1$）、$\boldsymbol{a}_2$（或 $-\boldsymbol{a}_2$）、$\boldsymbol{a}_3$（或 $-\boldsymbol{a}_3$）分割成多少个等份。图 3-8 中以简单立方晶格为例画出了（1　0　0）、（1　1　0）、（1　1　1）三个不同方向的晶面。简单立方晶格中一个晶面的密勒指数和晶面法线的晶向指数完全相同，即与立方边［1　0　0］、面对角线［1　1　0］和体对角线［1　1　1］相垂直的晶面分别是（1　0　0）面、（1　1　0）面、（1　1　1）面。与其他的立方边、面对角线和体对角线相垂直的晶面是和以上晶面等效的，统称为一类等效晶面，用｛1　0　0｝、｛1　1　0｝、｛1　1　1｝表示。

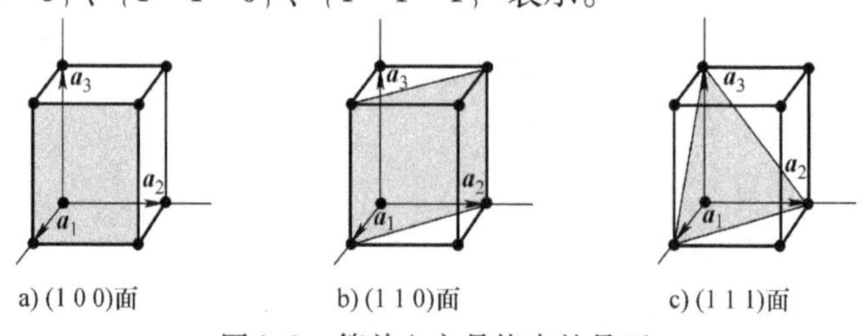

a) (1 0 0)面　　b) (1 1 0)面　　c) (1 1 1)面

图 3-8　简单立方晶格中的晶面

3.1.4　晶体的对称性

如果一个物体经过一定的操作以后，能够与操作前相重合，则称此物体具有对称性，这种操作称为对称操作。而对称操作往往以某些点、面、轴为中心，这些点、面、轴就叫作对称要素。

晶体的对称性分为宏观对称性与微观对称性，凡是能够出现在晶体外形上的对称性叫作宏观对称性；而包含平移要素的对称性称为微观对称性。

1. 晶体的宏观对称性

晶体的宏观对称要素有对称中心、对称面、旋转轴、旋转反伸轴等几种。

1）对称中心（C）：如图3-9a所示，对任何物体，通过某点作任意直线，与该点等距离的任何相对的两点，其环境都是一样的，则称此物体具有反伸对称性，或称此物体具有对称中心，该点即是对称中心，常以字母C表示，国际符号系统中以$\bar{1}$表示。其相应的对称操作是依点反伸。

2）对称面（P）：如图3-9b所示，对一物体，若有一平面，垂直于该平面作任意直线，在此直线上，与该平面等距离的任何相对的两点，环境都是一样，则称此物体具有反映对称性，该平面即是对称面，常以字母P表示，国际符号系统中以m表示。其相应的对称操作是依面反映。

3）旋转轴（L^n）：如图3-9c、d、f、h所示，对任一物体，有一轴线，绕此轴旋转一定角度以后，能与旋转前相重合，则称此物体具有旋转对称性，而该轴线叫作旋转轴，通常用L^n表示。旋转一圈（360°）所能重合的次数称为该旋转轴的轴次，用n表示，而$360°/n$叫作基转角。基转角是使物体旋转重合所必需的最小角度。由于任何物体旋转360°以后必定恢复到原来位置，因此n必是整数。其相应的对称操作是绕轴的旋转。

4）旋转反伸轴（L_i^n）：如图3-9e、g、i所示，如果一物体绕某轴线旋转一定的角度，再依此轴线上的一点加以反伸，而能与先前重合，则称此物体具有旋转反伸对称性，该轴线叫作旋转反伸轴，通常用L_i^n表示，其中脚标i表示反伸；n表示轴次。其相应的对称操作是旋转加反伸。

对于晶体，由于受其内部格子构造的限制，对称轴的轴次n只可能是1、2、3、4、6五种，不可能有5以及高于6次的旋转轴。

如图3-10所示，A、B为晶格中两个相邻格点，进行转角为θ的任意对称操作。绕A点转θ角，则将使B格点转到C位置，由于绕轴旋转后，能与旋转前相重合，C位置也是晶格中的一格点。因为B和A完全等价，所以转动也同样可以绕B进行。晶格绕B转$-\theta$角，使A格点转至D格点处。由于CD与AB平行，属同一族晶列，具有相同的周期，因此有如下关系：

$$\mathbf{CD} = N\mathbf{AB} \tag{3-3}$$

式中，N为整数。根据图形的几何关系得

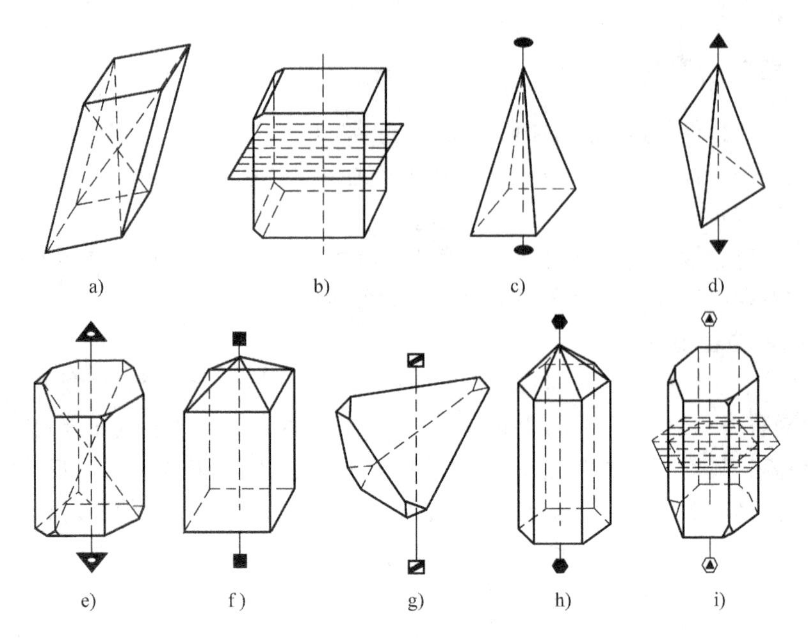

图 3-9　晶体的宏观对称要素

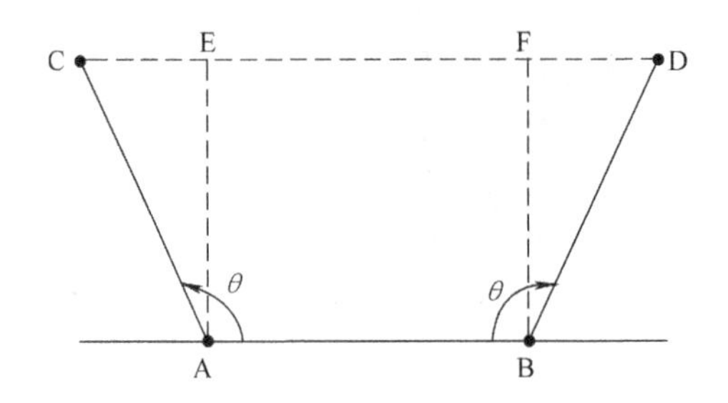

图 3-10　晶体中旋转对称轴的轴次

$$\overline{CD}=\overline{AB}(1-2\cos\theta) \tag{3-4}$$

或

$$N=1-2\cos\theta \tag{3-5}$$

因为 N 为整数，只能取 5 个值，为

$N=-1$　0　1　2　3

$\theta=360°$　60°　90°　120°　180°

θ 也只能取上述 5 种角度。旋转对称轴的轴次 $n=\dfrac{360°}{\theta}$，n 只能有 1、2、3、4、6 五种轴次。

因此，晶体中可能存在的旋转轴只有 L^1、L^2、L^3、L^4、L^6 五种，国际符号系统中以 1、2、3、4、6 表示。相应的旋转反伸轴也只可能有 L_i^1、L_i^2、L_i^3、L_i^4、L_i^6 五种，国际符号系统中以 $\overline{1}$、$\overline{2}$、$\overline{3}$、$\overline{4}$、$\overline{6}$ 表示。

实际上 1 次旋转反伸轴等同于对称中心；2 次旋转反伸轴等同于对称面；3 次

旋转反伸轴相当于 3 次轴加对称中心；6 次旋转反伸轴相当于 3 次轴加对称面。

晶体中可以存在的常用的宏观对称要素共有 10 种，它们的通用符号、国际符号、图示符号及相应的对称符号见表 3-1。

表 3-1　晶体常用宏观对称要素

对称要素		通用符号	国际符号	图示符号	相应的对称符号	
旋转轴	1 次	L^1	1		—	
	2 次	L^2	2			
	3 次	L^3	3			
	4 次	L^4	4			
	6 次	L^6	6			
对称中心		C	$\bar{1}$		L_i^1	L^2s
对称面		P	$m=\bar{2}$		L_i^2	L^1s
旋转反伸轴	3 次	L_i^3	$\bar{3}$		L^3+C	L^6s
	4 次	L_i^4	$\bar{4}$		—	L^4s
	6 次	L_i^6	$\bar{6}$		L^3+P	L^3s

2. 对称型

在晶体中，对称要素可以单独存在，也可以由多个对称要素组合在一起共同存在。如图 3-11a 所示的平行六面体只有一个对称中心，而图 3-11b 所示的四方柱同时具有 1 个 L^4、4 个 L^2、5 个对称面 P 和一个对称中心 C。习惯上把某种对称要素的数目写在该对称要素的符号之前，因此四方柱的对称要素有 $L^4 4L^2 5PC$。

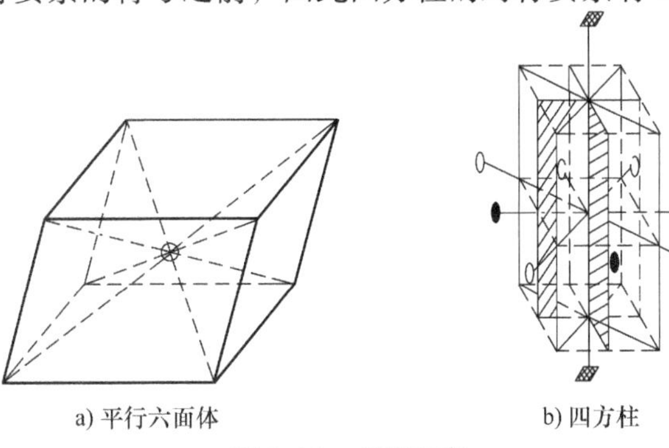

a) 平行六面体　　b) 四方柱

图 3-11　对称要素

对称要素的组合是要服从一定规律的，不能任意组合，这是因为各种对称要素均具有相互制约性。理论与实践都证明宏观对称要素的组合只可能有 32 种不同的类型，称之为 32 对称型。

与 32 种对称型相对应，可将晶体分成 32 类，称为 32 晶类，再根据有无相同或类似的特征对称要素将它们划分为 3 大晶族，7 大晶系。各个晶族、晶系的对称点如下：

1）低级晶族：无高次对称轴，包含 3 个晶系。

① 三斜晶系：只有一次轴 L^1 或 L_i^1 （$=C$）。

② 单斜晶系：L^2 或 P 不多于一个。

③ 正交晶系：L^2 或 P 的数目多于一个。

2）中级晶族：只有一个高次轴，包含 3 个晶系。

① 四方晶系：有 1 个 L^4 或 L_i^4。

② 三方晶系：有 1 个 L^3 或 L_i^3。

③ 六方晶系：有一个 L^6 或 L_i^6。

3）高级晶族：高次轴多于一个，只有一个晶系。

立方晶系：有 4 个 L^3 或 L_i^3。

表 3-2 中列出了 32 对称型（32 晶类）及各晶族、晶系的对称特点。

表 3-2　32 对称型（32 晶类）及各晶族、晶系的对称特点

32 对称型（32 晶类）及其符号				对称特点	晶系	晶族
序号	常用符号	国际符号	圣氏符号			
1	L^1	1	C_1	只有一次轴 L^1 或对称中心 C	三斜晶系	低级晶族（无高次轴）
2	$C(=L_i^1)$	$\bar{1}$	$C_i(S_2)$			
3	L^2	2	C_2	L^2 或 P 的数目均不多于一个	单斜晶体	
4	$P(=L_i^2)$	m	$C_s(C_{1h})$			
5	L^2PC	$2/m$	C_{2h}			
6	$L^2 2P$	$2mm$	C_{2v}	L^2 或 P 的数目均多于一个	正交晶系（斜方晶系）	
7	$3L^2$	222	D_{2v}			
8	$3L^2 3PC$	$2/m2/m2/m$	$D_2h(V_h)$			
9	L^4	4	C_4	有一个 L^4 或 L_i^4	四方晶系（四角晶系、正方晶系）	中级晶族（有 1 个高次轴）
10	L_i^4	$\bar{4}$	S^4			
11	L^4PC	$4/m$	C_{4h}			
12	$L^4 4L2$	422	D_4			
13	$L^4 4P$	$4mm$	C_{4v}			
14	$L_i^4 2L^2 2P$	$\bar{4}2m$	$D_{2d}(V_d)$			
15	$L^4 4L^2 5PC$	$4/m2/m2/m$	D_{4h}			

（续）

32 对称型（32 晶类）及其符号				对称特点	晶系	晶族
序号	常用符号	国际符号	圣氏符号			
16	L^3	3	C_2	有一个 L^3 或 L_i^3	三方晶系（三角晶系、菱形晶系）	中级晶族（有 1 个高次轴）
17	$L^3C(=L_i^3)$	3	$C_3i(S_6)$			
18	L^33L^2	32	D_2			
19	L^33P	3m	C_{3v}			
20	L^33L^23PC	$\bar{3}2/m$	D_{3d}			
21	L^6	6	C_6	有一个 L^6 或 L_i^6	六方晶系	
22	L_i^6	6	C_{3h}			
23	L^6PC	$6/m$	C_{6h}			
24	L^66L^2	622	D_6			
25	L^66P	$6mm$	C_{6v}			
26	$L_i^63L^23P$	$\bar{6}m2$	D_{3h}			
27	L^66L^27PC	$6/m2/m2/m$	D_{6h}			
28	$4L^33L^2$	23	T	有 4 个 L^3 或 L_i^3	立方晶系（等轴晶系）	高级晶族（高次轴多余 1 个）
29	$4L^33L^23PC$	$2/m\bar{3}$	T_h			
30	$3L^44L^36L^2$	432	O			
31	$3L_i^44L^36P$	$\bar{4}3m$	T_d			
32	$3L^44L^36L^29PC$	$4/m32/m$	O_h			

3. 晶胞

周期排列是所有晶体的共同性质，正是在原子周期排列的基础上产生了不同晶体所特有的各式各样的宏观对称性。原胞是晶格的最小周期性单元，但是有些情况下无法反映晶格的对称性。为了同时反映晶格的周期性和对称性，往往会取最小重复单元的一倍或几倍的晶格作为结晶学原胞，称为晶胞，也称为晶体学单胞。

晶体学中根据对称性对各种布拉菲格子确定了标准的晶胞和它的基矢。根据 32 对称型，晶格 $\{l_1\boldsymbol{a}_1+l_2\boldsymbol{a}_2+l_3\boldsymbol{a}_3\}$ 分属于 7 个晶系，如图 3-12 及表 3-3 所示。单斜、正交、四方都可以增加体心、面心或底心格点，使 7 个晶系共有 14 种布拉菲格子。显然凡有体心、面心或底心的情形，晶胞与原胞是不同的。

晶胞的 3 个基矢 $\boldsymbol{a}_1$、$\boldsymbol{a}_2$、$\boldsymbol{a}_3$ 的长度，称为晶格常数，分别用 a_1、a_2、a_3 表示。3 个基矢的夹角称为轴角，常以 α、β、γ 表示。其中，α 为 $\boldsymbol{a}_2$ 与 $\boldsymbol{a}_3$ 之间的夹角，β 为 $\boldsymbol{a}_1$ 与 $\boldsymbol{a}_3$ 之间的夹角，γ 为 $\boldsymbol{a}_1$ 与 $\boldsymbol{a}_2$ 之间的夹角。a_1、a_2、a_3 和以 α、β、γ 称为晶胞参数，各晶系的晶胞参数特征如表 3-3 所示。

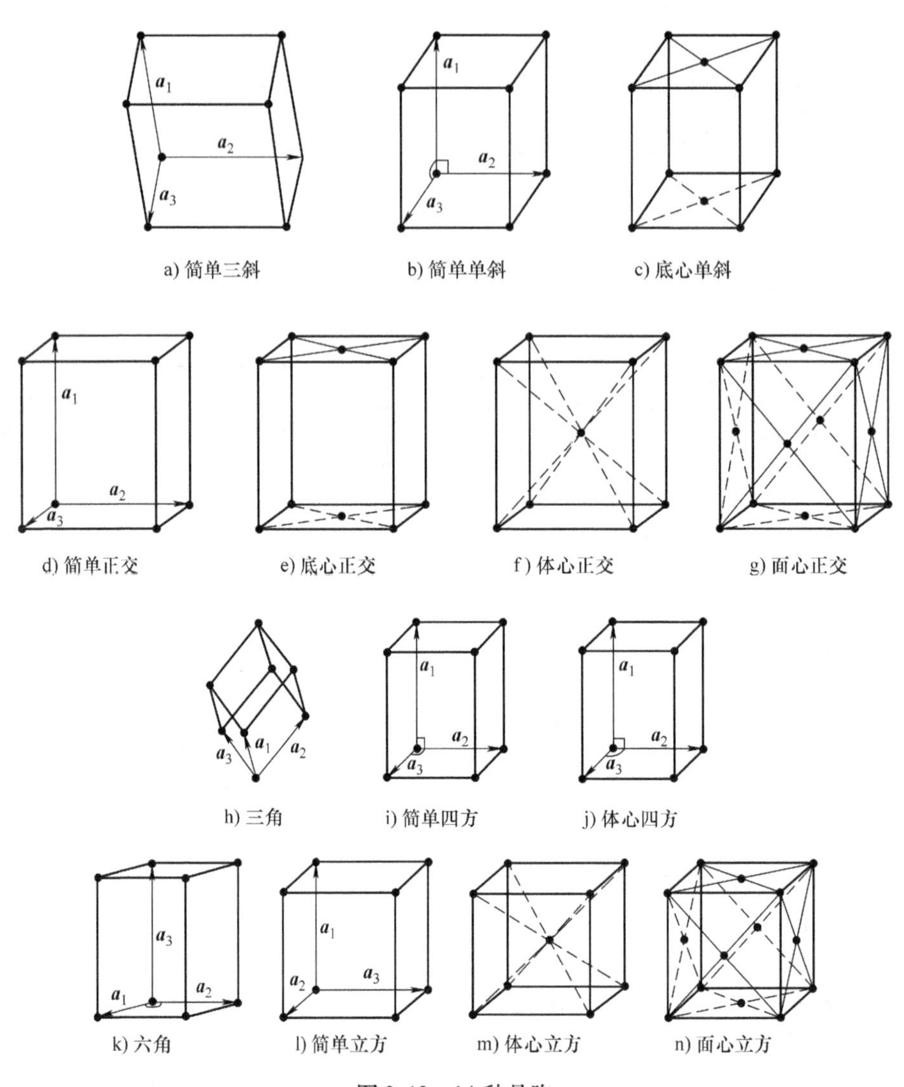

a) 简单三斜　b) 简单单斜　c) 底心单斜

d) 简单正交　e) 底心正交　f) 体心正交　g) 面心正交

h) 三角　i) 简单四方　j) 体心四方

k) 六角　l) 简单立方　m) 体心立方　n) 面心立方

图 3-12　14 种晶胞

表 3-3　7 大晶系 14 种布拉菲格子

晶系	单胞基矢的特征	布拉菲格子	所属点群
三斜晶系 (triclinic)	$a_1 \neq a_2 \neq a_3$ 夹角不等	简单三斜	C_1, C_i
单斜晶系 (monsclinic)	$a_1 \neq a_2 \neq a_3$ $a_2 \perp a_1$, a_3	简单单斜 底心单斜	C_2, C_s, C_{2h}
正交晶系 (orthorhombic)	$a_1 \neq a_2 \neq a_3$ a_1, a_2, a_3 互相垂直	简单正交 底心正交 体心正交 面心正交	D_2, C_{2v}, D_{2h}

（续）

晶系	单胞基矢的特征	布拉菲格子	所属点群
三角晶系（rhombohedral）	$a_1=a_2=a_3$ $\alpha=\beta=\gamma<120°$，$\neq 90°$	三角	C_3，C_{3i}，D_3，C_{3v}，D_{3d}
四方晶系（tetragonal）	$a_1=a_2\neq a_3$ $\alpha=\beta=\gamma=90°$	简单四方 体心四方	C_4，C_{4h}，D_4，C_{4v}，D_{4h}，S_4，D_{2d}
六角晶系（hexagonal）	$a_1=a_2\neq a_3$ $a_3\perp a_1$，a_2 a_1，a_2夹角120°	六角	C_6，C_{6h}，D_6，C_{3v}，D_{6h} C_{3h}，D_{2h}
立方晶系（cubic）	$a_1=a_2=a_3$ $\alpha=\beta=\gamma=90°$	简单立方 体心立方 面心立方	T，T_h，T_d，O，O_h

4. 对称操作

在微观对称性要素中，最基本的是平移对称。晶格的周期性就是平移对称性，平移一个布拉菲格子的晶格矢量晶体自身重合，称为平移对称操作，如式（3-6）所示。

$$\boldsymbol{t}_{l_1l_2l_3}=l_1\boldsymbol{a}_1+l_2\boldsymbol{a}_2+l_3\boldsymbol{a}_3 \tag{3-6}$$

所有布拉菲格子晶格矢量所对应的平移对称操作的集合，称为平移群。晶体的宏观对称性，即晶格的转动对称操作的集合称为点群，通常用 $\boldsymbol{R}$ 表示点群对称操作，由10种对称要素组成32个点群。而晶格全部对称操作（既有平移也有转动）的集合，构成空间群。

空间群分为简单空间群和复杂空间群。简单空间群也称点空间群，是由一个平移群和一个点群对称操作组合而成的，它的一般对称操作可以写成式（3-7）。

$$(\boldsymbol{R}|\boldsymbol{t}_{l_1l_2l_3}) \tag{3-7}$$

式（3-7）表示1格点进行 $\boldsymbol{R}$ 操作以后再平移 $\boldsymbol{t}_{l_1l_2l_3}$ 的联合操作。简单晶格所具有的空间群属于点空间群。一些复式晶格的空间群也是点空间群。如NaCl、CsCl等原胞中各原子性质互不相同的复式晶格，可以由点群对称和平移对称组合成的点群空间群表征。

单元素复式晶格，有时是所谓的复杂空间群，也称非点空间群。它的操作可以有更一般的形式，如式（3-8）所示。

$$(\boldsymbol{R}|\boldsymbol{t}) \tag{3-8}$$

式中，$\boldsymbol{R}$ 为绕一个格点的点群操作，但 $\boldsymbol{t}$ 不一定是一个平移操作。如金刚石的对称操作可以写成式（3-9）。

$$(\boldsymbol{R}|\boldsymbol{\tau}_{\mathrm{R}}+\boldsymbol{t}_{l_1l_2l_3}) \tag{3-9}$$

式中，$\boldsymbol{R}$ 为立方体点群操作；$\boldsymbol{t}_{l_1l_2l_3}$ 为面心立方格子的平移；$\boldsymbol{\tau}_{\mathrm{R}}$ 为沿体对角线平移1/4。

不同的空间群共230个，其中点空间群是73个，也就是说，所有的晶格结构，就它的对称性而言，共有230个类型。

3.2 晶体缺陷

理想晶体的全部原子（或分子）严格地处在规则的、周期性的格点上，但实际晶体中的原子排列会由于各种原因偏离严格的周期性，形成了晶体的缺陷。晶体的缺陷有的是在晶体生长过程中，由于温度、压力、介质浓度等变化而引起的；有的则是在晶体形成后，由于质点的热运动或受应力作用而产生。晶体的缺陷可以在晶格内迁移、消失，同时可能有新的缺陷产生。

一般制备材料的过程中，如在高温由熔融状态凝固形成固态材料的过程中，晶体是环绕着许许多多不同的核心生成的，很自然地形成由许多晶粒组成的多晶体。晶粒的大小可以小到微米以下的尺度，也可以大到眼睛能够清晰看到的尺度。晶粒的粗细、形状、方位的分布都是随机的，且对晶体的性质有重要影响。每个晶粒是各向异性的，但是由于多晶体中晶粒有各种取向，因此多晶体的宏观性质往往表现为各向同性的[3]。

晶粒之间的交界区（面）称为晶粒间界，可以看作是一种晶体缺陷。晶粒间界和一般物体的界面一样具有一定的自由能。多晶体在较高的温度，晶粒大小会发生变化，大的晶粒逐步侵蚀小的晶粒，具体表现为间界的运动。在这个过程中，由于间界有自由能，间界就像平常的液面一样存在一定的张力作用。

原子可以比较容易地沿着晶粒间界扩散，所以外来的原子可以渗入并分布在晶粒间界处。内部的杂质原子或掺杂物也往往容易集中在晶粒间界处。这些都可以使晶粒间界具有复杂的性质，并产生各种影响。

晶体中缺陷的种类有很多，它们影响着晶体的力学、热学、电学、光学等各方面的性质。晶体缺陷可以根据其特征进行分类，一般按照晶体缺陷的几何线度分成点缺陷、线缺陷、面缺陷和体缺陷等。其中点缺陷是基本形式，其他的晶体缺陷都可以看成是由点缺陷构成的。

3.2.1 点缺陷

点缺陷是指晶体中晶格的变形区域呈点状的缺陷，主要特征是在各个方向上都没有延伸，只是在某一个点上的缺陷，因此又称零维缺陷。点缺陷包括空位、间隙原子和杂质原子等，杂质原子又可分为间隙式和替位式，如图3-13所示。

1. 空位与间隙原子

一切物质都是运动着的，包括晶体中的原子（或离子）也是在不停地运动着。

a) 空位　　b) 间隙原子　　c) 杂质原子

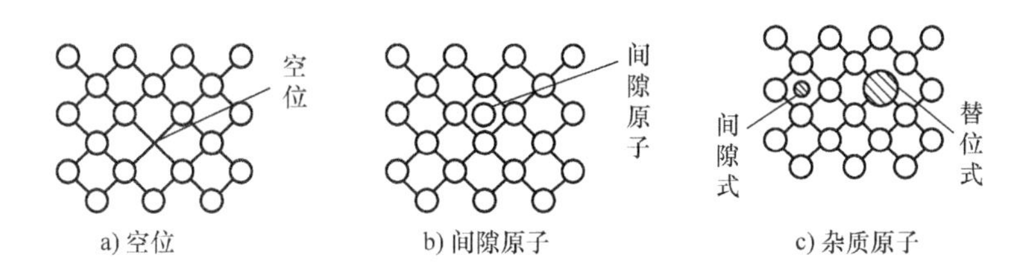

图 3-13　点缺陷示意图

但晶体中的原子由于受周围原子的牵制，一般情况下，它们只能在平衡位置做振动，运动速度有的较快，有的较慢。而运动速度较快的原子可能冲破周围原子对它的束缚，离开平衡位置，使它原来所占据的格点空出来，形成空位。脱离原来平衡位置的原子处在正常格点原子之间的空隙中，形成间隙原子，如图 3-14 所示。这种空位和间隙原子成对的缺陷称为弗兰克（Frenkel）缺陷。如果脱离出的原子迁移到晶格表面格点位置，在晶格内部留下空位，但没有形成间隙原子，这种缺陷称为肖特基（Schottky）缺陷。

空位和间隙原子引起点阵对称性的破坏，且造成附近区域的弹性畸变，如图 3-15 所示。空位产生后，其周围原子间的相互作用力失去平衡，周围原子偏向空位中心，使空位周围出现弹性畸变。同样，在间隙原子周围也会产生弹性畸变，且间隙原子引起的弹性畸变要比空位引起的畸变大得多，因此所需能量也更大。

a) 弗兰克缺陷　　b) 肖特基缺陷

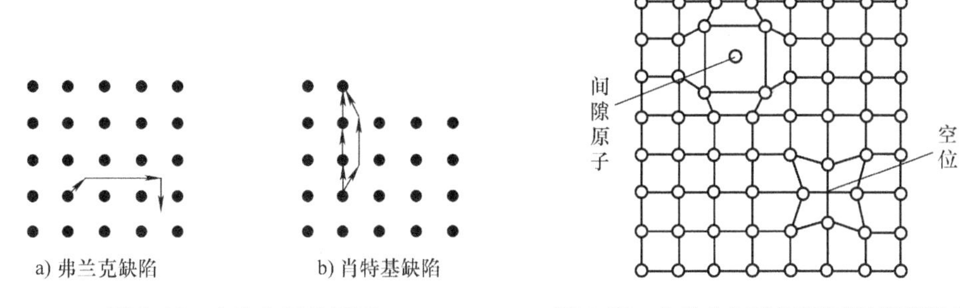

图 3-14　空位和间隙原子

图 3-15　空位和间隙原子周围的弹性畸变

间隙原子迁移到空位，两种缺陷同时消失，称为点缺陷复合。在一定温度下，产生率和复合率相等，产生和复合达到动态平衡，空位和间隙原子保持在一定的浓度。温度升高时，原子振动能量增大，冲破束缚的概率就增加，使得空位和间隙原子的浓度也就增加，打破了热平衡状态，即点缺陷的产生率大于复合率。由于点缺陷浓度的增加，空位和间隙原子的复合率也增加，最后达到新的热平衡状态。因此空位和间隙原子又可称为热平衡缺陷，简称热缺陷。

根据热力学原理，晶体恒温下的自由能如式（3-10）所示。

$$F = U - TS \tag{3-10}$$

式中，F 为自由能；U 为晶体的内能；T 为绝对温度；S 为熵，是描述宏观系统无序度的物理量，是混乱和无序的度量。熵值越大，混乱无序的程度越大。自由能是指在热力学过程中，系统减少的内能可以转化为对外做功的能量。

晶体中含 n 个热缺陷时增加的内能 ΔU、熵值 ΔS、自由能 ΔF 的变化曲线如图 3-16 所示，u 表示形成一个热缺陷的能量。如图 3-16 所示，自由能的变化是一个有极小值的曲线。当有一定数量的热缺陷存在时，比没有热缺陷时自由能更低，自由能越低晶体在热力学上更为稳定，故自由能最小的状态就是平衡态。因此，在绝对零度以上，晶体中必存在一定的热缺陷，使得晶体达到热平衡态。

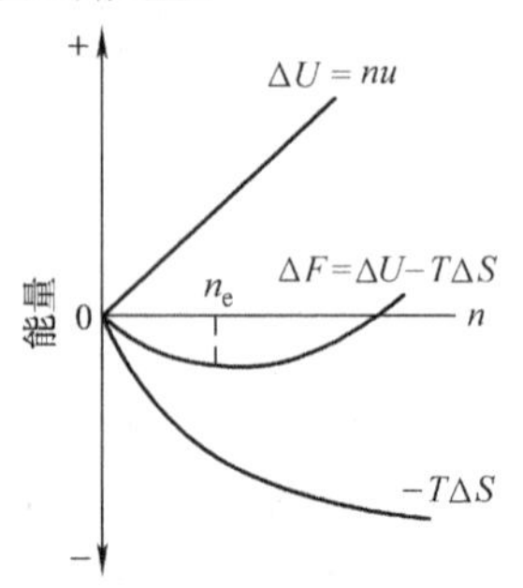

图 3-16　热缺陷体系能量变化曲线

晶体中热缺陷的形成导致点阵畸变的出现，晶体的内能 U 升高，使系统自由能增大，降低了晶体的热力学稳定性。同时，热缺陷的形成，增大了原于排列的混乱程度，即系统熵（S）增大，使系统自由能降低，增加了晶体的热力学稳定性。这两个相互矛盾的因素使得晶体中的热缺陷在一定的温度下达到热平衡状态，形成一定的平衡浓度。

热缺陷的平衡浓度可由热力学平衡条件计算得到。如某温度下，包含 N 个原子的晶体中存在 n_V 个空位和 n_I 个间隙原子时，空位的平衡浓度 C_V 和间隙原子的平衡浓度 C_I 如式（3-11）和式（3-12）所示。

$$C_V = \frac{n_V}{N} = A\exp\left(-\frac{u_V}{k_0 T}\right) \tag{3-11}$$

$$C_I = \frac{n_I}{N} = A\exp\left(-\frac{u_I}{k_0 T}\right) \tag{3-12}$$

式中，u_V 为形成一个空位所需的能量，称为空位形成能；u_I 为形成一个间隙原子所需的能量，称为间隙原子形成能；A 为由振动熵决定的系数，$A=\exp\left(\frac{S_f}{k}\right)$，$S_f$ 为振动熵，为 1 ~ 10，通常取 1。

从式（3-11）和式（3-12）可以看出，热缺陷的平衡浓度是随温度变化呈指数变化的。热缺陷形成所需的能量越高，热缺陷平衡浓度越小。一般空位形成能 u_V 为 1eV 的数量级，而间隙原子形成能比空位形成能大 3 ~ 4 倍，相同温度下，间隙原子平衡浓度比空位平衡浓度小很多数量级。因此，晶体中的热缺陷主要空位，而空位主要来自于肖特基缺陷。

上面讲到温度下降时，空位浓度降低，是温度下降速度很慢的情况。当温度下降速度较快时，高温下形成的大量空位将会因为来不及扩散到表面而消失，于是它们将被“冻结”在晶体内部，这时空位浓度将大于热平衡浓度，称为过饱和空位，将以空位或空位团的形式存在于晶体中。在高温熔体中拉制锗、硅单晶时，拉单晶速度（冷却速度）过快，将形成过饱和空位，对半导体性能影响比较大。

晶体中的点缺陷并不是固定不动的，可以借助热激活而不断做无规则的运动。例如空位周围的原子，由于热激活，某个原子有可能获得足够的能量而跳入空位中，并占据这个平衡位置。这时，在该原子的原来位置上，就形成一个空位，这一过程可以看作空位向邻近格点位置的迁移。同理，出于热运动，晶体中的间隙原子也可从一个间隙位置迁移到另一个间隙位置。与此同时，由于能量起伏，在某处可能会出现新的空位和间隙原子，而在另一处又形成点缺陷复合消失空位和间隙原子，以保持在该温度下的平衡浓度。由于晶体中空位和间隙原子的不断产生和复合，原子不停地从一处向另一处做无规则的布朗运动，这就是晶体中原子的自扩散。

2. 杂质原子

杂质原子也属点缺陷，它的形成能可能比空位还低，因此含少量杂质原子在热力学上是更为稳定的。杂质原子分为间隙式和替位式，如图3-13c所示。

半导体的核心是其电导特性，而本征半导体实际上是绝缘体，没有可利用的电学特性。实践表明，极微量的杂质和缺陷，能够对半导体材料的物理性质和化学性质产生决定性的影响。因此在半导体单晶中，有些杂质原子是为了控制半导体的电学特性有意加入的。例如，在硅晶体中，若以10^5个硅原子中掺入一个杂质原子的比例掺入硼原子，则硅晶体的电导率在室温下会增加10^3倍。半导体中主要掺杂Ⅲ族元素（硼B、铝Al、镓Ga和铟In等）和Ⅴ族元素（磷P、砷As和锑Sb等），分别称之为p型杂质和n型杂质。Ⅲ、Ⅴ族元素在硅、锗晶体中是替位式杂质，关于它们的掺杂方式及电特性将在以后章节中详细讨论。

金是快扩散杂质，在硅中起复合中心作用，大大降低了少数载流子寿命，因而在制造高速开关器件时，经常会有意地掺入金以提高开关速度。金还可吸收铜、铁等杂质，使pn结反向击穿变硬，改善pn结性能。

除了这些人为有意加入的杂质外，由于单晶制备、器件制备等工艺过程中还会引入铜Cu、铁Fe、锰Mn、钠Na、氧O_2、碳C等有害杂质。各种有害杂质在硅晶体中有的以间隙式、有的以替位式存在，使硅半导体的少数载流子寿命降低，导致pn结的特性变差，器件的性能及成品率降低。

由于各种元素半径不一样，有意掺入的杂质将引起晶格的畸变，这些畸变会进一步引起位错等其他缺陷，如图3-17所示。为了减少杂质引起的晶格畸变，近年来常选用原子半径相近的杂质，或采用一种半径相对大的杂质，在此同时，再加入相对小的杂质，以使畸变相互抵消。表3-4中列出了一些杂质原子的半径及其在硅中的存在形式。

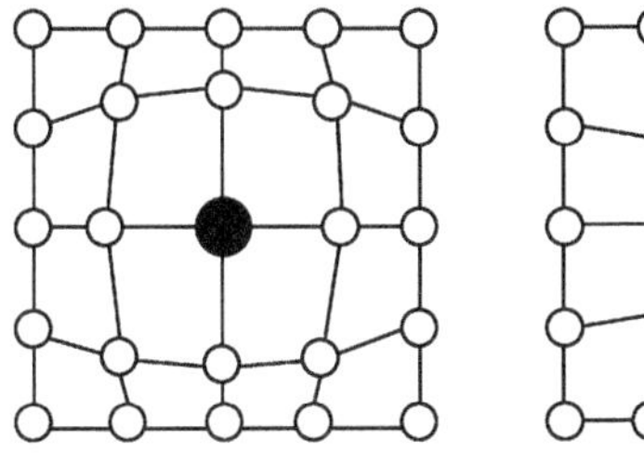
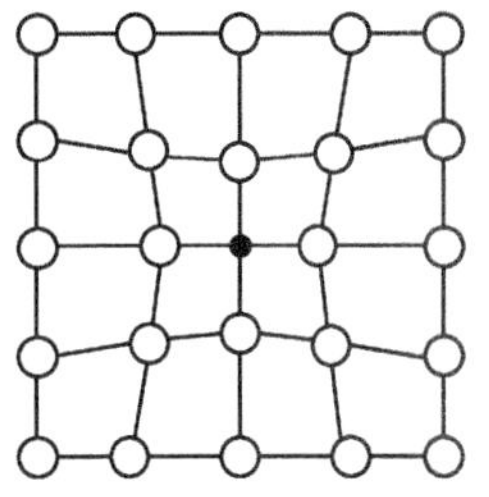

图3-17　杂质原子的晶格畸变

表 3-4　部分杂质原子的半径及其在硅中的存在形式

杂质	原子半径/Å	存在形式	杂质	原子半径/Å	存在形式
硅	1.17	替位式	金	1.50	替位式
硼	0.88	替位式		1.44	间歇式
铝	1.26	替位式	铜	1.28	间歇式
镓	1.26	替位式		1.35	替位式
磷	1.10	替位式	氧	0.66	间歇式
砷	1.18	替位式	碳	0.77	替位式
锑	1.36	替位式			

3.2.2　线缺陷

线缺陷是指晶体中晶格变形区域呈线状的缺陷，由于在这条线附近的原子位置排列发生了错误，因此又称为位错，是一维缺陷。位错缺陷尺寸在一维方向较长，在二维方向上很短。位错是晶体中某处一列或若干列原子发生了有规律错排的现象，错排区是细长的管状畸变区，长度可达几百至几万个原子间距，宽仅为几个原子间距。晶体中位错的种类有很多，但基本的类型只有刃位错和螺位错两种。

1. 刃位错

刃位错可以定义为已滑移区和未滑移区的边界。如图 3-18 所示，晶体在大于屈服值的切应力作用下，以 ABCD 面为滑移面发生滑移。形成局部滑移的晶体，在 EF 处由于上下两层原子数不同，局部完全丧失了晶格排列，而周围的原子基本上仍保持晶格排列。这种局部的晶格缺陷集中在滑移区的边界线 EF 附近，这个线状的缺陷就是刃位错。刃位错是在滑移面上局部滑移区的边界，而且位错的方向与滑移方向垂直。

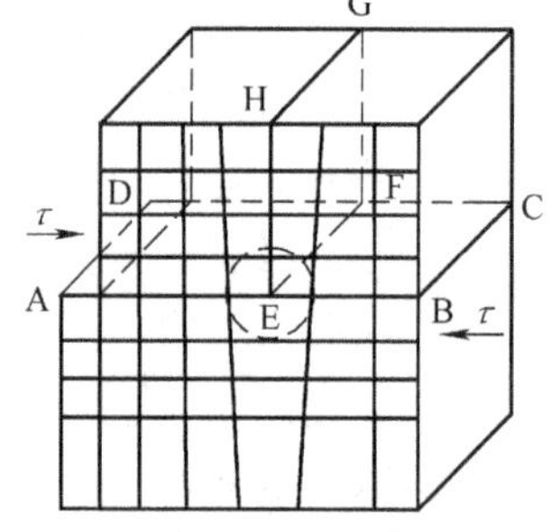

图 3-18　晶体的刃位错

从晶格排列情况看，就如在滑移面上部插进了一层原子（EFGH 面），位错的位置正好在插入面的刃上。虽然在 EFGH 面多了一层原子，但是只有在 EF 线上形成了缺陷，其他原子仍保持晶格排列，因此不是面缺陷。由于 EFGH 面上多了一层原子，晶格将受到压缩，而反方向上的晶格是伸张的。因此，刃位错周围存在一定的弹性应力场，形成一定的弹性畸变。

2. 螺位错

晶体在外加切应力作用下，上下两层原子沿 ABCD 面滑移，图 3-19 中 EF 线为已滑移区与未滑移区的分界处。EF 线右侧的上下两层原子都偏离了平衡位置，围绕着 EF 线连成了一个螺旋线，故称为螺位错。图 3-19 中可以看出，如果在原子平面上环绕螺位错走一圈，就会从一个晶面转到下一个晶面，原子已不再构成一些平行的原子平面，而形成了以螺位错为轴的螺旋面。

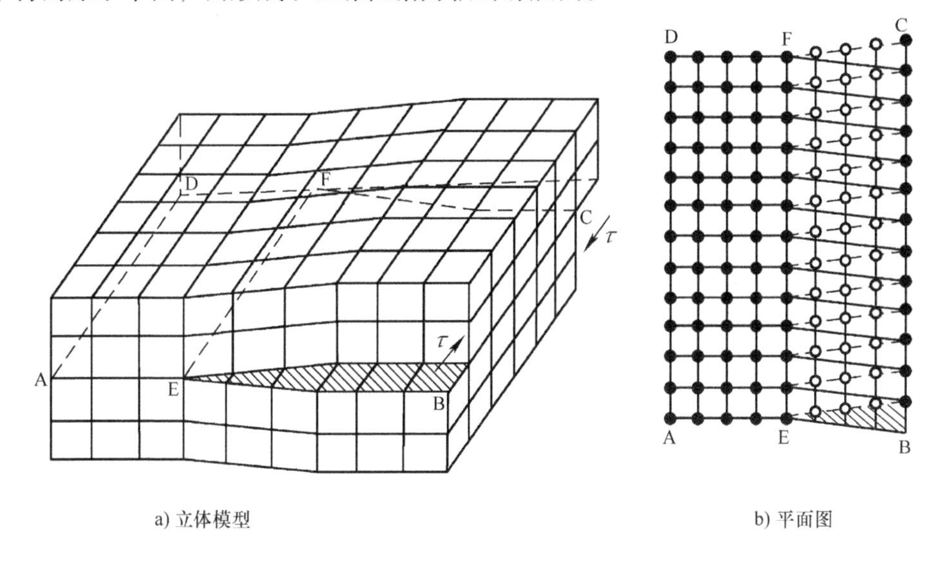

a) 立体模型　　b) 平面图

图 3-19　晶体的螺位错

螺位错线以外的原子虽然基本上保持着晶格排列，但是从原来的平行晶面变为螺旋面，受到了一定的扭曲，因此螺位错环绕位错线也存在着一定的弹性应力场。螺位错的位错线与原子滑移方向相平行。

3. 混合位错

实际晶体中的位错往往不仅仅只有刃位错和螺位错那样单纯，而是要复杂得多。如图 3-20 所示，在外力作用下，两部分之间发生相对滑移，在晶体内部已滑移和未滑移部分的交线既不垂直也不平行于滑移方向，这些位错称为混合位错。任何混合位错都可以看成是刃位错和螺位错的组合。如图 3-20c 所示，混合位错的矢量可分解为刃型和螺型，它的形态可以在刃位错和螺位错之间变化。

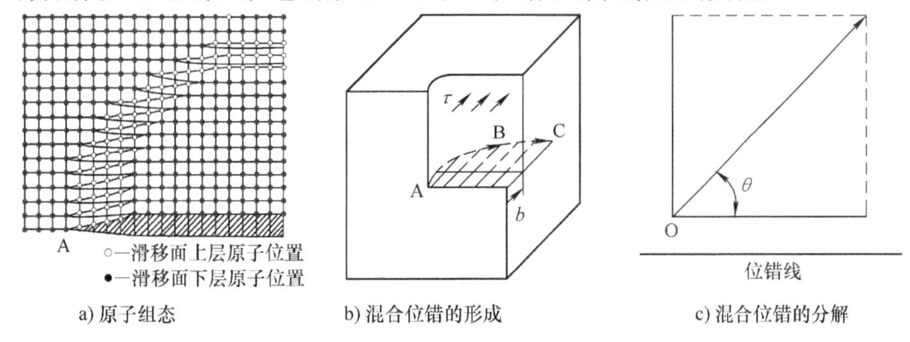

a) 原子组态　　b) 混合位错的形成　　c) 混合位错的分解

图 3-20　混合位错

任何位错的位错线均是连续的，即位错线不可能中断于晶体内部。在晶体内部，位错线要么自成环状回路，要么与其他位错相交于节点，要么穿过晶体终止于晶界或晶体表面。

4. 位错对半导体器件工艺的影响

位错伴随着晶格畸变，有较大的应力，原子位能较大，易受腐蚀剂腐蚀。对半导体晶体来说，刃位错比螺位错影响更大。因为刃位错的晶格畸变大，杂质原子容易沿着刃位错扩散或聚集，造成载流子迁移率下降和寿命减少，pn 结击穿特性变差，影响半导体器件性能和成品率的提高[2]。

位错附近的晶体中存在有很大的应力，位错线与晶体表面的相交处（称为位错露头处）附近的原子位能要比完整晶体部分的原子位能大，所以位错线的露头处容易被腐蚀，形成所谓的“腐蚀坑”。由于晶体对称性的影响，不同取向的晶面上的腐蚀坑形状是不同的，如图 3-21a 所示，硅晶体中｛1 1 1｝晶面上的腐蚀坑呈三角形，而｛1 0 0｝晶面上的腐蚀坑呈四方形，有时会看到一系列腐蚀坑排列在一条线上，是由于一系列位错排列在同一晶面上的结果，称为位错排。如图 3-21b所示，一系列位错排列成六角星形，称为星形结构。

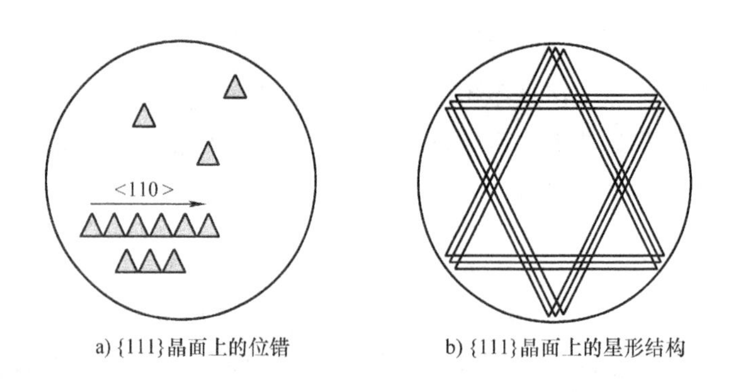

a) {111}晶面上的位错　　b) {111}晶面上的星形结构

图 3-21　硅单晶的位错排和星形结构位错

有位错排和星形结构的单晶，说明其完整性很差，这种单晶一般无法制造出性能优良的器件，因此，生产单晶时要尽力避免位错排和星形结构。产生位错排和星形结构的原因包括造成巨大内应力的机械振动、温度的突变，以及热场分布不均匀所产生的冷管效应，即生长单晶时中心温度高，边上温度低的较大的径向温度梯度[2]。

另一方面，对某些半导体器件的制造来说，少量位错的存在，不但无害而且有利，因为少量的、均匀分布的位错能吸附一些杂质、空位等点缺陷，这种效应称为位错或晶体缺陷的吸杂效应。

3.3　能带理论[4-6]

3.3.1　原子能级和能带

原子的中心是一个带正电荷的核，核外有带负电荷的电子，在库仑引力作用下绕原子核做运动。电子绕原子核运动遵从量子力学规律，处于一系列特定的运动状态，形成一系列不连续的、由电子运动轨道构成的电子壳层。每个壳层里运动的电子均具有确定的能量，称为原子的能级。内层上的电子离原子核近，受到的束缚作用强，能级低。越往外层，电子受到的束缚越弱，能级越高。对于原子中的电子，能级由低到高可分为 E_1、E_2、E_3、E_4等，分别对应于1s、2s、2p、3s等一系列壳层，如图3-22所示。

当原子接近形成晶体时，不同原子的内外电子壳层之间都有一定程度的交叠，而相邻原子的最外壳层重叠最多。在晶体中，由于电子壳层的交叠，电子不再完全局限于一个原子，可以从一个原子转移到相邻的原子上去，因此，电子在整个晶体中运动。这种运动称为电子的共有化运动，如图3-23所示。但是，由于原子的每个电子壳层有不同的能级，电子只能在相似的壳层间转移。且原子的每个电子壳层的交叠程度完全不同，只有最外壳层的共有化特征是显著的，内层电子与单独原子中差别很小。

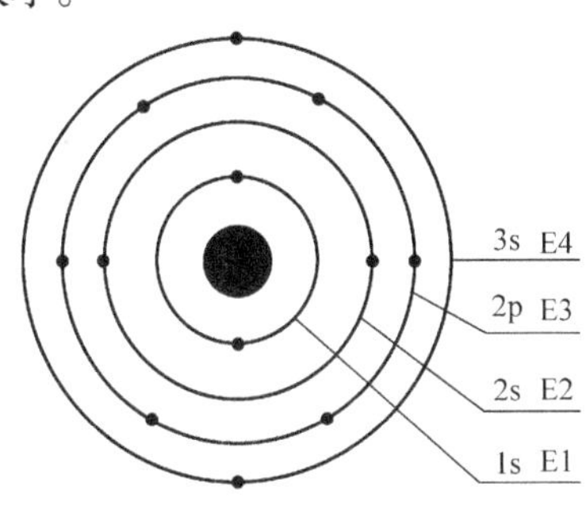

图3-22　原子能级

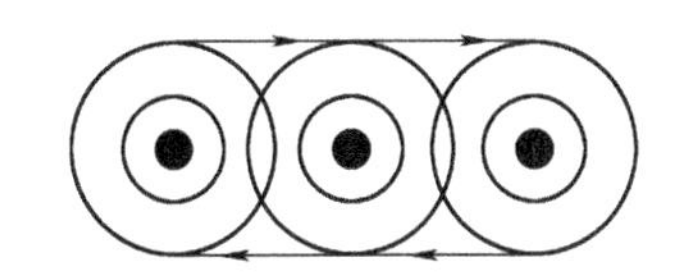

图3-23　电子的共有化运动

孤立原子的能级如图3-24a所示。当两个原子互相靠近时，每个原子中的电子除受到本身原子的势场作用外，还要受到另一个原子势场的作用，结果每个能级分裂为两个彼此相距很近的能级。由 N 个原子组成的晶体，每个电子都受到周围原子势场的作用，每个能级分裂成 N 个彼此相近的能级，形成一个能带，如图3-24b所示。实际晶体每立方厘米体积内有 10^{22} ~ 10^{23} 个原子，所以 N 是个很大的数值，分裂的能级靠得很近，所以每一个能带中的能级基本上可视为连续的。

能级分裂形成的每一个能带都称为允带，允带之间不存在能级，称为禁带。图

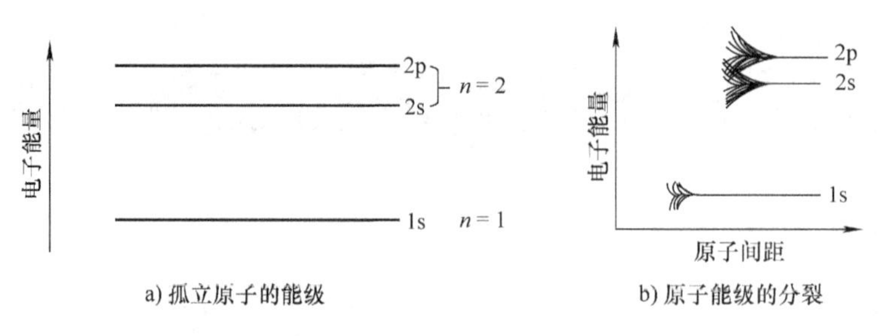

图 3-24 能级分裂示意图

3-25 示意原子能级分裂为能带的情况。内壳层能级低，共有化运动很弱，其能级分裂的很小，能带很窄；外壳层能级高，特别是最外壳层的价电子，共有化运动很显著，其能级分裂得很厉害，能带很宽。

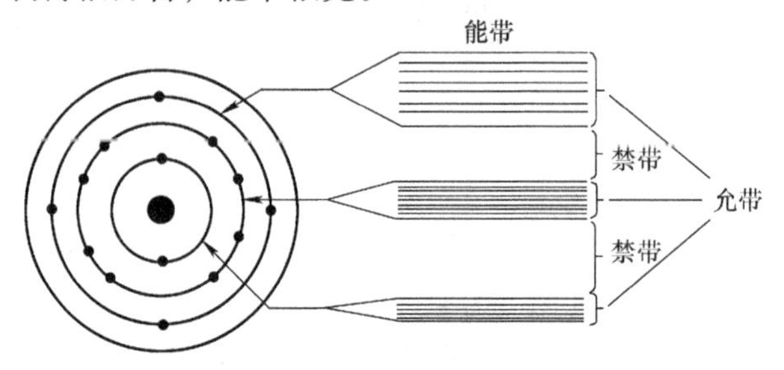

图 3-25 能级分裂为能带

每一个能带包含的能级数与孤立原子能级的简并度有关。例如 s 能级没有简并，N 个原子结合成晶体后，s 能级分裂为 N 个能级，形成能带，共有 N 个共有化状态。p 能级是三度简并的，便分裂成 $3N$ 个能级，形成的能带中共有 $3N$ 个共有化状态。

但是，许多实际晶体的能带不一定能区分 s 能级和 p 能级所分裂形成的能带。例如，金刚石和半导体硅、锗，它们的原子都有 4 个价电子，两个 s 电子和两个 p 电子。N 个原子结合成的晶体，共有 $4N$ 个价电子，形成两个能带，中间隔一禁带，如图 3-26 所示。但是，两个能带并不相对应与 s 能级和 p 能级，而是上下两个能带中都包含 $2N$ 个状态，各可容纳 $4N$ 个电子。根据能量最小原理和泡利不相容原理，先占满低能量的能带，然后再占据更高能量的能带。$4N$ 个价电子正好填满下面低能量的能带，而上面高能量的能带是空的，没有电子。

价电子所处的能级分裂形成的能带叫作价带。如果价带中所有的能级都按泡利不相容原理填满了电子，则称为满带；完全未被占据的称空带；部分被占据的称导带。能量比价带低的各能带一般都是满带，而价带可以是满带，也可以是导带，如在金属中是导带，所以金属能导电，在绝缘体中和半导体中是满带所以它们不能导电。

但是，满带中的价电子有可能被激发后跃迁到空带中而参与导电，所以空带也

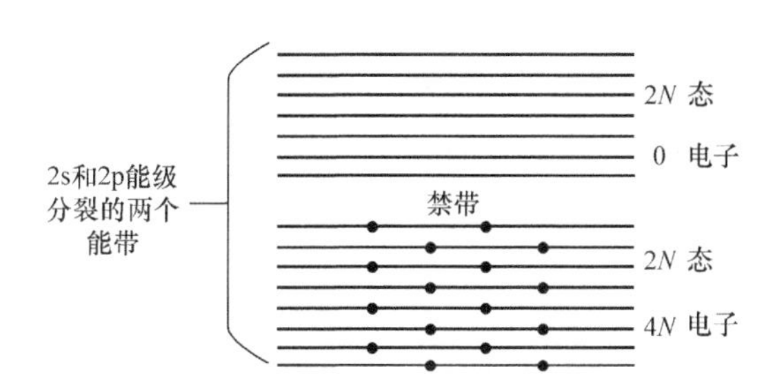

图3-26　金刚石型结构价电子能带示意图

称为导带或自由带。如半导体很容易因其含有杂质或受外界影响，如光照、升温等，使满带中的电子数目减少，或使空带中形成一些电子而成为导带。

3.3.2　晶体中电子的状态

晶体中的电子状态和原子中的不同，特别是外层电子在晶体中处于共有化运动状态。电子的共有化运动的基本特点和自由电子十分相似。

1. 自由电子状态

一个质量为 m_0，以速度 $\boldsymbol{v}$ 自由运动的电子，其动量 $\boldsymbol{p}$ 与能量 E 分别为

$$\boldsymbol{p}=m_0\boldsymbol{v} \tag{3-13}$$

$$E=\frac{1}{2}\frac{\boldsymbol{p}^2}{m_0} \tag{3-14}$$

德布罗意（de Broglie）指出，自由粒子可以用频率为 ν，波长为 λ 的平面波表示为

$$\Phi(\boldsymbol{r},t)=A\mathrm{e}^{\mathrm{i}2\pi(\boldsymbol{k}\cdot\boldsymbol{r}-\nu t)} \tag{3-15}$$

式中，A 为一常数；$\boldsymbol{r}$ 为空间某点的矢径；k 为平面波的波数，等于波长 λ 的倒数。为能同时描述平面波的传输方向，通常规定 $\boldsymbol{k}$ 为矢量，称为波数矢量，简称波矢，其大小如式（3-16）所示，方向与波面法线平行。

$$k=|\boldsymbol{k}|=\frac{1}{\lambda} \tag{3-16}$$

自由电子能量和动量与平面波频率和波矢之间的关系如式（3-17）和式(3-18)所示。

$$E=h\nu \tag{3-17}$$

$$\boldsymbol{p}=h\boldsymbol{k} \tag{3-18}$$

将式（3-18）分别代入式（3-13）和式（3-14），可得式（3-19）、式（3-20）。

$$\boldsymbol{v}(\boldsymbol{k})=\frac{h\boldsymbol{k}}{m_0} \tag{3-19}$$

$$E(k)=\frac{h^2k^2}{2m_0} \tag{3-20}$$

利用式（3-20）、式（3-19）还可以表示为式（3-21）。

$$\boldsymbol{v}(\boldsymbol{k})=\frac{1}{h}\nabla_k E(\boldsymbol{k}) \tag{3-21}$$

式中，∇_k为以 $\boldsymbol{k}$ 为变数的 E（$\boldsymbol{k}$）梯度。

对于波矢为 $\boldsymbol{k}$ 的运动状态，自由电子的能量 E、动量 $\boldsymbol{p}$、速度 $\boldsymbol{v}$ 均有确定的数值。因此，波矢 $\boldsymbol{k}$ 可用以描述自由电子的运动状态，不同的波矢 $\boldsymbol{k}$ 标志着自由电子的不同状态。

对于一维情形，即 ox 轴方向与波的传播方向一致，则式（3-15）可表示为式(3-22)。

$$\Phi(x,t)=A\mathrm{e}^{\mathrm{i}2\pi kx}\mathrm{e}^{-\mathrm{i}2\pi vt}=\psi(x)\mathrm{e}^{-\mathrm{i}2\pi vt} \tag{3-22}$$

式中，$\psi(x)$为自由电子的波函数，它代表一个沿 x 方向传播的平面波，如式(3-23)表示。

$$\psi(x)=A\mathrm{e}^{\mathrm{i}2\pi kx} \tag{3-23}$$

且遵守定态薛定谔（Schrödinger）方程，即如式（3-24）。

$$-\frac{\eta^2}{2m_0}\frac{\mathrm{d}^2\psi(x)}{\mathrm{d}x^2}=E\psi(x) \tag{3-24}$$

式中，η 为狄拉克（Dirac）常数，$\eta=h/(2\pi)$。

不同的 k 状态，具有不同的能量 $E(k)$，在一个恒定势场下的自由电子，其薛定谔方程的解便是平面波，即式（3-23），式（3-20）给出的 $E(k)=\dfrac{h^2k^2}{2m_0}$表示相应的本征值。自由电子在 k 状态下的能量 $E(k)$ 如图 3-27 所示，呈抛物线形状。由于波矢大小 k 的连续变化，自由电子的能量是连续能谱。动量大的电子波矢 k 也大，离原点远；动量小的电子波矢 k 也小，离原点近。

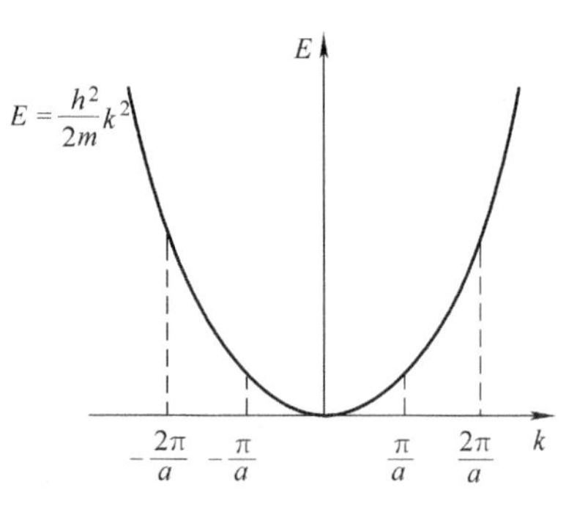

图 3-27 自由电子的 $E(k)$图

2. 晶体中的电子状态[7]

为了表示晶体中的电子状态，结合上一节的一维模型，讨论如图 3-28 所示的一维晶格。

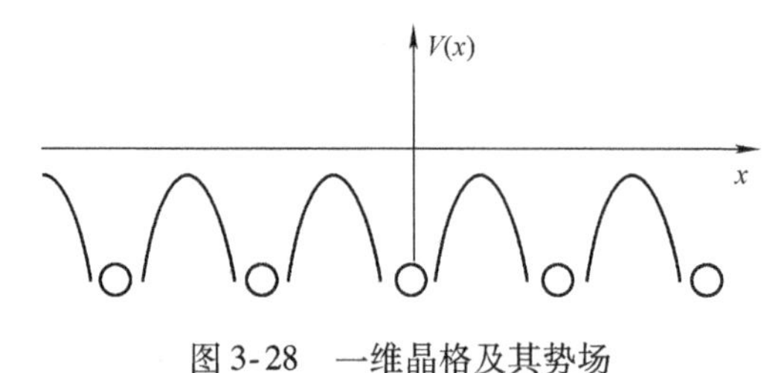

图 3-28 一维晶格及其势场

对于理想晶体，原子规则排列成晶格，晶格具有周期性，因而图 3-28 中一维晶格各点的坐标可如式（3-25）表示。

$$x + na \tag{3-25}$$

式中，a 为晶格常数；n 为整数。

因为晶格的周期性，其势场 $V(x)$ 也应具有周期性，对一维晶格，其势能 $V(x)$ 满足式（3-26）。

$$V(x) = V(x + na) \tag{3-26}$$

晶格中的电子在晶格同周期的周期性势场中运动，遵守薛定谔方程（3-27）。

$$-\frac{\eta^2}{2m_0}\frac{\mathrm{d}^2\psi(x)}{\mathrm{d}x^2} + V(x)\psi(x) = E\psi(x) \tag{3-27}$$

如能解出薛定谔方程，便能得出电子的波函数及能量。但是找出实际晶体的 $V(x)$ 很难，因而只能采用近似方法来求解。布洛赫（Bloch）曾证明，满足式 (3-27) 的波函数一定具有如式（3-28）的形式，称为布洛赫波函数。

$$\psi(x) = u_k(x)\mathrm{e}^{\mathrm{i}2\pi kx} \tag{3-28}$$

式中，$u_k(x)$ 为一个与晶格同周期的周期性函数，即满足式（3-29）。

$$u_k(x) = u_k(x + na) \tag{3-29}$$

晶体中的电子在周期性势场中运动的波函数如式（3-28），与自由电子的波函数式（3-23）形式相似，代表一个波矢为 $\boldsymbol{k}$ 的平面波。但波的振幅 $u_k(x)$ 为周期函数，其周期与晶格周期相同，若令 $u_k(x)$ 为常数，则变为自由电子的波函数。

根据波函数的意义，在空间某一点找到电子的概率与波函数在该点的强度 $|\psi|^2$ 成正比。对于自由电子，$|\psi|^2 = A^2$，即在空间任一点波函数的强度相等，电子所处某一点的概率相等，反映了电子在空间中的自由运动。而对于晶体中的电子，$|\psi|^2 = |u_k(x)u_k^*(x)|$，在晶体中波函数的强度是随晶格周期性变化的，所以在晶体中电子出现在各点的概率也具有周期性。这反映了晶体中的电子不完全局限在某一个原子上，可以在整个晶体中运动，这就是电子在晶体内的共有化运动。原子的外层电子共有化运动较强，其行为与自由电子相似，常称为准自由电子。而内层电子的共有化运动较弱，其行为与孤立原子中的电子相似。

布洛赫波函数中的波矢 $\boldsymbol{k}$ 描述晶体中电子的共有化运动状态，不同的 k 值标志着不同的共有化运动状态，具有不同的能量 $E(k)$。求解式（3-27）可得出具有抛物线形式的 $E(k)$ 和 k 的关系曲线，如图 3-29a 所示。由于周期性势场的微扰，k 为 $\frac{n}{2a}$ 处断开，能量突变。

对于长为 L 的一维晶格，波矢大小 k 可表示为

$$k = \frac{n}{L} \tag{3-30}$$

因此，波矢 $\boldsymbol{k}$ 具有量子数的作用。对应每一个整数 n 值的波矢 $\boldsymbol{k}$ 的能量 $E(k)$ 可以在图 3-29a 中找到，把所有量子态的能级都画出来，将得到如图 3-29b 所示的

情形。能级在$\frac{n}{2a}$处断开分裂为一系列的能带，每一个能带中波矢$\boldsymbol{k}$的取值范围全长是$\frac{1}{a}$。在图3-28中，设单位一维晶格是由N个原子组成的，则代表可能状态的电子的“密度”为Na，就得到所有不同k值的总数正好为N。因此每一个能带中有N个能级，因为每个能级可容纳自旋相反的两个电子，所以每个能带可以容纳$2N$个电子。实际晶体中N值很大，k的取值十分密集，相应的能级也十分密集，因此称为准连续的。准连续的一系列的能带，称为布里渊区，分布在以下几个区中。

第一布里渊区：$k=-\frac{1}{2a}\sim+\frac{1}{2a}$

第二布里渊区：$k=-\frac{1}{a}\sim-\frac{1}{2a}$，$+\frac{1}{2a}\sim+\frac{1}{a}$

第三布里渊区：$k=-\frac{3}{2a}\sim-\frac{1}{a}$，$+\frac{1}{a}\sim+\frac{3}{2a}$

…

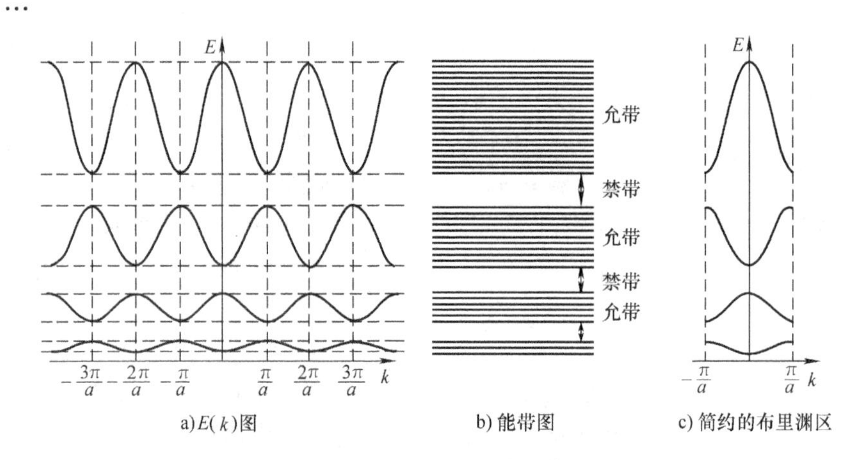

图3-29　$E(k)$和k的关系曲线

在$\frac{n}{2a}$处的各能带之间的间隔称为禁带，而禁带之中不存在能级。周期场的变化愈剧烈，禁带宽度也愈宽。

从图3-29a还可以看到$E(k)$是k的周期性函数，由式（3-28），可得

$$u_k(x)=\psi(x)\mathrm{e}^{-\mathrm{i}2\pi kx} \tag{3-31}$$

再由式（3-29），可得

$$u_k(x)=\psi(x)\mathrm{e}^{-\mathrm{i}2\pi kx}=\psi(x+na)\mathrm{e}^{-\mathrm{i}2\pi k(x+na)} \tag{3-32}$$

消去$\mathrm{e}^{-\mathrm{i}2\pi kx}$，可得

$$\psi(x+na)=\psi(x)\mathrm{e}^{\mathrm{i}2\pi kna} \tag{3-33}$$

因此，说明波函数在各个周期单元（na）中完全相似，相互间只差一个位相

因子 $e^{i2\pi kna}$。而波矢的大小 k 值改变任何 $1/a$ 的倍数，不影响位相因子 $e^{i2\pi kna}$ 的值。由此可知，为了描述所有可能的状态，只考虑在 $-\frac{1}{2a}<k<\frac{1}{2a}$，就是说只需考虑第一布里渊区，得到如图 3-29c 所示曲线。在此区域内，$E(\boldsymbol{k})$ 为 $\boldsymbol{k}$ 的多值函数，因此用 $E_m(k)$ 标明是第 m 个能带，常称这一区域为简约的布里渊区，这一区域的波矢 k 称为简约波矢 $\bar{k}$。则波矢大小 k 可分解为

$$k=\frac{m}{a}+\bar{k},\ (m\ 为整数) \tag{3-34}$$

布洛赫函数式（3-28）就成为

$$\psi(x)=\left[u_k(x)\cdot e^{i2\pi\frac{m}{a}x}\right]\cdot e^{i2\pi\bar{k}x} \tag{3-35}$$

由于 $e^{i2\pi\frac{m}{a}x}$ 是一个周期函数，在 $-\frac{1}{2a}<k<\frac{1}{2a}$ 范围以外的 k，如果用 $\bar{k}$ 来标志，应当通过把 k 改变 $\frac{1}{a}$ 的倍数，使它落于 $-\frac{1}{2a}<k<\frac{1}{2a}$ 的范围内，如图 3-30 所示。简约波矢 $\bar{k}$ 是对应于平移操作本征值的量子数，它的物理意义是表示原胞之间电子波函数位相的变化。

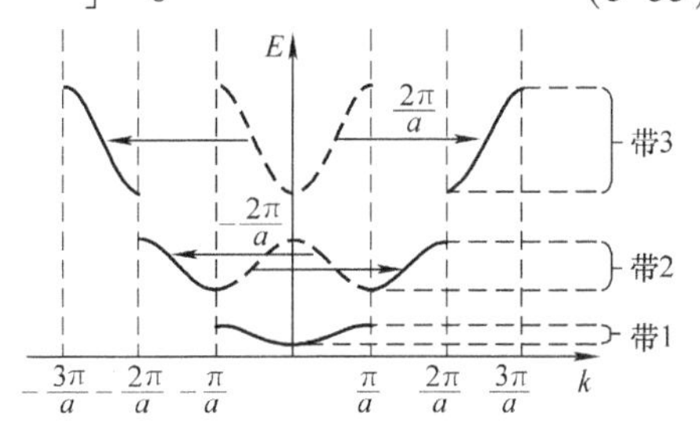

图 3-30　波矢 k 与简约波矢 $\bar{k}$ 之间的关系

每一个能带各状态对应于在 $-\frac{1}{2a}<k<\frac{1}{2a}$ 间不同的简约波矢 $\bar{k}$；对于同一个 $\bar{k}$ 有能量高低不同的一系列状态，分属于第一，第二，…布里渊区。因此，用简约波矢 $\bar{k}$ 来标志状态时必须同时指明它属于哪一个布里渊区。

实际三维晶格的情形是完全类似的。标志状态的波矢 $\boldsymbol{k}$ 值也是描述波函数在各个周期性单元（原胞）间位相的差别。为了描述各式各样的位相，也只需要环绕 $\boldsymbol{k}$ 空间原点的一个有限区域，即简约的布里渊区。在这布里渊区内所有不同 $\boldsymbol{k}$ 值的总数就等于 N，亦即晶格中原胞的数目。布里渊区的范围要看晶体的具体结构而定。图 3-31 表示最重要的半导体锗和硅晶体（金刚石结构）的第一布里渊区。整个布里渊区是一个所谓截角八面体，可以看成是一个正八面体，六个角被截去，共形成 14 个面，原来的 8 个面截去后呈正六边形，截去的 6 个角又形成 6 个正方面。

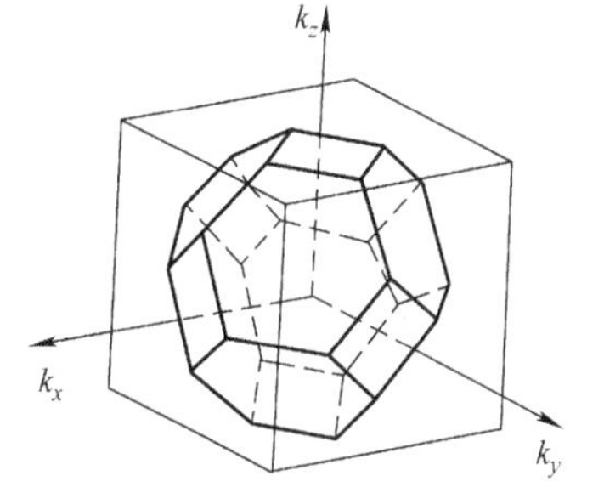

图 3-31　金刚石结构的第一布里渊区

3.3.3 电子在外力作用下的运动和有效质量

如果有外力 $\boldsymbol{F}$ 作用在电子上，则有

$$\boldsymbol{F}=\frac{\mathrm{d}\boldsymbol{p}}{\mathrm{d}t} \tag{3-36}$$

代入式（3-18）可得

$$\boldsymbol{F}=h\frac{\mathrm{d}\boldsymbol{k}}{\mathrm{d}t} \tag{3-37}$$

式（3-37）是有外力作用时电子运动状态变化的基本公式，给出了电子在外力作用下波矢 $\boldsymbol{k}$ 的变化。式（3-21）则决定电子在任意波矢 $\boldsymbol{k}$ 时的速度。式(3-37)与式（3-21）是晶体中电子准经典运动的两个基本关系式。

$$\begin{cases}\boldsymbol{v}(\boldsymbol{k})=\dfrac{1}{h}\nabla_{\boldsymbol{k}}E(\boldsymbol{k})\\ \boldsymbol{F}=h\dfrac{\mathrm{d}\boldsymbol{k}}{\mathrm{d}t}\end{cases}$$

从这两个基本关系式可得出外力作用下的加速度公式（3-38）

$$\frac{\mathrm{d}\boldsymbol{v}}{\mathrm{d}t}=\left(\frac{\mathrm{d}\boldsymbol{k}}{\mathrm{d}t}\cdot\nabla_{\boldsymbol{k}}\right)\frac{1}{h}\nabla_{\boldsymbol{k}}E(\boldsymbol{k})=\frac{1}{h^2}(\boldsymbol{F}\cdot\nabla_{\boldsymbol{k}})\nabla_{\boldsymbol{k}}E(\boldsymbol{k}) \tag{3-38}$$

若用分量表示，则

$$\frac{\mathrm{d}v_\alpha}{\mathrm{d}t}=\sum_\beta\frac{1}{h^2}\frac{\partial^2E(\boldsymbol{k})}{\partial k_\alpha\partial k_\beta}F_\beta \tag{3-39}$$

具有类似于牛顿定律

$$\frac{\mathrm{d}v}{\mathrm{d}t}=\frac{1}{m}\boldsymbol{F}$$

的形式，只是用一个张量代替了$\frac{1}{m}$，张量的分量为$\frac{1}{h^2}\frac{\partial^2E}{\partial k_\alpha\partial k_\beta}$。

若选 k_x，k_y，k_z轴沿张量主轴方向，则有

$$\frac{\partial^2E}{\partial k_\alpha\partial k_\beta}\begin{cases}\neq0,\alpha=\beta\\=0,\alpha\neq\beta\end{cases} \tag{3-40}$$

这时加速度公式可写成

$$m_\alpha^*\frac{\mathrm{d}v_\alpha}{\mathrm{d}t}=F_\alpha \tag{3-41}$$

其中

$$m_\alpha^*=h^2\left(\frac{\partial^2E}{\partial k_\alpha^2}\right)^{-1} \tag{3-42}$$

由式（3-42），在主轴坐标系中定义了有效质量张量

$$\begin{pmatrix} m_x^* & 0 & 0 \\ 0 & m_y^* & 0 \\ 0 & 0 & m_z^* \end{pmatrix} = \begin{pmatrix} h^2\left(\frac{\partial^2 E}{\partial k_x^2}\right)^{-1} & 0 & 0 \\ 0 & h^2\left(\frac{\partial^2 E}{\partial k_y^2}\right)^{-1} & 0 \\ 0 & 0 & h^2\left(\frac{\partial^2 E}{\partial k_z^2}\right)^{-1} \end{pmatrix} \tag{3-43}$$

由于有效质量是一个张量，一般说来，加速度和外力的方向是不同的，m_x^*、m_y^* 和 m_z^* 不一定相等。有效质量 m^* 与电子惯性质量 m_0之间可以有很大的差别，因为有效质量中实际包含了周期场的作用。有效质量并不是一个常数，而是波矢 $\boldsymbol{k}$ 的函数。有效质量不仅可以取正值，还可以取负值。在一个能带底附近，有效质量总是正值，而在一个能带顶附近，有效质量总是负值。能带底和能带顶分别代表 $E(\boldsymbol{k})$函数的极小和极大，因此分别具有正值的和负值的二阶导数。

3.3.4　导体、绝缘体和半导体的能带论解释

周期场中运动的电子的能级形成能带是能带论最基本的结果之一，正是这个结论提供了导体和非导体的理论说明。

电子可以在晶体中做共有化运动，且在外力（如电场）作用下可以加速，这样足以说明固体有导电性质。但有的具有很好的电子导电性能，有的则基本不导电。因此不能只看一个电子的运动，而需分析能带中所有电子的运动情况。

1. 满带电子不导电

在任何晶体中，能量函数 $E(k)$如图 3-30 所示，具有对称性。

$$E(k)=E(-k) \tag{3-44}$$

因此，由式（3-21）得到 k 和 $-k$ 态具有相反的速度，即

$$\boldsymbol{v}(k)=-\boldsymbol{v}(-k) \tag{3-45}$$

这是因为在 k 和 $-k$ 态能量函数 $E(k)$具有大小相等而方向相反的斜率。

在一个完全为电子所充满的能带中，尽管就每一个电子来讲，都荷带一定的电流 $-q\boldsymbol{v}$，但是 k 和 $-k$ 态的电子电流正好相抵消，所以总的电流等于 0。

外电场并不改变满带的情况。以一维能带为例，如图 3-32 所示。横轴上的电子表示均匀分布在 k 轴上的各量子态为电子所充满。在外电场 $\boldsymbol{E}$ 作用下，电子受到作用力 $\boldsymbol{F}=-q\boldsymbol{E}$，所有电子所处的状态都按式（3-37），即按 $\boldsymbol{F}=h\frac{\mathrm{d}\boldsymbol{k}}{\mathrm{d}t}$变化。这说明 k 轴上各点均以完全相同的速度移动，因此并不改变均匀填充各 k 态的情况。在布里渊区边界 A 和 A′处，由于 A 和 A′实际代表同一状态，所以从 A 点移出电子的同时就从 A′移进电子，保持整个能带处于均匀填满的状态，并不产生电流。

2. 部分填充的能带电子导电

部分填充的能带和满带不同，在外电场作用下，可以产生电流。一个部分填充

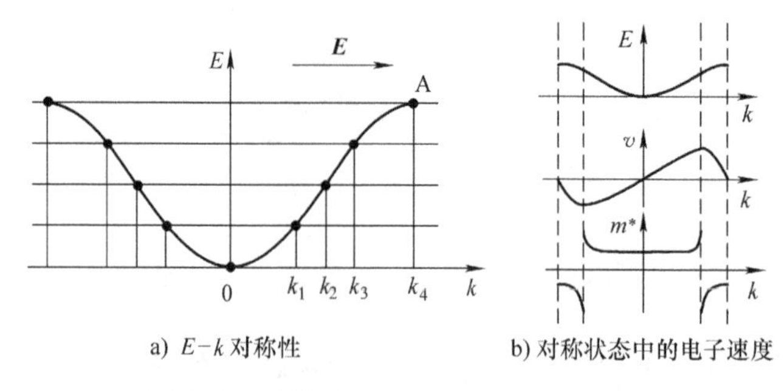

图 3-32　满带中电子的运动（一维能带）

的能带和相应的 $E(k)$ 图如图 3-33 所示。如图 3-33a 所示，电子将从最低能级填充到图示的虚线，由于电子 k 和 $-k$ 对称地填充，总电流抵消。但在外电场作用下，如图 3-33b 所示，整个电子分布将向一方移动，破坏了原来的对称分布，电子电流将部分抵消，因而产生电流。

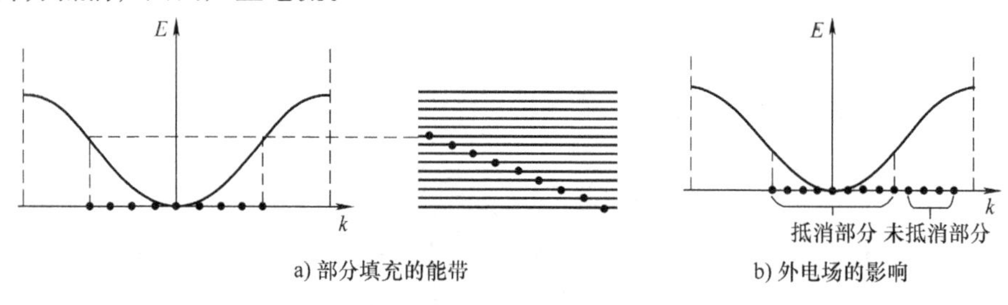

图 3-33　部分填充的电子运动

3. 导体和非导体的模型

一般原子内层能级都为电子所填满，所以原子内层能级形成能带后也是填满的。而原子的最外层能级原来就可能是满的，也可能不是满的。如图 3-34 所示，对导体和非导体提出基本模型：在非导体中，电子恰好填满最低的一系列能带，再高的各能带全部都是空的，由于满带不产生电流，所以尽管存在很多电子，但并不导电；在导体中，最外层能级形成的能带只是部分被电子填充，可以起导电作用，常称为导带。

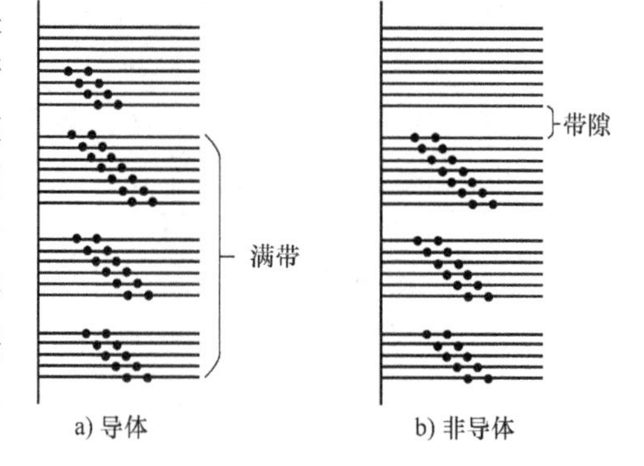

图 3-34　导体和非导体的能带模型

根据能带理论，半导体和绝缘体都属于上述非导体的类型。但是半导体由于热激发使少数电子由满带激发到导带底产生所谓本征导电。激发电子的多少与禁带宽度密切相关。半导体和绝缘体的差别就在于半导体有较窄的禁带宽度，如图

3-35 所示。因此半导体具有不同程度的本征导电性，而绝缘体具有较宽的禁带，热激发电子极少，以致导电性极差。且由于半导体的掺杂，使得能带填充情况有所改变，使导带中有少数电子，或满带中缺了少数电子，从而提高了导电性。

价带的宽度约为几个电子伏特（eV），半导体的禁带宽度 E_g一般比较窄，为 0.1 ~2eV。如半导体锗（Ge）的禁带宽度 E_g为 0.67eV，半导体硅（Si）的禁带宽度 E_g为 1.12eV，其他纯净的半导体的禁带宽度也都在 1eV 左右。而绝缘体的禁带宽度 E_g为 3 ~10eV。

在金属和半导体之间存在一种中间情况，如图 3-35c 所示。导带底 E_C和价带顶 E_V或发生交叠或具有相同的能量，有时称为负带隙宽度或零带隙宽度。在此情形下，通常同时在导带中存在一定数量的电子，在价带存在一定数量的空状态。其导带电子的密度比普通金属少几个数量级，这种情形称为半金属。

V族元素铋（Bi）、锑（Sb）、砷（As）是半金属，它们都具有三角晶格结构，每个原胞中包含有 2 个原子。因为每个原胞均含有偶数个价电子，似乎应是非导体，但是由于能带之间的交叠使它们具有了金属的导电性。但是由于能带交叠比较小，对导电有贡献的载流子数远小于普通金属。例如铋（Bi）的电阻率比大多数金属高 10 至 100 倍。

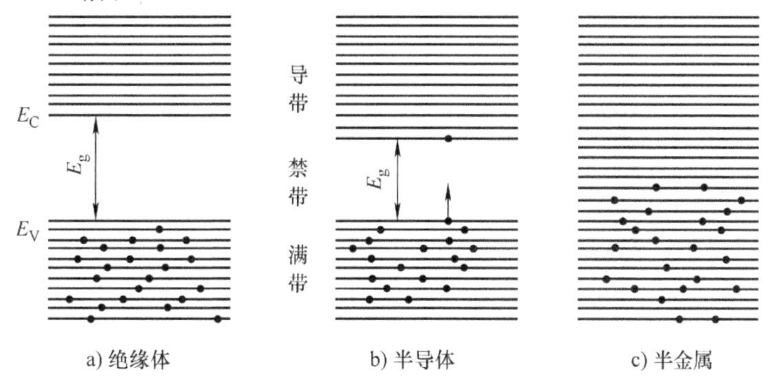

图 3-35　绝缘体、半导体和半金属的能带模型

3.4　半导体的特性

半导体之所以得到广泛的应用，是因为它存在着一些导体和绝缘体所没有的独特性能。

半导体的导电能力随温度灵敏变化。导体、绝缘体的电阻率随温度变化很小，（导体温度每升高 1℃，电阻率大约升高 0.4%）。而半导体则不一样，温度每升高或降低 1℃，其电阻就变化百分之几，甚至几十，当温度变化几十摄氏度时，电阻变化几十至几万倍，而温度为绝对零度（ −273℃）时，则成为绝缘体。

半导体的导电能力随光照显著改变。当光线照射到某些半导体上时，它们的导电能力就会变得很强，没有光线时，它的导电能力又会变得很弱。而金属的电阻率不受光照影响。

杂质对半导体材料的电阻率有影响，金属中含有少量杂质时，电阻率变化不大，但半导体里掺入微量杂质时，却能引起电阻率很大的变化，如在纯硅中掺入百万分之一的硼，硅的电阻率就从 $2.14\times10^3\Omega\cdot cm$ 减小到 $0.004\Omega\cdot cm$ 左右。这是半导体材料最特殊的独特性能。

半导体还有其他特性，如温差电效应、霍尔效应、发光效应、光伏效应和激光性能等。

3.4.1 本征半导体的导电结构

热力学温度为零时，本征半导体的价带被价电子填满，导带是空的。在室温下，价带顶部附近有少量电子被激发到导带底部附近，在外电场作用下，导带中电子便参与导电。因为这些电子在导带底部附近，它们的有效质量是正值。同时，价带缺少了一些电子后也呈不满的状态，因而价带电子也具有导电性，它们的导电常用空穴导电来描述。

当价带顶部一些电子被激发到导带后，价带中就留下了一些空状态，如图3-36所示。价带顶附近的一个电子激发到导带，价带顶出现一个空状态，如图 3-36a 所示，设空状态出现在 A 点。首先，可以认为这个空状态带有正电荷，其电荷量为 $+q$。当有如图 3-36a 所示的外电场 $\boldsymbol{E}$ 作用时，所有电子均受到力 $\boldsymbol{F}=-q|\boldsymbol{E}|$ 的作用，由式（3-37），即 $\boldsymbol{F}=h\dfrac{\mathrm{d}\boldsymbol{k}}{\mathrm{d}t}$ 可知电子的 k 状态不断随时间变化，而变化率为 $-q|\boldsymbol{E}|/h$。就是说，在电场 $\boldsymbol{E}$ 作用下，所有代表点都以相同的速率向左，即反电场方向运动，B 电子移动到 C 位置，X 电子位于布里渊区边界，X 点的状态和 A 点的状态完全相同，电子从 X 点离开布里渊区，同时在 A 点补进来，电子的分布如图 3-36b 所示。在这个过程中空状态 A 点也是向同一个方向移动，和电子 k 状态的变化相同。

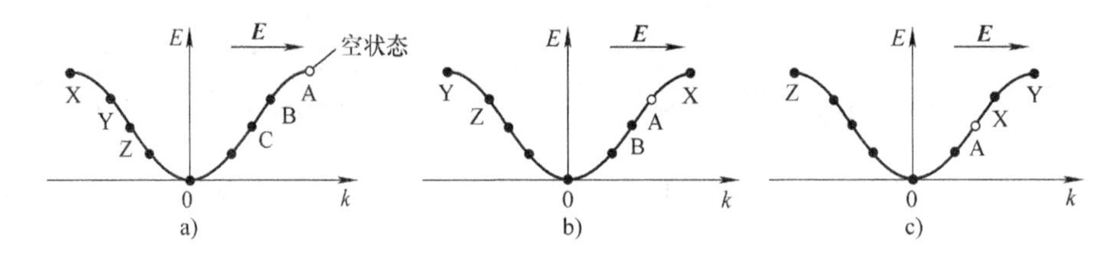

图 3-36　k 空间空穴运动示意图

因为价带有一个空状态，所以在这一过程中就有电流。设想一个电子填充到空的 k 状态，这个电子的电流 J_k 等于电子电荷 $-q$ 乘以 k 状态电子的速度 $v(k)$，即

$$J_k=(-q)v(k) \tag{3-46}$$

填入这个电子后，价带又被填满，总电流为零，即

$$J_+ + J_k = 0 \tag{3-47}$$

式中，J_+ 为价带有一个空状态时的电流密度。因而得到

$$J_+ = (+q)v(k) \tag{3-48}$$

这说明，当价带 k 状态空出时，价带电子的总电流，就如同一个带正电荷的粒子以 k 状态电子速度 $v(k)$ 运动时所产生的电流。通常把价带中空着的状态看成是带正电荷的粒子，称为空穴。空穴带有正电荷 $+q$，且具有正的有效质量。

如图 3-30 所示，在外电场 $\boldsymbol{E}$ 作用下，所有电子的 k 状态都按 $\mathrm{d}k/\mathrm{d}t = -q|\boldsymbol{E}|/h$ 变化，即在 k 空间所有电子均以相同的速度 $-q|\boldsymbol{E}|/h$ 向左移动。同时空穴也以相同的速度沿同一方向运动，即空穴 k 状态的变化规律和电子的相同，也为 $\mathrm{d}\boldsymbol{k}/\mathrm{d}t = -q|\boldsymbol{E}|/h$。

空穴自 A 移动时速度不断改变，因空穴位于价带顶部附近，当 k 状态自 A 变化时，$E(k)$ 曲线斜率不断增大，因而空穴速度不断增加，空穴加速度是正值。

但是，由式（3-41）价带顶部附近电子的加速度为

$$a = \frac{\mathrm{d}v(k)}{\mathrm{d}t} = \frac{F}{m_{\mathrm{n}}^*} = -\frac{q|\boldsymbol{E}|}{m_{\mathrm{n}}^*} \tag{3-49}$$

式中，m_{n}^* 为价带顶部附近电子的有效质量。从式（3-49）看，如以 k 状态电子的速度来表示空穴运动速度，因为空穴带正电，在电场中受力应当是 $+q|\boldsymbol{E}|$，所以加速度 a 似乎是负值。但是因为价带中的空状态，一般出现在价带顶部附近，而价带顶部附近电子的有效质量是负值，如果引进 m_{p}^* 表示空穴的有效质量，且令

$$m_{\mathrm{p}}^* = -m_{\mathrm{n}}^* \tag{3-50}$$

代入式（3-49），得到空穴运动的加速度为

$$a = \frac{\mathrm{d}v(k)}{\mathrm{d}t} = \frac{F}{m_{\mathrm{n}}^*} = \frac{q|\boldsymbol{E}|}{m_{\mathrm{p}}^*} \tag{3-51}$$

这正是一个带正电荷具有正有效质量的粒子在外电场作用下的加速度，它的确是正值，因而空穴具有正有效质量。

以上讨论表明，当价带中缺少一些电子而空出一些 k 状态后，可以认为这些 k 状态为空穴所占据。空穴可以看成是一个具有正电荷 $+q$ 和正有效质量 m_{p}^* 的粒子。在 k 状态的空穴速度就等于该状态的电子速度 $v(k)$。

引进空穴概念后，就可以把价带中大量电子对电流的贡献用少量的空穴表达出来，实践证明，这样做不仅是方便的，而且具有实际的意义。

所以，半导体中除了导带上电子的导电作用外，还有价带中空穴的导电作用。对本征半导体，导带中出现多少电子，价带中相应地就会出现多少空穴，导带上电子参与导电，价带上空穴也参与导电，这就是本征半导体的导电原理。这一点是半导体同金属的最大差异，金属中只有电子一种荷载电流的粒子（称为载流子），而半导体中有电子和空穴两种载流子。正是由于这两种载流子的作用，使半导体表现

了出许多奇异的特性，可用来制造各种器件。

3.4.2 典型半导体的能带结构

Ⅳ族元素晶体硅 Si 和锗 Ge 是最早得到广泛应用的半导体。早期的半导体器件是用 Ge 制造的。这主要是因为 Ge 的熔点比 Si 低，较易于得到高纯的和高质量单晶。但 Si 的某些性质更优于 Ge，主要是 Si 的禁带宽度略大于 Ge。由于 Si 的单晶制造技术的迅速进步，Ge 的地位很快就被 Si 所代替。

Ⅲ－Ⅴ族化合物，继 Si、Ge 之后，是从 20 世纪 50 年代开始发展起来。由于能带结构上的一些特点，这类材料在性质上有许多优越性。其中，砷化镓 GaAs 及其相关的混合晶体铝镓砷 AlGaAs 等成为制造许多高性能电子器件、发光器件以及光伏电池的重要材料。

1. 硅和锗的能带结构

理论上对硅、锗的能带结构进行了各种计算，求出了布里渊区中某些具有较高对称性点的解，但由于数学上过于繁杂，其他点的解需借助于实验，才能对硅、锗的能带有较详细的了解。图 3-37 为理论和实验相结合而得出的硅、锗沿［1 1 1］和［1 0 0］方向上的能带结构图。

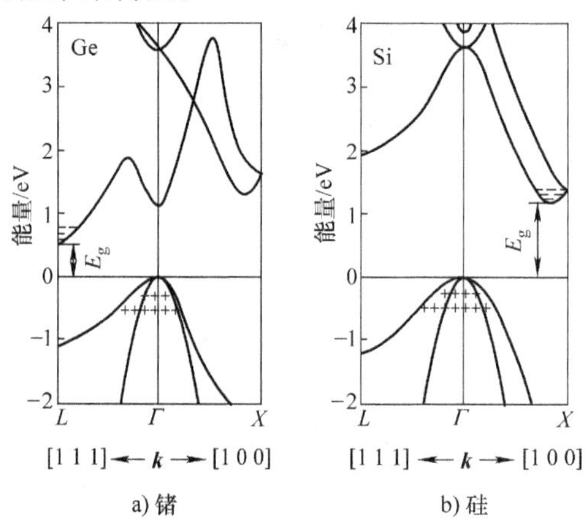

图 3-37　硅和锗的能带结构

如图 3-37 所示，硅和锗的价带在布里渊区中心是简并的，价带顶位于布里渊区中心。但是，硅的导带极小值位于［1 0 0］方向的布里渊区中心到边界的 0.85 倍处，而锗的导带极小值位于［1 1 1］方向的布里渊区边界上。这种导带底和价带顶不在同一 k 状态上的半导体称为间接带隙半导体。

禁带宽度是随温度变化的。在 $T=0\text{K}$ 时，硅、锗的禁带宽度 E_g 分别趋近于 1.170eV 和 0.7437eV。随着温度的升高，E_g 按式（3-52）规律减小。

$$E_g(T)=E_g(0)-\frac{\alpha T^2}{T+\beta} \tag{3-52}$$

式中，$E_g(T)$和$E_g(0)$分别为温度为T和0K时的禁带宽度。温度系数α和β分别为

硅：$\alpha=4.73\times10^{-4}\text{eV/K}$

$\beta=636\text{K}$

锗：$\alpha=4.774\times10^{-4}\text{eV/K}$

$\beta=235\text{K}$

2. 锑化铟的能带结构

锑化铟的沿［1 1 1］方向的能带结构如图3-38所示。锑化铟的导带极小值位于布里渊区中心，即$\boldsymbol{k}=0$处。但是极小值处$E(\boldsymbol{k})$曲线的曲率很大，因而导带底电子有效质量很小，室温下$m_n^*=0.0135m_0$。随着能量的增加，曲率迅速下降，因而能带是非抛物线形的。

锑化铟的价带包含3个能带，极大值偏离布里渊区中心约0.3%，其能值比布里渊区中心$\boldsymbol{k}=0$处的能量高10^{-4}eV，由于这两个值很小，因而可以认为价带极大值位于布里渊区中心。室温下禁带宽度为0.18eV，0K时为0.2355eV。

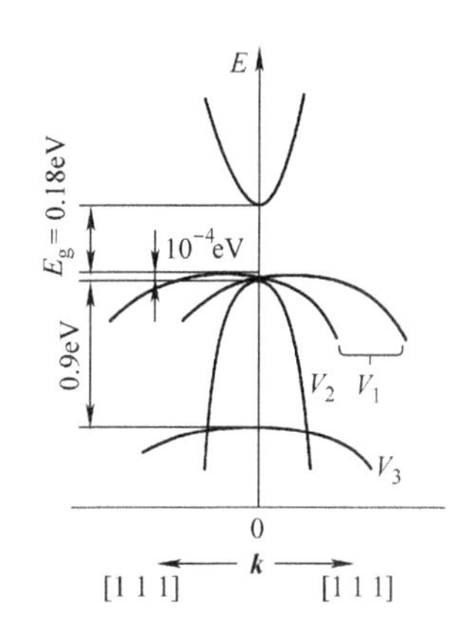

图3-38　锑化铟的能带结构

可以看出，锑化铟的能带结构和最简单的能带模型很相似，能带极值都位于布里渊区中心。这种导带底和价带顶在同一k状态上的半导体称为直接带隙半导体。

3. 砷化镓的能带结构[8]

砷化镓的沿［1 1 1］和［1 0 0］方向的能带结构如图3-39所示。砷化镓的导带极小值位于布里渊区中心$\boldsymbol{k}=0$处，在［1 1 1］和［1 0 0］方向布里渊区边界L和X处各还有一个极小值，室温下Γ、L、X三个极小值与价带顶的能量差分别为1.424eV，1.708eV和1.900eV。L极小值的能量比布里渊区中心极小值约高0.29eV。

砷化镓的价带也有3个能带，价带极大值也稍许偏离布里渊区中心，但是几乎处在布里渊区中心，因此砷化镓也为直接带隙半导体。室温下禁带宽度为1.424eV，禁带宽度随温度也是按式（3-52）的规律变化，砷化镓的$E_g(0)$为1.519eV，$\alpha=5.405\times10^{-4}\text{eV/K}$，$\beta=204\text{K}$。

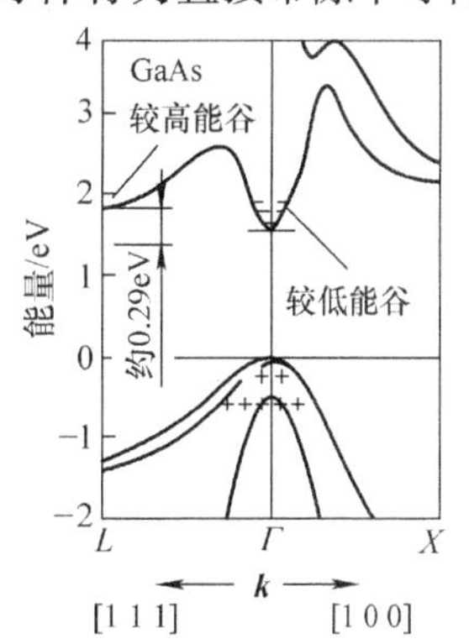

图3-39　砷化镓的能带结构

表3-5中给出了主要半导体材料的禁带宽度以及它们是直接带隙（d）还是间接带隙（i）半导体。

表 3-5　主要半导体材料的禁带宽度

晶体	带隙	E_g/eV		晶体	带隙	E_g/eV	
		0K	300K			0K	300K
金刚石	*i*	5.4	—	HgTe	*d*	-0.30	—
Si	*i*	1.17	1.14	PbS	*d*	0.286	0.34-0.37
Ge	*i*	0.744	0.67	PbSe	*d*	0.165	0.27
αSn	*d*	0.00	0.00	PbTe	*d*	0.190	0.30
InSb	*d*	0.24	0.18	CdS	*d*	2.582	2.42
InAs	*d*	0.43	0.35	CdSe	*d*	1.840	1.74
InP	*d*	1.42	1.35	CdTe	*d*	1.607	1.45
GaP	*i*	2.32	2.26	ZnO	—	3.436	3.2
GaAs	*d*	1.52	1.43	ZnS	—	3.91	3.6
GaSb	*d*	0.81	0.78	SnTe	*d*	0.3	0.18
AlSb	*i*	1.65	1.52	AgCl	—	—	3.2
SiC（六角形）	—	3.0	—	AgI	—	—	2.8
Te	*d*	0.33	—	Cu_2O	—	2.172	—
ZnSb	—	0.56	0.56	TiO_2	—	3.03	—

3.4.3　半导体中的杂质和杂质能级

纯净的半导体材料中若含有其他元素的原子，那么，这些其他元素的原子就称为半导体材料中的杂质原子。对硅的导电性能有决定影响的主要是Ⅲ族和Ⅴ族元素原子。还有些杂质如金、铜、镍、锰和铁等，在硅中起着复合中心的作用，影响寿命，产生缺陷，有着许多有害的作用。

1. 施主杂质和施主能级

磷（P）、锑（Sb）等Ⅴ族元素原子的最外层有 5 个价电子，它在硅中是处于替位式状态，占据了一个原来应是硅原子所处的晶格的位置，如图 3-40a 所示。

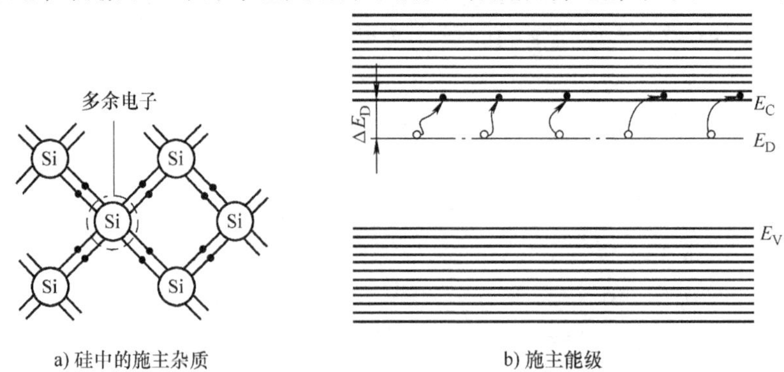

a) 硅中的施主杂质　　b) 施主能级

图 3-40　掺杂磷的硅半导体的原子和能带图

磷原子最外层5个电子中只有4个参加共价键，另一个不在价键上，成为自由电子，失去电子的磷原子是一个带正电的正离子，没有产生相应的空穴。磷所提供的自由电子起导电作用，这种依靠电子导电的半导体称为电子型半导体，简称n型半导体。而为半导体材料提供一个自由电子的Ⅴ族杂质原子，通常称为施主杂质。磷原子的多余的一个价电子的能级将处在禁带之中，而靠近导带的边缘，称为局部能级。在局部能级中并不参与导电，但是在受到激发时，很容易跃迁到导带上去，这些局部能级称为施主能级，用E_D表示，如图3-40b所示。使这个多余的价电子挣脱束缚称为导电电子所需的能量称为杂质电离能，用ΔE_D表示。Ⅴ族杂质元素在硅、锗中的电离能比硅或锗的禁带宽度小很多，在硅中只有0.04～0.05eV，见表3-6。

表3-6　硅、锗晶体中Ⅴ族杂志的电离能　　　（单位：eV）

晶体	杂质		
	P	As	Sb
Si	0.044	0.049	0.039
Ge	0.0126	0.0127	0.0096

2. 受主杂质和受主能级

硼（B）、铝（Al）、镓（Ga）等Ⅲ族元素原子的最外层有3个价电子，它在硅中也是处于替位式状态，如图3-41a所示。

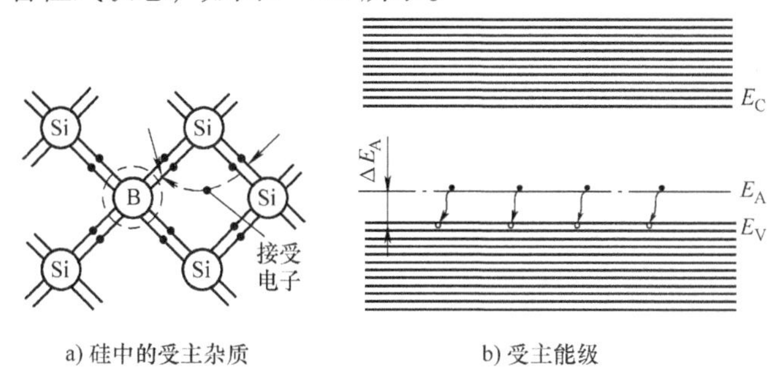

a) 硅中的受主杂质　　b) 受主能级

图3-41　掺杂硼的硅半导体的原子和能带图

硼原子最外层只有3个电子参加共价键，从邻近价键上夺来一个价电子，这个邻近价键上形成了一个空位，形成空穴。硼原子在接受了邻近价键的价电子而成为一个带负电的负离子，它不能移动，不是载流子。依靠空穴导电，称为空穴型半导体，简称p型半导体。为半导体材料提供一个空穴的Ⅲ族杂质原子，通常称之为受主杂质。空穴形成的能级称为受主能级，用E_A表示。在能带图中，这种杂质局部能级接近于价带顶E_V，E_A与E_V能级之间的能量差值ΔE_A一般也不到0.1eV，如图3-41b所示。表3-7为受主杂质在硅、锗中的电离能，硼原子带着一个很容易电离的空穴，电离能为0.045eV。

表 3-7　硅、锗晶体中Ⅲ族杂志的电离能　　（单位：eV）

晶体	杂质			
	B	Al	Ga	In
Si	0.045	0.057	0.065	0.16
Ge	0.01	0.01	0.011	0.011

3. 深能级杂质

在半导体中有些杂质和缺陷在带隙中引入的能级较深，图 3-42 所示为硅晶体中金杂质的深能级。金在导带以下 0.54eV 处有一个受主能级，在价带以上 0.35eV 有一个施主能级。这是深能级杂质的典型例子，深能级杂质大多是多重能级。它反映杂质可以有不同的荷电状态，在这两个能级中都没有电子填充的情况下，金杂质是带正电的；当受主能级上有一个电子而施主能级空着的情况，金杂质是中性的；当金杂质施主能级与受主能级上都有电子的情况下，金杂质是带负电的。

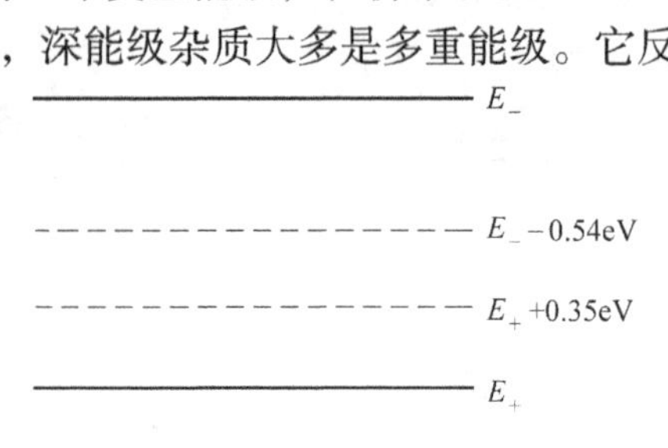

图 3-42　硅晶体中金杂质的深能级

深能级杂质的附加势能作用距离仅为一两个原子间距的短程势，其理论分析比较复杂。深能级杂质和缺陷在半导体中起着多方面的作用，它可以是有效的复合中心，而使载流子的寿命大大降低；它可以成为非辐射复合中心，而影响发光效率；它可以作为补偿杂质，而大大提高材料的电阻率。

3.4.4　缺陷能级

实际晶体中有一定缺陷，如点缺陷、线缺陷等。这种缺陷将引入局部能级。如在晶体硅、锗中的空位缺陷，由于空位邻近的 4 个原子各有一个不成对的电子，成为不饱和共价键，因此这些键倾向于接受电子，因此空位表现出受主作用。而间隙缺陷中的间隙原子有 4 个可以失去的未形成共价键的电子，表现出施主作用。

位错是晶体中的一种线缺陷，在硅、锗晶体中的位错情况是很复杂的。在位错所在处，同样起受主作用或施主作用，但与点缺陷不同的是位错相当于一串施主或受主。

在位错周围，晶格发生畸变，而有体积畸变时，导带底 E_C 和价带顶 E_V 的改变可分别表示为式（3-53）和式（3-54）。

$$\Delta E_C = E_C - E_{C0} = \varepsilon_C \frac{\Delta V}{V_0} \tag{3-53}$$

$$\Delta E_V = E_V - E_{V0} = \varepsilon_V \frac{\Delta V}{V_0} \tag{3-54}$$

式中，E_{C0}和E_{V0}分别为完整半导体的导带底和价带顶；V_0为完整晶体体积，ΔV为晶体体积的改变量；ε_C 和 ε_V 分别为单位体变引起的 E_C和 E_V的变化，称为形变势常数，即

$$\varepsilon_C = \Delta E_C/(\frac{\Delta V}{V_0}), \varepsilon_V = \Delta E_V/(\frac{\Delta V}{V_0})$$

因此，禁带宽度变化为

$$\Delta E_g = (\varepsilon_C - \varepsilon_V)\frac{\Delta V}{V_0} \tag{3-55}$$

图3-43为位错周围一边是伸张一边是压缩时的能带图。在晶格伸张区禁带宽度减小，在压缩区禁带宽度变大。根据实验测得半导体硅中位错引入的能级为导带底下面（0.60±0.03）eV，锗中的位错能级为导带底下面0.2~0.35eV，都是深能级[9,10]。

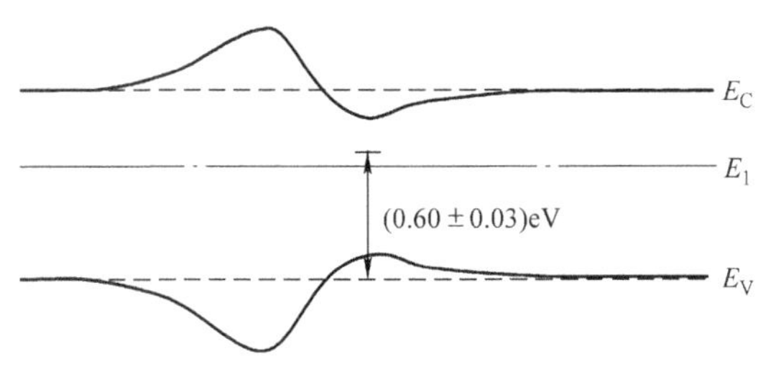

图3-43　位错能级及能带图

3.5　半导体中载流子的费米统计

半导体中产生载流子的方式有几种：在一定温度下，如果没有其他外界作用，半导体中的载流子是依靠电子的热激发作用而产生的，电子从不断振动的晶格中获得一定的能量，就可能从价带跃迁到导带，形成导带电子和价带空穴；电子和空穴也可以通过杂质电离方式产生，当电子从施主能级跃迁到导带电子或电子从价带激发到受主能级时产生价带空穴等；半导体吸收光子能量之后也可以产生电子-空穴对，称为光激发。

由于热或光激发而成对地产生电子-空穴对，这种过程称为产生。空穴是共价键上的空位，自由电子在运动中与空穴相遇时，自由电子就可能回到价键的空位上来，而同时消失了一对电子和空穴，这就是复合。在一定温度下，又没有光照射等外界影响时，产生和复合的载流子数相等，半导体中将在产生和复合的基础上形成热平衡。此时，电子和空穴的浓度保持稳定不变，但是产生和复合仍在持续地发生。当温度改变时，破坏了原来的平衡状态，又重新建立起新的平衡状态，热平衡载流子浓度也将随之发生变化，达到另一稳定数值。

实践表明，半导体的导电能力随温度而明显变化。实际上这种变化主要是由于半导体中载流子浓度随温度而变化所造成的。因此，必须探讨半导体中载流子浓度随温度变化的规律，以及一定温度下半导体中热平衡载流子浓度的计算，从而了解随温度变化的规律。

3.5.1 费米统计分布

在一定温度下，半导体材料内载流子的产生和复合达到热力学平衡，称此动态平衡下的载流子为热平衡载流子。根据量子统计理论，服从泡利不相容原理的电子遵循费米统计率[11]。费米分布函数代表能量为 E 的量子态被电子占据的概率，或表示被电子填充的量子态占总量子态的比率，具体如式（3-56）所示。

$$f(E)=\frac{1}{\exp\left(\frac{E-E_F}{k_0T}\right)+1} \tag{3-56}$$

式中，E_F为费米能级；k_0为波耳兹曼常数，$k_0=1.381\times10^{-23}$J/K；T 为热力学温度；$f(E)$为电子的费米分布函数，它是描述热平衡状态下，电子在允许的量子态上如何分布的一个统计分布函数。

由式（3-56），费米分布函数与温度关系曲线如图 3-44 所示。费米分布函数有以下特性。

当 $T=0$K 时有两种情况：

1）$E<E_F$，$f(E)=1$，量子态完全被占；

2）$E>E_F$，$f(E)=0$，量子态被占的概率为零。

当 $T>0$K 时：

1）$E<E_F$，$f(E)>1/2$，量子态完全被占；

2）$E=E_F$，$f(E)=1/2$，量子态被占的概率为零；

3）$E>E_F$，$f(E)<1/2$，量子态被占的概率为零。

图 3-44 中虚线是 $T=0$K 时费米分布函数 $f(E)$ 与能量 E 的关系。$T=0$K 时，能量比 E_F小的量子态被占据的概率为100%，因而这些量子态上都是有电子的；而能量比 E_F大的量子态，被电子占据的概率是零，因而这些量子态上都没有电子，是空的。故在 $T=0$K 时，费米能级 E_F可看成量子态是否被电子占据的一个界限。

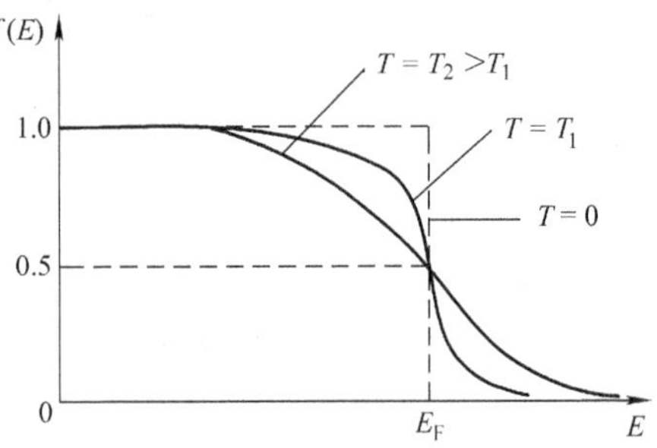

图 3-44 费米分布函数与温度关系曲线

当温度高于热力学零度时，如果量子态的能量比费米能级低，则该量子态被电子占据的概率大于50%；若量子态的能量比费米能级高，则该量子态被电子占据的概率小于50%。而当量子态的能量等于费米能级时，则该量子态被电子占据的概率是50%。

一般可以认为，在温度不很高时，能量大于费米能级的量子态基本上没有被电子占据，而能量小于费米能级的量子态基本上为电子所占据，而电子占据费米能级的概率在各种温度下总是50%，所以费米能级的位置比较直观地标识了电子占据量子态的情况，通常就说费米能级标识了电子填充能级的水平。费米能级位置较高说明有较多的能量较高的量子态上有电子。

图3-44中还给出了不同温度时费米分布函数曲线。随着温度升高，电子占据能量小于费米能级的量子态的概率下降，而占据能量大于费米能级的量子态的概率增大。

3.5.2　玻耳兹曼分布函数

半导体中的电子和金属中的一样，遵从费米分布的一般规律，然而具体情况有很大不同。在金属中，电子处于简并化的状态，费米能级 E_F 在导带中间，在 E_F 以下的能级几乎完全被电子填满。而在一般半导体杂质不是太多的情况，E_F 位于禁带内，而且距离导带底 E_C（或价带顶 E_V）的距离往往比 k_0T 大很多。

在式（3-56）中，当 $E-E_F >> k_0T$ 时，由于 $\exp\left(\frac{E-E_F}{k_0T}\right) >> 1$，所以

$$1+\exp\left(\frac{E-E_F}{k_0T}\right)\approx\exp\left(\frac{E-E_F}{k_0T}\right)$$

因此，费米分布函数可转化为式（3-57）。

$$f_B(E)=\exp\left(-\frac{E-E_F}{k_0T}\right) \tag{3-57}$$

这就是熟知的玻耳兹曼统计分布函数。因为 $f_B(E) << 1$，和金属的简并化情况很不相同，在导带中的能级几乎是空的。

$f(E)$表示能量为 E 的量子态被电子占据的概率，因而 $1-f(E)$ 就是能量为 E 的量子态不被电子占据的概率，这也就是量子态被空穴占据的概率。故空穴的费米分布函数如式（3-56）所示，其分布曲线如图3-45所示。

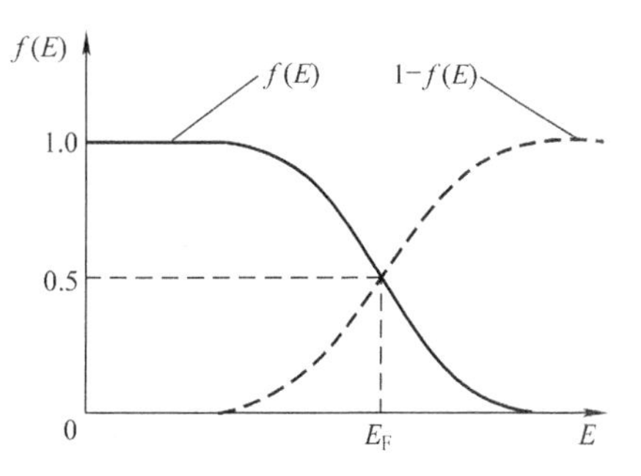

图3-45　电子、空穴的能量分布

$$1-f(E)=\frac{1}{\exp\left(\frac{E_F-E}{k_0T}\right)+1} \tag{3-58}$$

由于 $E_F-E>E_F-E_C >> kT$，所以

$$1-f(E)\approx\exp\left(-\frac{E_F-E}{k_0T}\right) \tag{3-59}$$

它表明当 E 远低于 E_F 时，空穴占据能量为 E 的量子态概率很小，即这些量子态几乎都被电子所占据。

图 3-46 所示为玻耳兹曼分布函数和能带的位置对比，说明了导带能级和价带能级都远离费米能级 E_F，所以导带接近于空的，价带接近充满。

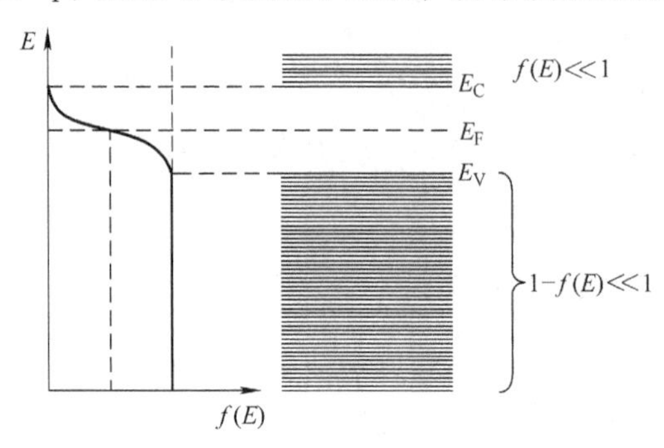

图 3-46　玻耳兹曼分布函数和能带的位置对比

在半导体中最常遇到的情况是费米能级 E_F 位于禁带内，而且与导带底或价带顶的距离远大于 k_0T，所以对导带中绝大多数电子分布在导带底附近。同理，价带中绝大多数空穴分布在价带顶附近。

3.5.3　本征半导体的载流子浓度

1. 状态密度

线度为 L 的半导体晶体的体积 V 为 $V=L^3$。由式（3-30），$\boldsymbol{k}$ 状态是以 $1/L$ 的整数倍均匀分布的。因此，每单位体积，即 $1/V$ 体积里，电子的允许能量状态密度是 V，考虑到电子的两自旋态，因此在 $\boldsymbol{k}$ 空间中电子的允许量子态密度是 $2V$，而每一个量子态最多只能容纳一个电子。

在半导体的导带和价带中，有很多能级，但相邻能级的间隔很小，约为 10^{-22}eV数量级。假定在能带中能量 E 到 $E+\mathrm{d}E$ 之间无限小的能量间隔内有 $\mathrm{d}Z$ 个量子态，则状态密度 $g(E)$ 为

$$g(E)=\frac{\mathrm{d}Z}{\mathrm{d}E} \tag{3-60}$$

状态密度 $g(E)$ 为在能带中能量 E 附近每单位能量间隔内的量子态数。半导体中导带底能量 E_C 附近的状态密度 $g_C(E)$ 为

$$g_C(E)=\frac{\mathrm{d}Z}{\mathrm{d}E}=4\pi V\frac{(2m_n^*)^{3/2}}{h^3}(E-E_C)^{1/2} \tag{3-61}$$

由式（3-61）可得状态密度与能量的关系图 3-47，图中的曲线 1 表示导带中

状态密度。导带底附近单位能量间隔内的量子态数目，随着电子能量的增加按抛物线关系增大，即电子能量越高，状态密度越大。

价带顶能量E_V附近的状态密度$g_V(E)$以空穴分布来表示，如式（3-62）所示。

$$g_V(E)=\frac{dZ}{dE}=4\pi V\frac{(2m_p^*)^{3/2}}{h^3}(E_V-E)^{1/2} \tag{3-62}$$

在图3-47中，曲线2表示价带中状态密度$g_V(E)$与E的关系。

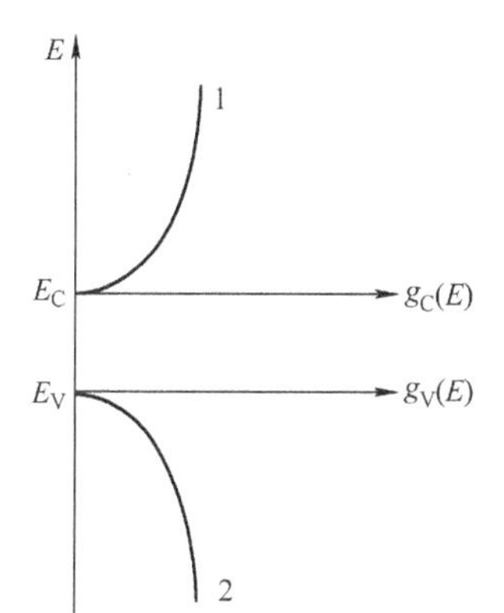

图3-47 状态密度与能量的关系

2. 载流子浓度

对于导带分为无限多的无限小的能量间隔，则在能量$E\sim E+dE$有$dZ=g_C(E)dE$个量子态，而电子占据能量为E的量子态的概率为$f(E)$，则在$E\sim E+dE$有$f(E)g_C(E)dE$个被电子占据的量子态，即有$f(E)g_C(E)dE$个电子。

半导体导带中电子大多数在导带底附近，而价带中大多数空穴则在价带顶附近。在导带底能量$E\sim E+dE$间的电子数dN为

$$dN=f_B(E)g_C(E)dE \tag{3-63}$$

将玻耳兹曼分布函数式$f_B(E)$和式（3-61）的$g_C(E)$代入式（3-63）再积分可得导带中电子浓度n_0为

$$n_0=2\frac{(2\pi m_n^* k_0T)^{3/2}}{h^3}\exp(-\frac{E_C-E_F}{k_0T}) \tag{3-64}$$

令

$$N_C=2\frac{(2\pi m_n^* k_0T)^{3/2}}{h^3} \tag{3-65}$$

则得到

$$n_0=N_C\exp(-\frac{E_C-E_F}{k_0T}) \tag{3-66}$$

式中，N_C为导带的有效状态密度。显然，$N_C\propto T^{3/2}$，是温度的函数。而

$$f_B(E_C)=\exp(-\frac{E_C-E_F}{k_0T})$$

是电子占据能量为E_C的量子态的概率。因此，式（3-66）可以理解为把导带中所有量子态都集中在导带底E_C附近，而它的状态密度为N_C。

同理，热平衡状态下，价带中空穴浓度p_0为

$$p_0=2\frac{(2\pi m_p^* k_0T)^{3/2}}{h^3}\exp(\frac{E_V-E_F}{k_0T}) \tag{3-67}$$

令

$$N_V = 2\frac{(2\pi m_p^* k_0 T)^{3/2}}{h^3} \tag{3-68}$$

则得到

$$p_0 = N_V \exp(\frac{E_V - E_F}{k_0 T}) \tag{3-69}$$

式中，N_V为价带的有效状态密度。显然，$N_V \propto T^{3/2}$，是温度的函数。而

$$f_B(E_V) = \exp(\frac{E_V - E_F}{k_0 T})$$

是空穴占据能量为E_V的量子态的概率。因此，式（3-69）可以理解为把价带中所有量子态都集中在价带顶E_V附近，而它的状态密度为N_V。

将式（3-64）和式（3-67）相乘，得到载流子浓度乘积

$$n_0 p_0 = N_C N_V \exp(-\frac{E_C - E_V}{k_0 T}) = N_C N_V \exp(-\frac{E_g}{k_0 T}) \tag{3-70}$$

$$n_0 p_0 = 4(\frac{2\pi k_0}{h^2})^3 (m_n^* m_p^*)^{3/2} T^3 \exp(-\frac{E_g}{k_0 T}) \tag{3-71}$$

由式（3-71）可知，电子和空穴的浓度乘积与费米能级无关。对一定的半导体材料，浓度乘积$n_0 p_0$只决定于温度T，与所含杂质无关。而在一定温度下，对不同的半导体材料，因禁带宽度E_g不同，浓度乘积$n_0 p_0$也不同。这个关系式不论是本征半导体还是杂质半导体，只要是热平衡状态下的非简并半导体，都普遍适用。

由于电子和空穴成对产生，导带中的电子浓度n_0应等于价带中的空穴浓度p_0，即

$$N_C \exp(-\frac{E_C - E_F}{k_0 T}) = N_V \exp(\frac{E_V - E_F}{k_0 T}) \tag{3-72}$$

取对数后，解得本征半导体的费米能级E_F，用符号E_i表示，即

$$E_i = E_F = \frac{E_C + E_V}{2} + \frac{k_0 T}{2}\ln\frac{N_V}{N_C} \tag{3-73}$$

$$E_i = E_F = \frac{E_C + E_V}{2} + \frac{3k_0 T}{4}\ln\frac{m_p^*}{m_n^*} \tag{3-74}$$

对于硅、锗，m_p^*/m_n^* 的值分别为0.55和0.66，而砷化镓约为7.0，因此这3种半导体材料的ln（m_p^*/m_n^*）在2以下，而室温下$k_0 T \approx 0.026$eV。硅、锗及砷化镓的禁带宽度约为1eV，因而式（3-74）中第二项远小于第一项。因此，本征半导体的费米能级E_i基本上在禁带中线处。但也有例外的情况，如锑化铟室温时禁带宽度为0.17eV，而m_p^*/m_n^* 约为32，因此它的费米能级E_i在禁带中线之上。

将式（3-73）代入式（3-66）和式（3-69），得到本征载流子浓度n_i为

$$n_i = n_0 = p_0 = (N_C N_V)^{1/2} \exp(-\frac{E_g}{2k_0 T}) \tag{3-75}$$

式中，E_g（$=E_C-E_V$）为禁带宽度。

图 3-48 为本征半导体的能带结构、状态密度与载流子浓度关系图。

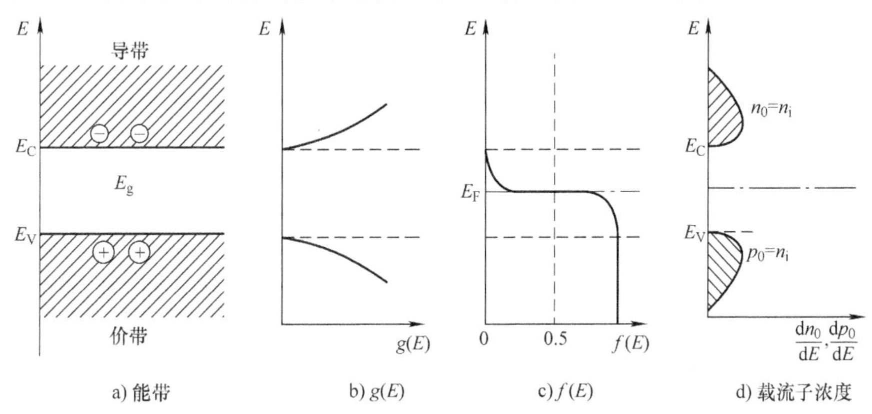

图 3-48　本征半导体的能带结构、状态密度与载流子浓度的关系

将式（3-75）和式（3-70）比较得

$$n_i^2=n_0p_0 \tag{3-76}$$

式（3-76）说明，在一定温度下，任何非简并半导体的热平衡载流子浓度的乘积等于该温度时的本征载流子浓度 n_i 的二次方，与所含杂质无关。

将 m_p^*、m_n^*、E_g 的数值代入式（3-75）中，可以算出在一定温度下的本征载流子浓度。表 3-8 列出了硅、锗及砷化镓在室温下的参数及计算出的本征载流子浓度。

表 3-8　300K 下硅、锗及砷化镓的本征载流子浓度

参数	E_g	m_n^*（m_{dn}）	m_p^*（m_{dp}）	N_C/cm^{-3}	N_V/cm^{-3}	n_i/cm^{-3} 计算值	n_i/cm^{-3} 测量值
Ge	0.67	$0.56m_0$	$0.37\ m_0$	1.05×10^{19}	5.7×10^{18}	2.0×10^{13}	2.4×10^{13}
Si	1.12	$1.08\ m_0$	$0.59\ m_0$	2.8×10^{19}	1.1×10^{19}	7.8×10^{9}	1.5×10^{10}
GaAs	1.428	$0.068\ m_0$	$0.47\ m_0$	4.5×10^{17}	8.1×10^{18}	2.3×10^{6}	1.1×10^{10}

图 3-49 给出了硅 Si、锗 Ge、砷化镓 GaAs 的 n_i 值随 $1/T$ 的变化，n_i 取对数坐标，横坐标取 $10^3/T$。

实际上半导体中总是含有一定量的杂质和缺陷。在一定温度下，欲使载流子主要来源于本征激发，就要求半导体中杂质的含量不能超过一定限度。例如，室温下锗的本征载流子浓度为 $2.4\times10^{13}cm^{-3}$，而锗的原子密度是 $4.5\times10^{22}cm^{-3}$，于是要求杂质的含量应该低于 10^{-9}。硅半导体则要求杂质含量应低于 10^{-12}，砷化镓要达到 10^{-15} 以上的纯度，但是制造工艺上目前还不能做到这么高的纯度。

在掺杂半导体中，载流子主要来源于杂质电离，而将本征激发忽略不计。在本征载流子浓度没有超过杂质电离所提供的载流子浓度的范围时，器件稳定工作。但是随着温度的升高，本征载流子迅速增加，当达到足够高时，本征激发占主要地位，器件将不能正常工作。

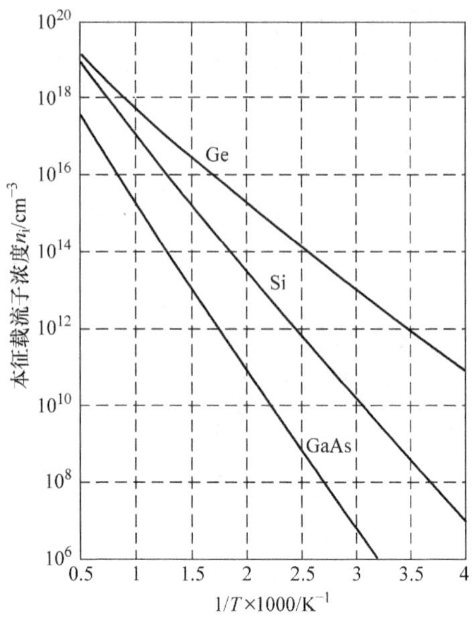

图 3-49　硅、锗、砷化镓的 n_i 值随 $1/T$ 的变化

3.5.4　杂质半导体的载流子浓度

1. 杂质能级上的载流子浓度

杂质半导体中的杂质只是部分电离的情况下，在一些杂质能级上就有电子占据着。如在未电离的施主杂质和已电离的受主杂质的杂质能级上就有电子。杂质能级和能带中的能级是有区别的，在能带中的能级可以容纳自旋方向相反的两个电子，而对于施主能级不允许同时被自旋方向相反的两个电子所占据，只能是被一个有任意自旋方向的电子所占据。电子占据施主能级的概率是[12]

$$f_D(E)=\frac{1}{\frac{1}{2}\exp(\frac{E_D-E_F}{k_0T})+1} \tag{3-77}$$

空穴占据受主能级的概率是

$$f_A(E)=\frac{1}{\frac{1}{2}\exp(\frac{E_F-E_A}{k_0T})+1} \tag{3-78}$$

由于施主浓度为 N_D 和受主浓度为 N_A 是杂质的量子态密度，所以施主能级上的电子浓度 n_D 和受主能级上的空穴浓度 p_A 为

$$n_D=N_Df_D(E)=\frac{N_D}{\frac{1}{2}\exp(\frac{E_D-E_F}{k_0T})+1} \tag{3-79}$$

$$p_A=N_Af_A(E)=\frac{N_A}{\frac{1}{2}\exp(\frac{E_F-E_A}{k_0T})+1} \tag{3-80}$$

因此电离的施主浓度 n_D^+ 和电离的受主浓度 p_A^- 为

$$n_D^+=N_D-n_D=N_D[1-f_D(E)]=\frac{N_D}{2\exp(-\frac{E_D-E_F}{k_0T})+1} \tag{3-81}$$

$$p_A^- = N_A - p_A = N_A[1 - f_A(E)] = \frac{N_A}{2\exp\left(-\frac{E_F - E_A}{k_0 T}\right) + 1} \tag{3-82}$$

从以上几个公式可以看出，杂质能级与费米能级的相对位置反映了电子和空穴占据杂质能级的情况，或者说是杂质电离的情况。当 $E_D - E_F >> k_0 T$ 时，由于 $\exp\left(\frac{E_D - E_F}{k_0 T}\right) >> 1$，因而 $n_D \approx 0$，而 $n_D^+ \approx N_D$，即当费米能级 E_F 远在施主能级 E_D 之下时，可以认为施主杂质几乎全部电离。当 E_F 远在 E_D 之上时，施主杂质基本上没有电离。当 E_F 处于 E_D 时，$n_D = \frac{2}{3}N_D$，即有 1/3 施主杂质电离。

2. n 型半导体的载流子浓度

n 型半导体中除从价带向导带的本征激发外，施主能级上的电子也通过电离向导带提供电子，因此电中性条件为

$$n_0 = n_D^+ + p_0 \tag{3-83}$$

式中，导带中电子浓度 n_0、电离施主浓度 n_D^+ 和价带中的空穴浓度 p_0 都是 E_F 的函数。因此，可以由式（3-83）求得 n 型半导体的费米能级 E_{Fn}，进而得到电子浓度。图 3-50 为 n 型半导体的能带及状态密度与能量关系图。

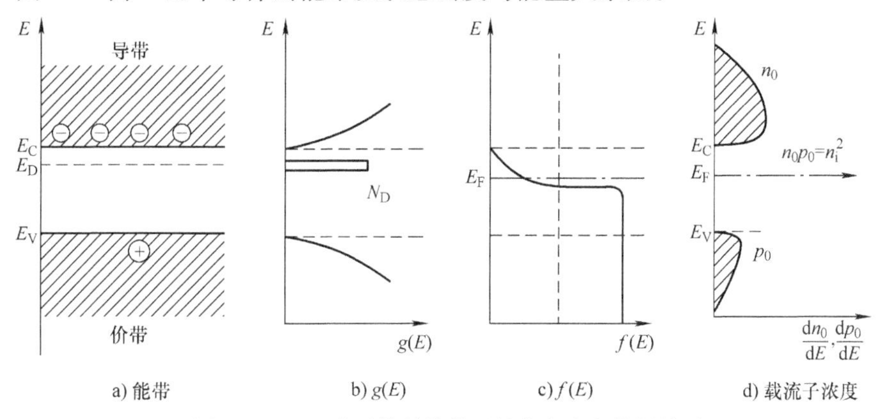

图 3-50　n 型半导体的能带及状态密度与能量关系

（1）弱电离区

当温度很低时，施主杂质大部分没有电离，大部分施主能级仍为电子所占据，这种情况称为弱电离。因为禁带宽度 E_g 远大于施主杂质电离能 ΔE_D，本征激发形成的导带电子数就极其少，可以忽略不计。故，此时电中性条件为

$$n_0 = n_D^+ \tag{3-84}$$

$$N_C \exp\left(-\frac{E_C - E_F}{k_0 T}\right) = \frac{N_D}{2\exp\left(-\frac{E_D - E_F}{k_0 T}\right) + 1}$$

取对数后简化得

$$E_F = \frac{E_C + E_D}{2} + (\frac{k_0 T}{2})\ln(\frac{N_D}{2N_C}) \tag{3-85}$$

式（3-85）就是弱电离区费米能级的表达式，它与温度 T、杂质浓度 N_D 和施主能级 E_D，即掺入杂质原子有关。

将式（3-85）代入式（3-66）可得电子浓度，如式（3-86）。

$$n_0 = (\frac{N_D N_C}{2})^{1/2}\exp(-\frac{E_C - E_D}{2k_0 T}) = (\frac{N_D N_C}{2})^{1/2}\exp(-\frac{\Delta E_D}{2k_0 T}) \tag{3-86}$$

在低温极限 $T \to 0K$ 时，费米能级 E_F 为

$$\lim_{T \to 0K} E_F = \frac{E_C + E_D}{2} \tag{3-87}$$

当温度 $T \to 0K$ 时，$N_C \to 0$，费米能级 E_F 位于导带底和施主能级间的中线处。温度从 0K 上升时，费米能级 E_F 也上升，随着 N_C 的增大，达到 $N_C = \frac{N_D}{2}e^{-3/2}$ 时，$dE_F/dT = 0$，E_F 达到极值。当温度再上升时，E_F 开始下降，$2N_C = N_D$ 时，E_F 又下降至导带底和施主能级间的中线处。

（2）中间电离区和强电离区

温度继续升高，E_F 接近 E_D 的区域为中间电离区。当 $E_F = E_D$ 时，施主杂质有 1/3 电离。当温度升高至大部分杂质都电离时称为强电离。这时 $n_D^+ \approx N_D$，E_F 位于 E_D 之下。

在强电离时，电中性条件为

$$N_C \exp(-\frac{E_C - E_F}{k_0 T}) = N_D \tag{3-88}$$

费米能级 E_F 为

$$E_F = E_C + k_0 T \ln(\frac{N_D}{N_C}) \tag{3-89}$$

在强电离区，费米能级由温度及施主杂质浓度所决定。由于一般掺杂浓度下 $N_C > N_D$，E_F 随温度 T 近似有线性下降的关系，直至接近 E_i，向本征情形过渡。不同掺杂浓度的硅的 E_F 随温度的变化情况如图 3-51 所示。

在施主杂质全部电离时，载流子浓度 $n_0 = N_D$，与温度无关，这一温度范围称为饱和区。

（3）本征过渡区

半导体处于饱和区和完全本征激发之间时称为过渡区。这时导带中的电子一部分来源于全部电离的杂质，另一部分则由本征激发提供，价带中产生一定量空穴。于是 E_F 接近 E_i，本征激发无法忽略，杂质已完全电离，电中性条件为

$$n_0 = N_D + p_0 \tag{3-90}$$

利用 $n_0 p_0 = n_i^2$，可得关于 n_0 的方程

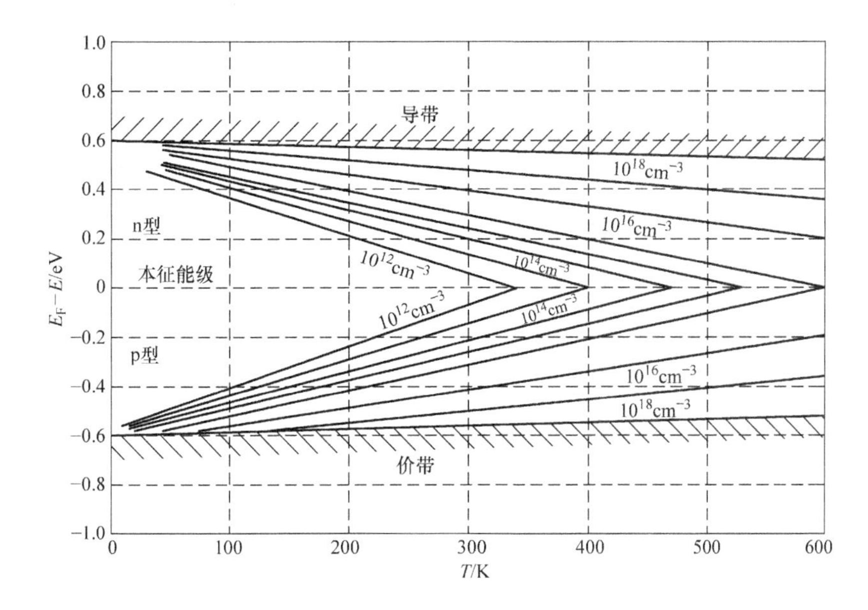

图 3-51　硅的费米能级与温度及杂质浓度关系

$$n_0^2 - N_D n_0 - n_i^2 = 0 \tag{3-91}$$

可得载流子浓度 n_0 为

$$n_0 = \frac{N_D}{2}\left[1 + \left(1 + \frac{4n_i^2}{N_D^2}\right)^{1/2}\right] \tag{3-92}$$

在 $n_i/N_D \ll 1$ 时，式（3-92）约化为 $n_0 = N_D$；而当 $n_i/N_D \gg 1$ 时，则约化为 $n_0 = n_i$。

由强电离向本征激发过渡的温度范围内载流子浓度随温度的变化如图 3-52 所示。图中实线表示主要载流子（即由施主杂质提供的电子或受主杂质提供的空穴）的浓度，由于它比另一种载流子的浓度大得多，通常称为多数载流子；虚线则代表另一种较少载流子（称为少数载流子）的浓度。在低温下两者相差悬殊，但在高温下两者逐渐接近，并趋于 n_i。且掺杂浓度越高，向本征过渡的温度越高。通常把 $n_0 \gg n_i$ 的情形称为非本征情形。

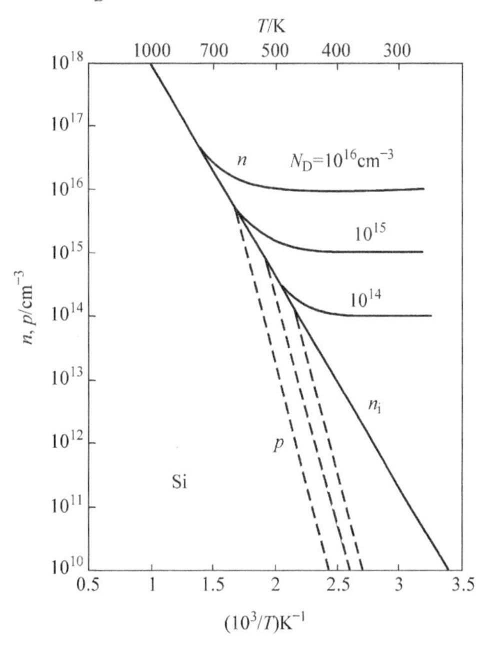

图 3-52　n 型硅中载流子浓度随温度的变化

非本征半导体中多数载流子（电

子）随温度的变化如图 3-53 的 n 型硅中电子浓度随温度的变化。

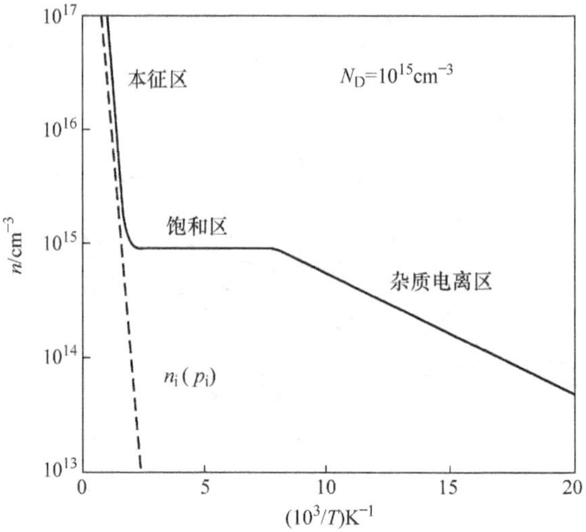

图 3-53　n 型硅中电子浓度随温度的变化

（4）掺杂浓度上限

当 E_F 位于 E_D 之下，且 $E_D - E_F >> k_0T$ 时，施主能级上的电子浓度式（3-79）简化为

$$n_D \approx 2N_D \exp\left(-\frac{E_D - E_F}{k_0T}\right) \tag{3-93}$$

将式（3-89）代入式（3-90）得

$$n_D \approx 2N_D \frac{N_D}{N_C} \exp\left(\frac{\Delta E_D}{k_0T}\right) \tag{3-94}$$

由式（3-94）可知，杂质达到全部电离的温度不仅决定于电离能，而且也和杂质浓度有关。杂质浓度越高达到全部电离的温度就越高。要使杂质半导体在室温下保持以杂质电离为主，杂质浓度不能过高，当超过某一杂质浓度时，将进入本征过渡区，就无法保持杂质电离为主。

若施主杂质全部电离的大约标准为 90%，那么未电离的施主浓度约为 10% N_D。例如掺磷的 n 型硅，室温时 $N_C = 2.8 \times 10^{19}\,\text{cm}^{-3}$，$\Delta E_D = 0.044\text{eV}$，$k_0T = 0.026\text{eV}$，代入式（3-94）得磷杂质在室温下全部电离的浓度上限为

$$0.1N_D \approx 2N_D \frac{N_D}{N_C} \exp\left(\frac{\Delta E_D}{k_0T}\right)$$

$$N_D = \frac{0.1N_C}{2} \exp\left(-\frac{\Delta E_D}{k_0T}\right) = \frac{0.1 \times 2.8 \times 10^{19}}{2} \exp\left(-\frac{0.044}{0.026}\right) \approx 3 \times 10^{17}\,\text{cm}^{-3}$$

在室温时，硅的本征载流子浓度（见表 3-8）为 $1.5 \times 10^{10}\,\text{cm}^{-3}$，当杂质浓度比它至少大一个数量级时，才保持以杂质电离为主。所以对于掺磷的硅，磷浓度在

$10^{11} \sim 3 \times 10^{17} \mathrm{cm}^{-3}$范围内，才能认为硅半导体在室温下是以杂质电离为主，且处于杂质全部电离的饱和区。

为了获得预定要求的杂质分布，所选用的杂质元素在本征半导体中的固溶度必须大于等于扩散所要求的杂质浓度。图 3-54 给出了几种杂质元素在硅中的固溶度随温度变化的曲线。由图可见，Ⅲ、Ⅴ族元素杂质在硅中较宽的温度范围内有稳定的固溶度，是比较理想的掺杂源。施主杂质磷在硅中的最大固溶度约为 $1.3 \times 10^{21} \mathrm{cm}^{-3}$，受主杂质硼为 $5 \times 10^{20} \mathrm{cm}^{-3}$。而纯硅晶体每立方厘米中的原子数为 5×10^{22}个，因而磷在硅中的最大浓度约为 2%。

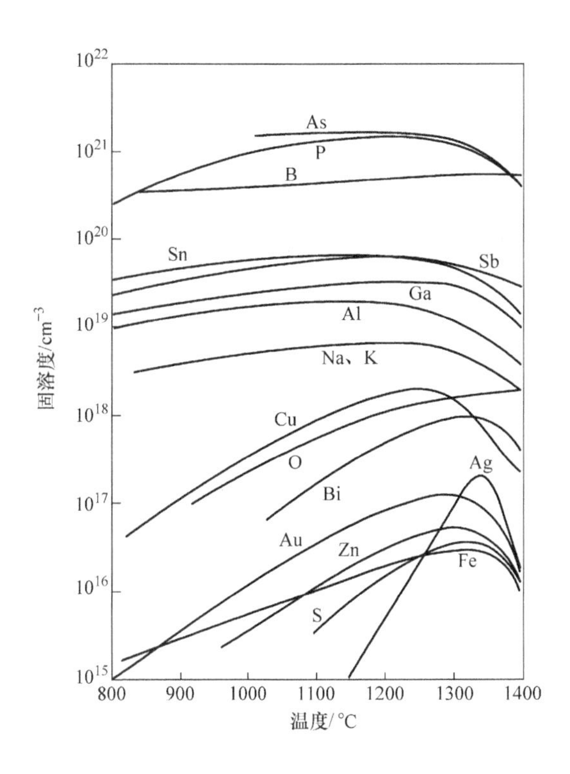

图 3-54　杂质在硅中的固溶度随温度变化的曲线

3.6 半导体的导电性

3.6.1 载流子的散射及漂移运动

在一定温度下，晶体中的载流子永不停息地做着无规则的热运动。晶格本身也在不停地进行着热振动。再加上晶体中的各种晶格缺陷及杂质，相当于在严格的周期势场上叠加了附加的微扰势，作用于载流子，改变载流子的运动状态。用波的概念，就是说载流子在晶体中传播时遭到了散射。在实际晶体中，载流子和各种晶格缺陷之间的散射进行得十分频繁，每秒可发生 $10^{12} \sim 10^{14}$ 次。正是这种散射导致载流子平衡分布，在平衡分布下，载流子的总动量为零，在晶体中不存在电流。

当外电场作用时，载流子受到电场的作用，由电场获得动量，沿电场方向（空穴）或反电场方向（电子）定向运动，形成电流。电子在电场力作用下的这种定向运动称为漂移运动。但同时，载流子仍不断地受到散射影响，使载流子的方向不断地改变，失去动量，最终载流子保持确定的动量。这时载流子由电场获得动量的速度与通过碰撞失去动量的速率保持平衡。图 3-55 所示为载流子的散射及在外电场作用下电子的漂移运动。

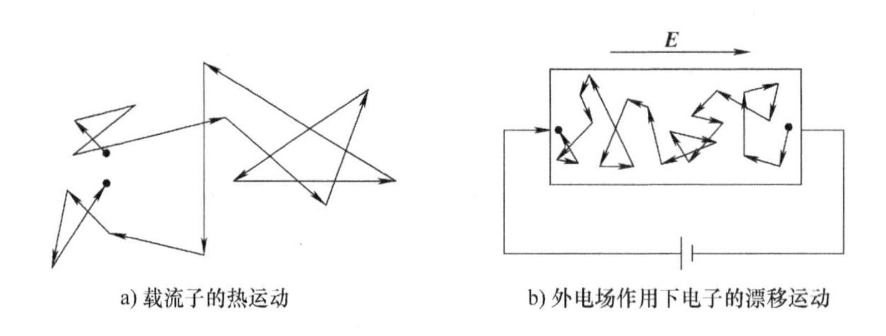

a) 载流子的热运动　　b) 外电场作用下电子的漂移运动

图 3-55　载流子的散射及在外电场作用下电子的漂移运动示意图

在一定电场下，载流子可获得的一个和其平均动量相对应的平均速度称为漂移速度，用 $\bar{v}_d$ 表示。若载流子浓度为 n，通过晶体的电流密度 J 为

$$J = nq\bar{v}_d \tag{3-95}$$

由欧姆定律的微分形式，电流密度正比于电场强度。

$$J = \sigma |\boldsymbol{E}| \tag{3-96}$$

式中，$|\boldsymbol{E}|$ 为电场强度，单位为 V/m 或 V/cm；σ 为电导率，是电阻率的倒数，即 $\sigma = \frac{1}{\rho}$，单位为 S/m（西/米）或 S/cm。

因此，漂移速度的大小也正比于电场强度。

$$\bar{v}_d = \mu |\boldsymbol{E}| \tag{3-97}$$

$$\mu = \frac{\bar{v}_d}{|\boldsymbol{E}|} \tag{3-98}$$

式中，μ 为载流子的迁移率，表示单位场强下载流子的平均漂移速度，单位是 $m^2/(V \cdot s)$ 或 $cm^2/(V \cdot s)$。

由式（3-95）~式（3-97）可得式（3-99），为电导率和迁移率的关系。

$$\sigma = nq\mu \tag{3-99}$$

电导率取决于载流子的浓度和迁移率。半导体的迁移率一般都高于金属，例如在室温下，铜的电子迁移率为 30 $cm^2/(V \cdot s)$，硅为 1350 $cm^2/(V \cdot s)$，锑化铟则为 78000 $cm^2/(V \cdot s)$。而金属的电导率比半导体要高出几个数量级是因为载流子浓度的差别。在金属中，价电子全部解离参加导电，载流子浓度高，与半导体相差可达十几个数量级。例如铜的载流子浓度为 $8.5 \times 10^{22}/cm^3$，而半导体硅的载流子浓度为 $1.5 \times 10^{10}/cm^3$，锗为 $2.4 \times 10^{13}/cm^3$，锑化铟为 $1.6 \times 10^{16}/cm^3$。

3.6.2　半导体的迁移率

在电场强度不太大的情况下，半导体中的载流子在电场作用下的运动仍遵守欧姆定律。但是，半导体中存在着两种载流子，即带正电的空穴和带负电的电子。因为电子带负电，其漂移方向与电场方向相反。而空穴带正电，沿电场方向做漂移运动。但是，形成的电流方向都与电场方向相一致，因此半导体中的导电作用应该是电子导电和空穴导电的总和。导电的电子是在导带中，它们脱离了共价键可以在半导体中自由运动；而导电的空穴是在价带中，空穴电流实际代表了共价键上的电子在价键中的运动。在相同电场作用下，两者的平均漂移速度不相同，即电子迁移率和空穴迁移率不相等，电子迁移率要大些。

$$J = J_n + J_p = (nq\mu_n + pq\mu_p)\,|\boldsymbol{E}| \tag{3-100}$$

式中，J_n、J_p 分别为电子和空穴的电流密度；n、p 分别为电子和空穴的浓度；μ_n、μ_p 分别为电子和空穴的迁移率。表 3-9 给出了几种常见半导体的载流子在室温下的迁移率。

表 3-9　几种常见半导体的载流子的室温迁移率

材料	Si	Ge	InSb	GaAs	GaN
$\mu_n/[cm^2/(V \cdot s)]$	1350	3900	78000	8800	~400
$\mu_p/[cm^2/(V \cdot s)]$	500	1900	750	400	~100

半导体的电导率为

$$\sigma = nq\mu_n + pq\mu_p \tag{3-101}$$

对于 n 型半导体，$n \gg p$，空穴对电流的贡献可以忽略，电导率为

$$\sigma_n \cong nq\mu_n \tag{3-102}$$

对于 p 型半导体，$p \gg n$，电导率为

$$\sigma_p \cong pq\mu_p \tag{3-103}$$

对于本征半导体，$n = p = n_i$，电导率为

$$\sigma_i = n_i q(\mu_n + \mu_p) \tag{3-104}$$

图 3-56 给出了 Ge、Si 和 GaAs 的 μ_n 和 μ_p 随掺杂浓度的变化。由图可以看出杂质浓度增高时，迁移率显著下降[13-15]。

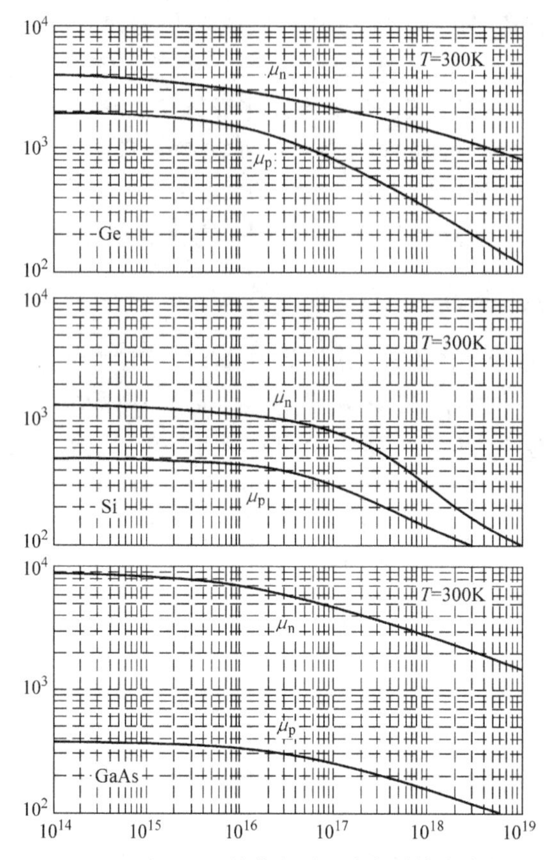

图 3-56　Ge、Si 和 GaAs 的载流子迁移率随掺杂浓度的变化

3.7　非平衡载流子

在一定温度下，半导体中的载流子浓度是一定的，处于热平衡状态，此时载流子浓度称为平衡载流子浓度。但是，半导体的热平衡状态是相对的，有条件的。如果对半导体施加外界作用，例如光照、电场或其他能量时，将破坏原有的热平衡状态，其载流子浓度不再是 n_0 和 p_0，有可能增加（或减少）半导体中少数载流子的数目，这种比平衡状态多出来的载流子称为非平衡载流子，这种状态称为非平衡状态。非平衡载流子在半导体物理中具有极重要的意义，许多重要的半导体效应都首先是由于非平衡载流子的作用。

在一定温度下，处于热平衡状态的 n 型半导体的电子和空穴浓度分别为 n_0 和 p_0，则有 $n_0 >> p_0$，其能带图如图 3-57 所示。当光照射在该半导体时，光子就有概率将价电子激发到导带上去，产生电子 - 空穴对，使导带比平衡时多出电子 Δn，价带多出空穴 Δp，而 $\Delta n = \Delta p$。这时把非平衡电子称为非平衡多数载流子，而把非平衡空穴称为非平衡少数载流子，对 p 型半导体则相反。用光照使得半导体内部产生非平衡载流子的方法称为非平衡载流子的光注入或光激发。由热运动引起热注入或热激发，电场引起电注入或电激发。

在一般情况下，注入的非平衡载流子浓度比平衡时的多数载流子浓度小得多，称为小注入。例如，1Ω · cm 的 n 型硅中，$n_0 \approx 5.5 \times 10^{15}\ \mathrm{cm}^{-3}$，$p_0 \approx 3.1 \times 10^4\ \mathrm{cm}^{-3}$，若注入非平衡载流子 $\Delta n = \Delta p = 10^{10}\ \mathrm{cm}^{-3}$，$\Delta n << n_0$，是小注入，但是 $\Delta p >> p_0$。因此，即使在小注入的情况下非平衡少数载流子浓度还是可以比平衡少数载流子浓度大得多，它的影响就十分重要，而相对来说非平衡多数载流子的影响可以忽略。所以实际上往往是非平衡少数载流子起着重要作用，通常说的非平衡载流子都是指非平衡少数载流子。

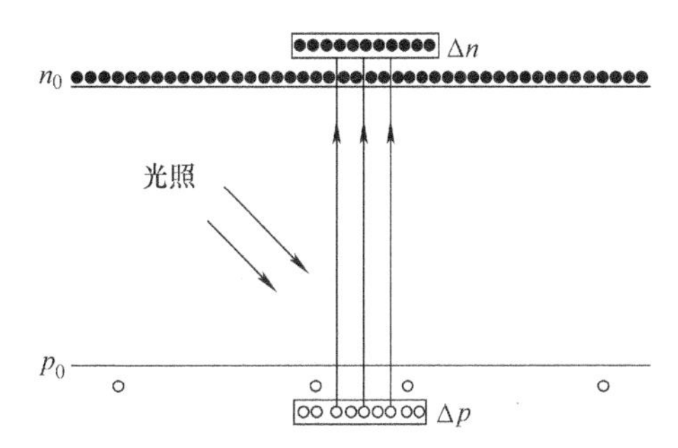

图 3-57　光照射产生非平衡载流子

当光照停止时，非平衡载流子不能一直存在下去，它们会逐渐消失，也就是被小注入激发到导带的电子回到价带，电子和空穴成对地消失，最后，载流子浓度恢复到平衡时的值，处于平衡状态。

当产生非平衡载流子的外部作用撤除以后，非平衡载流子逐渐消失，由非平衡状态恢复到平衡状态，这一过程称为非平衡载流子的复合。

3.7.1　非平衡载流子的寿命

非平衡载流子并不是立刻全部消失，而是有一定的生存时间，有的长些，有的短些。非平衡载流子的平均生存时间称为非平衡载流子的寿命，用 τ 表示。显然 $1/\tau$ 表示单位时间内非平衡载流子的复合概率。通常把单位时间单位体积内净复合消失的电子 - 空穴对数称为非平衡载流子的复合率，很明显 $\Delta p/\tau$ 就代表复合率。

小注入时产生的非平衡载流子浓度为 Δp，当 $t=0$ 时刻撤除小注入时，非平衡载流子浓度随时间呈指数衰减，如式（3-105）所示。

$$\Delta p(t) = (\Delta p)_0 \mathrm{e}^{-\frac{t}{\tau}} \tag{3-105}$$

式中，$(\Delta p)_0 = \Delta p(0)$。若取 $t=\tau$，则 $\Delta p(\tau) = (\Delta p)_0/\mathrm{e}$。因此，寿命标志着非平衡载流子浓度衰减到原值的 1/e 所经历的时间，如图 3-58 所示。

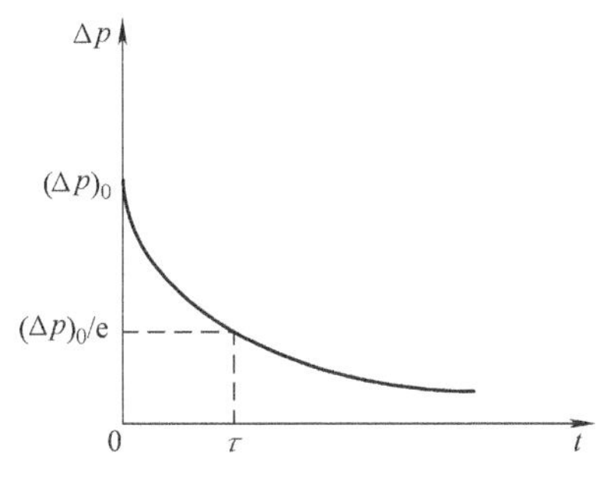

图 3-58　非平衡载流子浓度的变化

寿命不同，非平衡载流子衰减的快慢不同，

寿命越短，衰减越快。不同材料的寿命很不相同。一般地说，非平衡载流子的寿命锗比硅长，砷化镓的寿命更短。在较完整的锗单晶中，寿命可超过10^4μs；纯度和完整性特别好的硅单晶，寿命可达10^3μs以上；砷化镓的寿命极短，$10^{-3}\sim10^{-2}$μs或更低。即使是同种材料，在不同的条件下，寿命也可在一个很大的范围内变化。

3.7.2 非平衡载流子的复合

非平衡载流子的复合过程大致可以分为直接复合和间接复合。电子在导带和价带之间的直接跃迁，引起电子和空穴的直接复合；而电子和空穴通过禁带的能级（复合中心）进行复合为间接复合。根据复合过程发生的位置可以分为体内复合和表面复合。载流子复合时，一定要放出多余的能量，放出能量的方法有发射光子、发射声子或将能量给予其他载流子。

1. 直接复合

无论是热平衡状态或非平衡状态，半导体一直存在着载流子的产生和复合两个相反的过程。通常把单位时间、单位体积内所产生的电子 - 空穴对数称为产生率，而把复合掉的电子 - 空穴对数称为复合率。

导带中的电子直接跳回价带与空穴复合，如图3-59中的a所示。

单位体积内，每一个电子都有一定的概率和空穴复合，那么单位时间内载流子的复合率R有如式（3-106）的形式。

$$R = rnp \tag{3-106}$$

式中，n和p分别为电子浓度和空穴浓度；r为电子 - 空穴复合概率，是温度的函数，与n和p无关。因此，在一定温度下，复合率正比于n和p。

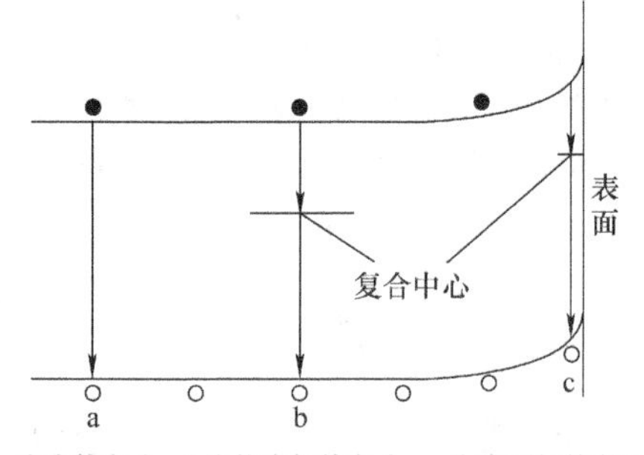

a为直接复合；b为体内间接复合；c为表面间接复合

图3-59 非平衡载流子的各种复合机构

热平衡时，产生率必须等于复合率，此时$n=n_0$、$p=p_0$，得到产生率G和复合概率r的关系，如式（3-107）所示。

$$G = R = rn_0p_0 \tag{3-107}$$

复合率减去产生率就等于非平衡载流子的净复合率，为

$$U_d = R - G = r(np - n_0p_0) \tag{3-108}$$

而有，$n=n_0+\Delta n$，$p=p_0+\Delta p$，$\Delta n=\Delta p$。因此，可得到

$$U_d = r(n_0+p_0)\Delta p + r(\Delta p)^2 \tag{3-109}$$

由此，得到非平衡载流子的寿命，如式（3-110）所示。

$$\tau = \frac{\Delta p}{U_d} = \frac{1}{r[(n_0+p_0)+\Delta p]} \tag{3-110}$$

非平衡载流子的寿命τ不仅与平衡载流子浓度有关，还与非平衡载流子浓度有关。

在小注入条件下，即 $\Delta p \ll (n_0 + p_0)$，式（3-110）可近似为

$$\tau \approx \frac{1}{r(n_0 + p_0)} \tag{3-111}$$

对于 n 型半导体 $n_0 \gg p_0$，可得

$$\tau \approx \frac{1}{rn_0} \tag{3-112}$$

这说明，在小注入条件下，当温度一定时，寿命是一个常数。

当 $\Delta p \gg (n_0 + p_0)$，式（3-110）近似为

$$\tau \approx \frac{1}{r\Delta p} \tag{3-113}$$

寿命随非平衡载流子浓度而改变，因而在复合过程中寿命不是常数。

寿命 τ 首先取决于复合概率 r，理论计算得到室温时本征硅和锗的 r 和 τ 值。

硅　$r = 10^{-11}\text{cm}^3/\text{s}$，$\tau = 3.5\text{s}$

锗　$r = 6.5 \times 10^{-14}\text{cm}^3/\text{s}$，$\tau = 0.3\text{s}$

实际上硅、锗半导体的寿命值不过是几毫秒左右，远小于直接复合的理论寿命值。这说明对于硅和锗寿命主要还不是直接复合过程所决定，而是间接复合过程。

2. 间接复合

半导体中的杂质和缺陷在禁带中形成一定的能级，它们除了影响半导体的电特性以外，对非平衡载流子的寿命也有很大的影响。杂质和缺陷有促进复合的作用，这些促进复合过程的杂质和缺陷称为复合中心。间接复合指的是非平衡载流子通过复合中心的复合。

通过复合中心复合的普遍理论公式为

$$U = \frac{N_t r_n r_p (np - n_i^2)}{r_n(n + n_1) + r_p(p + p_1)} \tag{3-114}$$

式中，N_t为复合中心浓度；r_n为复合中心俘获电子能力的大小，称为电子俘获系数，是个平均量；r_p为复合中心俘获空穴的能力，称为空穴俘获系数，也是个平均量；n_1、p_1为

$$n_1 = N_C \exp\left(\frac{E_t - E_C}{k_0 T}\right) \tag{3-115}$$

$$p_1 = N_V \exp\left(-\frac{E_t - E_V}{k_0 T}\right) \tag{3-116}$$

n_1、p_1恰好等于费米能级 E_F与复合中心能级 E_t重合时导带的平衡电子浓度和价带的平衡空穴浓度。

在热平衡条件下，因为 $np = n_0 p_0 = n_i^2$，所以复合率 $U = 0$。当半导体中注入非平衡载流子时，$np > n_i^2$，因此 $U > 0$。将 $n = n_0 + \Delta n$，$p = p_0 + \Delta p$，及 $\Delta n = \Delta p$ 代入式（3-114），得

$$U=\frac{N_t r_n r_p(n_0\Delta p+p_0\Delta p+\Delta p^2)}{r_n(n_0+n_1+\Delta p)+r_p(p_0+p_1+\Delta p)}$$

整理可得非平衡载流子的寿命为

$$\tau=\frac{\Delta p}{U}=\frac{r_n(n_0+n_1+\Delta p)+r_p(p_0+p_1+\Delta p)}{N_t r_n r_p(n_0+p_0+\Delta p)} \tag{3-117}$$

显然，寿命 τ 与复合中心浓度 N_t 成反比。当 $\Delta n<0$、$\Delta p<0$ 时，复合率公式（3-114）同样可适用，这时复合率为负值，表示电子－空穴对的产生率。

在小注入情况下，假定 $r_n=r_p=r$，可得复合率为

$$U=\frac{N_t r(np-n_i^2)}{n+p+2n_i\text{ch}\left(\frac{E_t-E_i}{k_0T}\right)} \tag{3-118}$$

由式（3-118）可知，复合中心的复合率与复合中心能级 E_t 的位置有关。当 $E_t\approx E_i$ 时，复合率 U 趋向极大。因此，位于禁带中心的深能级是最有效的复合中心，浅能级不能起有效的复合中心的作用。

例如无论在 n 型硅或 p 型硅中，金都是有效的复合中心，对少数载流子寿命会产生极大的影响。有人用实验方法确定了室温下半导体硅的复合概率，为

$$r_p=1.15\times10^{-7}\text{cm}^3/\text{s}$$

$$r_n=6.3\times10^{-8}\text{cm}^3/\text{s}$$

在掺金的硅中，少数载流子寿命与金的浓度 N_t 成反比。假定硅中金的浓度为 $5\times10^{15}\text{cm}^{-3}$，则 n 型硅和 p 型硅的少数载流子寿命分别为

$$\tau_p=\frac{1}{N_t r_p}\approx1.7\times10^{-9}\text{s}$$

$$\tau_n=\frac{1}{N_t r_n}\approx3.2\times10^{-9}\text{s}$$

这说明，对于同样的金浓度，p 型硅中的少数载流子寿命是 n 型硅中的 1.9 倍。金浓度 N_t 从 10^{14}cm^{-3} 增加到 10^{17}cm^{-3}，少数载流子的寿命约从 10^{-7}s 线性地减小到 10^{-10}s。因此，通过控制金的浓度，可以在宽广的范围内改变少数载流子的寿命。

3. 表面复合

表面复合是指在半导体表面发生的复合过程。半导体的形状和表面状态影响着少数载流子的寿命。表面特有的缺陷和表面杂质也在禁带形成复合中心，因此表面复合也属间接复合。

表面复合比体内复合复杂得多，至少有 3 种重要特点需考虑：

1）从体内延伸到表面的晶格结构在表面中断，表面原子出现悬空键，形成表面能级，是有效的表面复合中心；

2）半导体的加工过程中难免在表面留下严重的损伤或内应力，造成比体内更多的缺陷和晶格畸变，增加了更多的有效复合中心；

3）表面层几乎总是吸附着一些带正、负电荷的杂质。

表面复合过程相当复杂，但是表面复合可以当作靠近表面的一个非常薄的区域内的体内复合来分析，而在这个区域内复合中心密度很高。因此，表面复合速度较高，使更多注入的载流子在表面复合消失，以致严重地影响半导体器件的性能。

对于大多数半导体器件，包括太阳能电池，少数载流子的寿命与整个器件的性能密切相关。因此在生产加工中，总是希望获得良好而稳定的表面，以尽量降低表面复合速度，从而改善性能。通常采用表面钝化或增加一个窗口层，防止少数载流子到达表面层，降低表面复合速度。如 Si 太阳能电池通过表面氧化层进行钝化，而 GaAs 太阳能电池通过表面沉积 GaAlAs 层，有效降低了表面复合速度。

3.7.3　载流子的扩散运动

分子、原子、电子等微观粒子在气体、液体、固体中可以产生扩散运动。微观粒子在各处的浓度不均匀时，由于粒子的无规则热运动，引起粒子由浓度高的地方向浓度低的地方扩散。

对于一块均匀掺杂的半导体，由于电中性的要求，各处电荷密度为零，所以载流子分布也是均匀的，因而均匀材料中不会发生载流子的扩散运动。当这块材料的一面有光注入，在表面薄层内，光大部分被吸收，产生非平衡载流子，而内部非平衡载流子很少，将引起非平衡载流子自表面向内部扩散。通常把单位时间通过单位面积的粒子数称为扩散流密度，与非平衡载流子浓度梯度成正比。

考虑一维情况，设非平衡载流子向 x 方向扩散，则有

$$S_{\mathrm{p}} = -D_{\mathrm{p}} \frac{\mathrm{d}\Delta p(x)}{\mathrm{d}x} \tag{3-119}$$

式中，S_{p}为空穴扩散流密度；比例系数 D_{p}为空穴扩散系数，单位是 $\mathrm{cm^2/s}$；$\Delta p(x)$ 为 x 处非平衡载流子浓度；负号为空穴自浓度高的地方向浓度低的地方扩散。

非平衡少数载流子边扩散边复合，其浓度随 x 轴的变化如式（3-120）所示。

$$\Delta p(x) = (\Delta p)_0 \mathrm{e}^{-x/L_{\mathrm{p}}} \tag{3-120}$$

式中，$(\Delta p)_0$ 为 $x=0$ 处非平衡少数载流子浓度，即注入的非平衡少数载流子浓度；L_{p}为扩散长度，标志着非平衡载流子深入样品的平均距离，为

$$L_{\mathrm{p}} = \sqrt{D_{\mathrm{p}}\tau} \tag{3-121}$$

式中，τ 为非平衡少数载流子的寿命。

式（3-120）表明，非平衡少数载流子浓度从光照表面的$(\Delta p)_0$ 开始，向内部呈指数衰减。L_{p}表示非平衡少数载流子浓度减少至原值的 $1/\mathrm{e}$ 时所扩散的距离。

由于非平衡少数载流子浓度呈指数衰减，因此扩散流密度 S_{p}也随位置 x 而变化，为

$$S_{\mathrm{p}}(x) = \frac{D_{\mathrm{p}}}{L_{\mathrm{p}}}(\Delta p)_0 \mathrm{e}^{-x/L_{\mathrm{p}}} = \frac{D_{\mathrm{p}}}{L_{\mathrm{p}}}\Delta p(x) \tag{3-122}$$

表明，表面处的空穴扩散流密度是 $S_p(0)=(\Delta p)_0\dfrac{D_p}{L_p}$，同样呈指数衰减。

式（3-119）描述了非平衡少数载流子空穴的扩散规律，称为扩散定律。对电子来说，扩散定律表示式为

$$S_n=-D_n\frac{d\Delta n(x)}{dx} \tag{3-123}$$

因为电子和空穴都是带电粒子，所以它们的扩散运动形成所谓的扩散电流，其电流密度为

$$\left.\begin{aligned}(J_p)_{扩}&=-qD_p\frac{d\Delta p(x)}{dx}\\(J_n)_{扩}&=qD_n\frac{d\Delta n(x)}{dx}\end{aligned}\right\} \tag{3-124}$$

3.7.4 非平衡载流子的漂移运动

在外加电场作用下载流子做漂移运动，产生漂移电流。这时除了平衡载流子以外，非平衡载流子也做漂移运动。若外加电场为 $\boldsymbol{E}$，则漂移电流密度为

$$\left.\begin{aligned}(J_n)_{漂}&=q(n_0+\Delta n)\mu_n\boldsymbol{E}=qn\mu_n\boldsymbol{E}\\(J_p)_{漂}&=q(p_0+\Delta p)\mu_p\boldsymbol{E}=qp\mu_p\boldsymbol{E}\end{aligned}\right\} \tag{3-125}$$

若半导体中非平衡载流子浓度不均匀，同时又有外加电场的作用，那么非平衡载流子同时做扩散运动和漂移运动。例如，图 3-60 所示，一块 n 型均匀半导体，在表面处有光注入，同时沿 x 方向加一均匀电场 E_x，则电流密度为

$$\left.\begin{aligned}J_n&=(J_n)_{漂}+(J_n)_{扩}=qn\mu_nE_x+qD_n\frac{d\Delta n}{dx}\\J_p&=(J_p)_{漂}+(J_p)_{扩}=qp\mu_pE_x-qD_p\frac{d\Delta p}{dx}\end{aligned}\right\} \tag{3-126}$$

从式（3-126）可知，迁移率 μ 是反映载流子在电场作用下运动难易程度的物理量，而扩散系数 D 是反映载流子存在浓度梯度时载流子运动的难易程度。爱因斯坦从理论上推导了扩散系数和迁移率之间的定量关系，如式（3-127），称为爱因斯坦关系式。

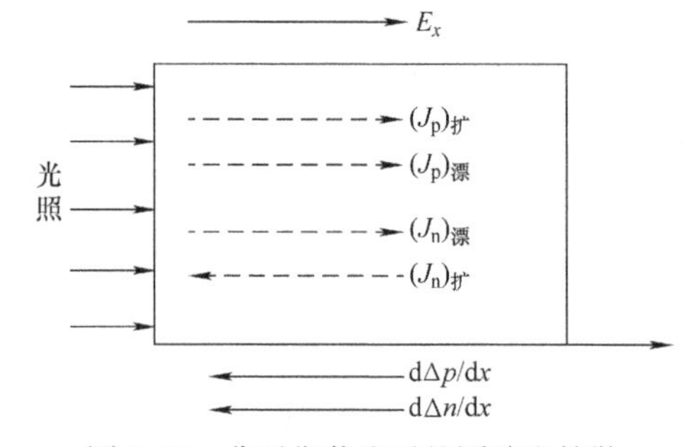

图 3-60 非平衡载流子的漂移和扩散

$$\left.\begin{aligned}\frac{D_n}{\mu_n}&=\frac{k_0T}{q}\\\frac{D_p}{\mu_p}&=\frac{k_0T}{q}\end{aligned}\right\} \tag{3-127}$$

利用爱因斯坦关系式，由已知的迁移率数据，可以得到扩散系数。例如，在室温下，杂质浓度不太高的硅 Si 半导体的载流子迁移率 $\mu_n = 1350\text{cm}^2/(\text{V}\cdot\text{s})$、$\mu_p = 500\text{cm}^2/(\text{V}\cdot\text{s})$，可以推算出扩散系数 $D_n = 35\text{cm}^2/\text{s}$、$D_p = 13\text{cm}^2/\text{s}$。对于砷化镓 GaAs，$\mu_n = 8800\text{cm}^2/(\text{V}\cdot\text{s})$、$\mu_p = 400\text{cm}^2/(\text{V}\cdot\text{s})$，可得 $D_n = 226\text{cm}^2/\text{s}$、$D_p = 10\text{cm}^2/\text{s}$。

3.8 pn 结

3.8.1 pn 结及其能带图

1. pn 结能带图

在一块 n 型（或 p 型）半导体单晶上，用适当的工艺方法（如合金法、扩散法、生长法、离子注入法等）把 p 型杂质掺入其中，分别形成 n 区和 p 区，在两者交界面处形成了 pn 结。由于 n 型半导体中电子很多空穴很少，而 p 型半导体中空穴很多电子很少，形成 pn 结后，它们之间存在着载流子浓度梯度，导致空穴从 p 区扩散到 n 区，而电子从 n 区扩散到 p 区。对于 p 区，多数载流子空穴扩散到 n 区后，留下了不可动的带负电荷的电离受主，形成一个负电荷区。同理，n 区一侧形成由电离施主构成的正电荷区。在 pn 结界面附近形成的正负电荷区称为空间电荷区，空间电荷区两边为准中性区，如图 3-61 所示。

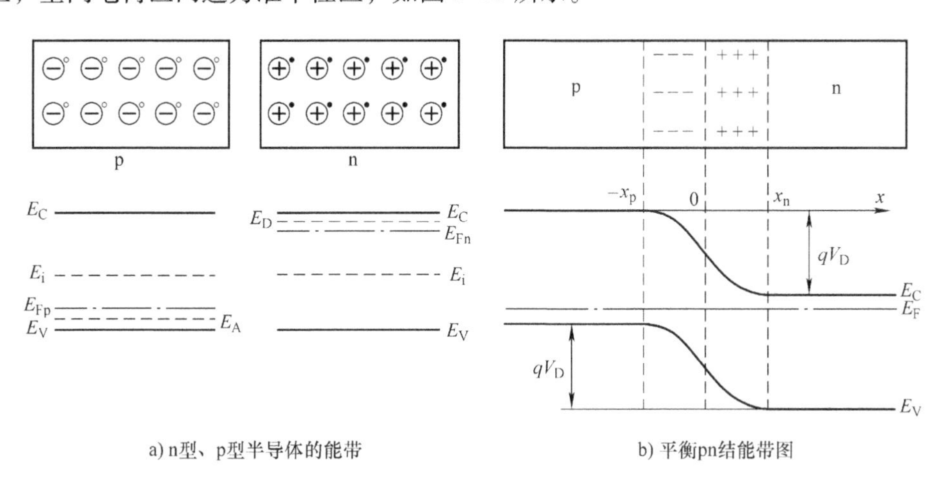

a) n型、p型半导体的能带　　b) 平衡pn结能带图

图 3-61　pn 结的能带图及电荷分布图

空间电荷区中的电荷产生了从 n 区到 p 区的电场，称为内建电场。在内建电场作用下，载流子做漂移运动，而漂移运动方向显然与扩散运动方向相反，因此为少

数载流子的运动。且内建电场阻碍载流子的扩散运动。随着扩散运动的进行，空间电荷逐渐增多，内建电场逐渐增强，载流子的漂移运动也逐渐加强，最终载流子的扩散与漂移达到动态平衡，处于稳定状态。这时空间电荷区不再继续扩展，保持一定的宽度，其中存在着一定的内建电场。一般这种情况为热平衡状态下的 pn 结，简称为平衡 pn 结。由于空间电荷区中存在内建电场，因此也称为势垒区。

pn 结的热平衡状态，可以用能带图来解析。图 3-61a 表示 n 型、p 型半导体的能带图，图中 E_{Fn}和 E_{Fp}分别表示 n 型和 p 型半导体的费米能级。当两块半导体结合形成 pn 结时，按照费米能级的意义，电子将从费米能级高的 n 区流向 p 区，空穴则从 p 区流向 n 区，因而 E_{Fn}不断下降，而 E_{Fp}不断上移，直至 $E_{Fn}=E_{Fp}$为止。这时 pn 结有统一的费米能级 E_F，处于平衡状态。由于空间电荷区之外的区域仍保持原型，即仍为 n 型半导体及 p 型半导体，因此能带关系不变，当 E_{Fn}下降时 n 区能带随之一起下移，而 p 区能带随 E_{Fp}一起上移，如图 3-61b 所示。

能带相对移动的原因是 pn 结空间电荷区中存在内建电场的结果。随着从 n 区到 p 区的内建电场的不断增强，n 区的电子电势能不断下降，漂移电流逐渐增大，直至电子和空穴的扩散电流和漂移电流互相抵消，没有净电流通过 pn 结，能带才停止相对移动，费米能级处处相等，pn 结达到平衡状态。

2. pn 结电势差

能带相对移动的原因是空间电荷区中存在内建电场的结果。内建电场的电势差 V_D称为内建电势差，相应的电子电势能之差 qV_D 称为 pn 结的势垒高度。势垒高度既为 E_{Fn}和 E_{Fp}之差，即

$$qV_D = E_{Fn} - E_{Fp} \tag{3-128}$$

根据式（3-75）、式（3-89）及式（3-128）可推得内建电势差 V_D，为

$$V_D = \frac{1}{q}(E_{Fn} - E_{Fp}) = \frac{k_0 T}{q}\ln\left(\frac{N_D N_A}{n_i^2}\right) \tag{3-129}$$

式（3-129）说明，V_D和掺杂浓度 N_A、N_D及温度 T、材料的禁带宽度 E_g有关。在一定温度下，pn 结两边掺杂浓度越高，电势差 V_D越大；禁带宽度越大，n_i越小，V_D也越大，所以硅 pn 结的 V_D比锗 pn 结的 V_D大。若 $N_A=10^{17}cm^{-3}$，$N_D=10^{15}cm^{-3}$，在室温下 Si 的 V_D 为 0.70V，Ge 的 V_D 为 0.32V。

3. pn 结的载流子分布

取 p 区电势为零，则势垒区中 x 点的电势 $V(x)$ 为正值，越接近 n 区电势越高，到势垒区边界 x_n 处的电势最高，为内建电势差 V_D，如图 3-62 所示。对电子而言，p 区的电势能比 n 区的电势能高，有

$$\begin{cases} E(x_p) = E_{Cp} = E_{Cn} + qV_D \\ E(x_n) = E_{Cn} = -qV_D \end{cases} \tag{3-130}$$

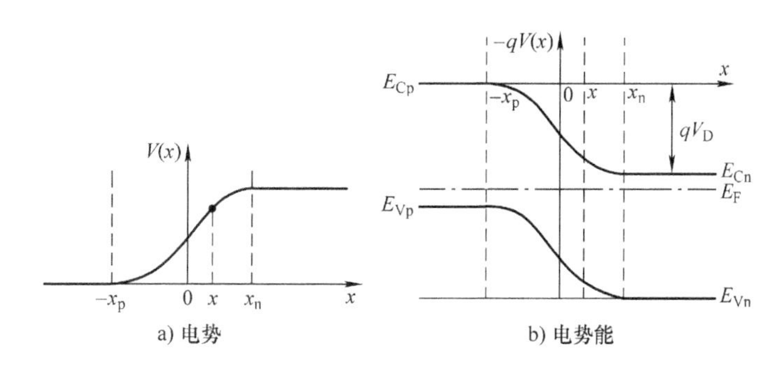

图3-62　平衡pn结的电势和电势能

而势垒区内 x 点的电势为

$$E(x) = -qV(x) \tag{3-131}$$

非简并半导体，由式（3-88），x 点的电子浓度为

$$n(x) = N_C \exp\left[\frac{E_F - E(x)}{k_0 T}\right] \tag{3-132}$$

而 n 区及 $x = x_n$ 处的电子浓度为 $n_{n0} = N_C \exp\left(\frac{E_F - E_{Cn}}{k_0 T}\right)$，则

$$n(x) = n_{n0} \exp\left[\frac{E_{Cn} - E(x)}{k_0 T}\right] \tag{3-133}$$

将式（3-131）代入，得

$$n(x) = n_{n0} \exp\left[\frac{qV(x) - qV_D}{k_0 T}\right] \tag{3-134}$$

当 $x = -x_p$ 时，电子浓度 $n(-x_p)$，就是 p 区中平衡少数载流子浓度 n_{p0}。由于 $V(-x_p) = 0$，则

$$n_{p0} = n(-x_p) = n_{n0} \exp\left(\frac{-qV_D}{k_0 T}\right) \tag{3-135}$$

同理，可求得 x 点的空穴浓度为

$$p(x) = p_{n0} \exp\left[\frac{qV_D - qV(x)}{k_0 T}\right] \tag{3-136}$$

式中，p_{n0}为 n 区中平衡少数载流子浓度，即空穴浓度。当 $x = x_n$ 时，$V(x) = V_D$，故得 $p(x_n) = p_{n0}$；当 $x = -x_p$ 时，$V(x) = 0$，则 $p(-x_p) = p_{n0} \exp\left(\frac{qV_D}{k_0 T}\right)$，$p(-x_p)$就是 p 区中空穴浓度 p_{p0}。

$$p_{p0} = p_{n0} \exp\left(\frac{qV_D}{k_0 T}\right) \tag{3-137}$$

式（3-134）和式（3-136）表示平衡 pn 结中电子和空穴的浓度分布，如图 3-63 所示。式（3-135）和式（3-137）表示了同一种载流子在势垒区两边的浓度关系服从玻耳兹曼分布函数的关系。

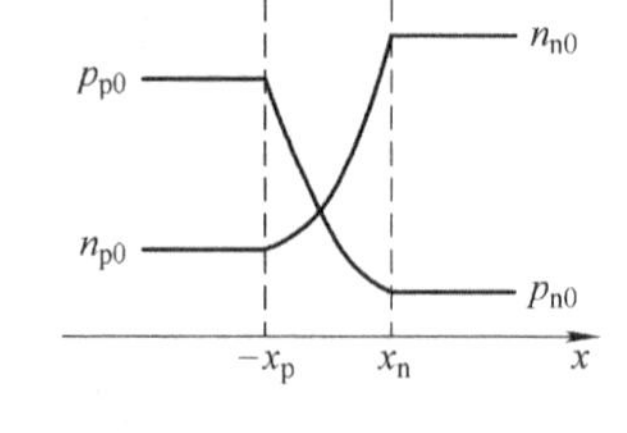

图 3-63　平衡 pn 结的载流子分布

利用式（3-134）和式（3-136）可以估算 pn 结各处的载流子浓度。例如，势垒区内电势能比 n 区导带底 E_{Cn} 高 0.1eV 的点的载流子浓度为

$$n(x)=n_{n0}\exp\left(-\frac{0.1}{0.026}\right)\approx\frac{n_{n0}}{50}\approx\frac{N_D}{50}$$

如设势垒高度 qV_D 为 0.7eV，则该处空穴浓度为

$$p(x)=p_{p0}\exp\left(\frac{0.1-0.7}{0.026}\right)\approx10^{-10}p_{p0}\approx10^{-10}N_A$$

可见，垫垒区中电势能比 n 区导带底高 0.1eV 处，导带电子浓度为 n 区多数载流子的 1/50，而价带空穴浓度为 p 区多数载流子的 10^{-10}倍。一般，室温附近，对于绝大部分势垒区，其中杂质虽然都已电离，但载流子浓度比起 n 区和 p 区的多数载流子浓度小得多，像已经耗尽。因此，势垒区通常也称为耗尽层，即认为其中载流子浓度很小，可以忽略，空间电荷密度就等于电离杂质浓度。

3.8.2　理想 pn 结电流 - 电压特性

1. 准费米能级

热平衡状态时，半导体中有一个统一的费米能级，可以用此统一的费米能级 E_F 描述包括导带和价带在内的所有能级上的电子及空穴分布。在非简并的情况下，电子和空穴浓度为

$$\begin{cases}n_0=N_C\exp\left(\dfrac{E_F-E_C}{k_0T}\right)\\p_0=N_V\exp\left(\dfrac{E_V-E_F}{k_0T}\right)\end{cases}\tag{3-138}$$

当外界的影响破坏了热平衡，使半导体处于非平衡状态时，就不再存在统一的费米能级。分别就价带和导带中的电子而讲，它们各自在能带范围内基本上处于平衡态，而导带和价带之间处于不平衡状态。因而，费米能级和统计分布函数对导带和价带各自仍然是适用的，可以分别引入导带费米能级和价带费米能级，它们都是局部费米能级，称为准费米能级。导带和价带间的不平衡就表现在它们的准费米能级是不重合的。导带的准费米能级也称电子准费米能级，用 E_F^n 表示，价带的准费米能级称为空穴准费米能级，用 E_F^p 表示。

引入准费米能级后，非平衡状态下的载流子浓度可表示为

$$\begin{cases} n = N_C \exp\left(\dfrac{E_F^n - E_C}{k_0 T}\right) \\ p = N_V \exp\left(\dfrac{E_V - E_F^p}{k_0 T}\right) \end{cases} \tag{3-139}$$

只要载流子浓度不是太高，以致使 E_F^n 和 E_F^p 进入导带或价带，此式总是适用。

根据式（3-139）和式（3-138），n 和 n_0 及 p 和 p_0 的关系可表示为

$$\begin{cases} n = N_C \exp\left(\dfrac{E_F^n - E_C}{k_0 T}\right) = n_0 \exp\left(\dfrac{E_F^n - E_F}{k_0 T}\right) = n_i \exp\left(\dfrac{E_F^n - E_i}{k_0 T}\right) \\ p = N_V \exp\left(\dfrac{E_V - E_F^p}{k_0 T}\right) = p_0 \exp\left(\dfrac{E_F - E_F^p}{k_0 T}\right) = n_i \exp\left(\dfrac{E_i - E_F^p}{k_0 T}\right) \end{cases} \tag{3-140}$$

由式（3-140）可知，非平衡载流子越多，准费米能级偏离 E_F 就越远。而 E_F^n 和 E_F^p 偏离 E_F 的程度是不同的。一般在非平衡状态时，往往多数载流子的准费米能级和平衡时的费米能级偏离不多，而少数载流子的准费米能级则偏离很大。例如对于 n 型半导体，在小注入条件下，$n > n_0$，且 $\Delta n \ll n_0$，则 $n \approx n_0$，因而 E_F^n 比 E_F 更靠近导带，但偏离 E_F 甚小。但，此时注入的空穴浓度 $\Delta p \gg p_0$，则 $p \gg p_0$，所以 E_F^p 比 E_F 更靠近价带，且比 E_F^n 更显著地偏离了 E_F。图 3-64 表示准费米能级偏离的情况。

E_F^n 和 E_F^p 偏离的大小反映了半导体偏离热平衡度的程度，它们偏离越大，说明不平衡情况越显著；两者靠得越近，则说明越接近平衡态；两者重合时，形成统一的费米能级，半导体处于平衡态。

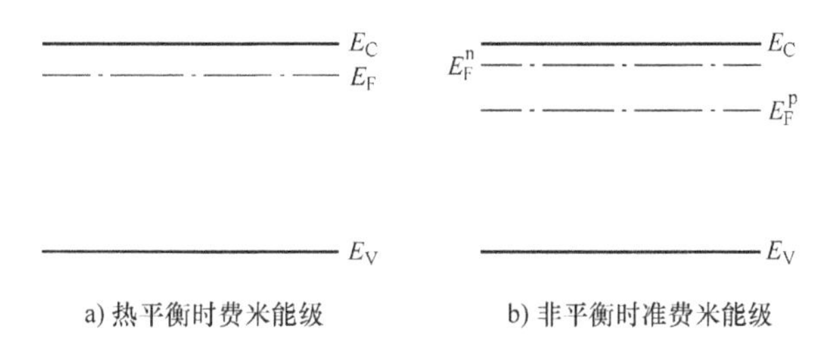

图 3-64　n 型半导体的准费米能级偏离情况

2. 非平衡状态下的 pn 结

平衡 pn 结中的扩散运动和漂移运动互相抵消，达到平衡状态，没有净电流。当 pn 结两端有外加电压时，pn 结则处于非平衡状态。

pn 结加正向偏压 V，即 p 区接正极、n 区接负极时，因势垒区内载流子浓度很小，电阻很大，而势垒区外载流子浓度很大，电阻很小，所以外加正向偏压基本加在势垒区。由于正向偏压与内建电场方向相反，因此减弱了势垒区的电场，空间电荷区相应减小，势垒区高度从 qV_D 下降为 $q(V_D - V)$，如图 3-65 所示。

势垒区电场减弱，削弱了漂移运动，使扩散流大于漂移流。所以加正向偏压时，产生了电子从 n 区向 p 区以及空穴从 p 区向 n 区的净扩散流。电子通过势垒区扩散入 p 区，边扩散边与 p 区多数载流子空穴复合，电子电流不断地转化为空穴电流，直到注入的电子全部复合。这一段区域称为扩散区。同理，n 区中的空穴电流也类似。方向相反的电子流和空穴流随扩散方向逐渐减小，但根据电流连续性原理，总电流处处相等。图 3-66 所示为正向偏压时 pn 结中电流的分布。外加正向偏压增加时，势垒降得更低，增大了流入 p 区的电子流和流入 n 区的空穴流。

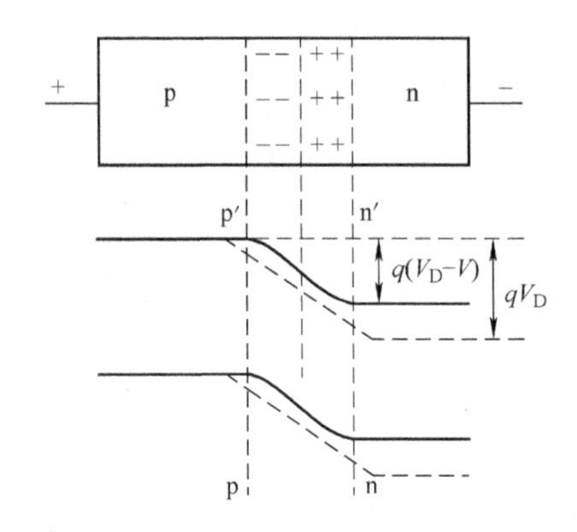

图 3-65　正向偏压时 pn 结势垒的变化

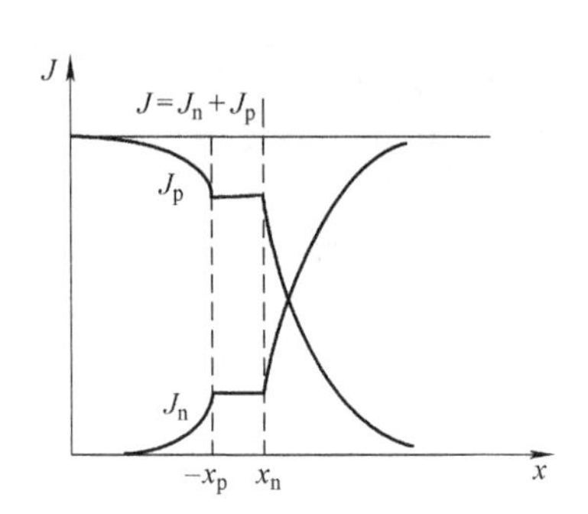

图 3-66　正向偏压时 pn 结中电流的分布

正向偏压时，原来平衡 pn 结的统一的费米能级又将分为电子的准费米能级 E_F^n 及空穴的准费米能级 E_F^p，如图 3-67 所示。由于有净电流流过 pn 结，费米能级将随位置不同而变化。在空穴扩散区内电子浓度高，故电子的费米能级 E_F^n 的变化很小，可看作不变；但空穴浓度很小，故空穴的准费米能级 E_F^p 的变化很大，而扩散到比扩散长度 L_p 大很多的地方，非平衡空穴衰减为零，E_F^p 等于 E_F^n。由于势垒区很窄，扩散区远大于势垒区，势垒区中的变化可忽略不计，准费米能级保持不变。因此，准费米能级的变化主要发生在扩散区。在空穴扩散区 E_F^p 斜线上升，在电子扩散区 E_F^n 斜线下降。

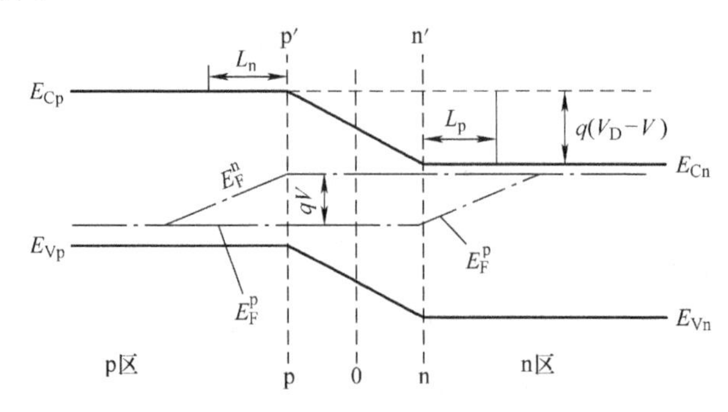

图 3-67　正向偏压时 pn 结的能带图

因为在正向偏压 V 下，势垒降低为 $q(V_D - V)$，E_F^n 与 E_F^p 之差为 qV，即

$$E_F^n - E_F^p = qV \tag{3-141}$$

当pn结外加反向偏压 V 时，势垒区的电场增强，漂移运动增强，导致漂移流大于扩散流，因此势垒区变宽，势垒高度由 qV_D 增高为 $q(V_D + V)$，如图3-68所示。电场作用下，扩散而进的少数载流子被驱走后，内部少数载流子来补充，形成了反向偏压下的少数载流子扩散电流。因为少数载流子浓度很低，而扩散长度基本不变化，所以反向偏压时少数载流子的浓度梯度也较小。当反向电压足够大时，pn结边界处的少数载流子可以认为是零，扩散流不再随电压变化，pn结的电流较小，并且趋于不变，如图3-69所示关系曲线。

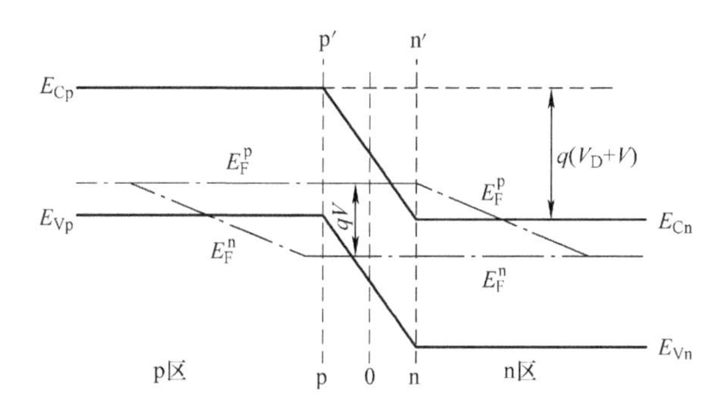

图3-68　反向偏压时pn结的能带图

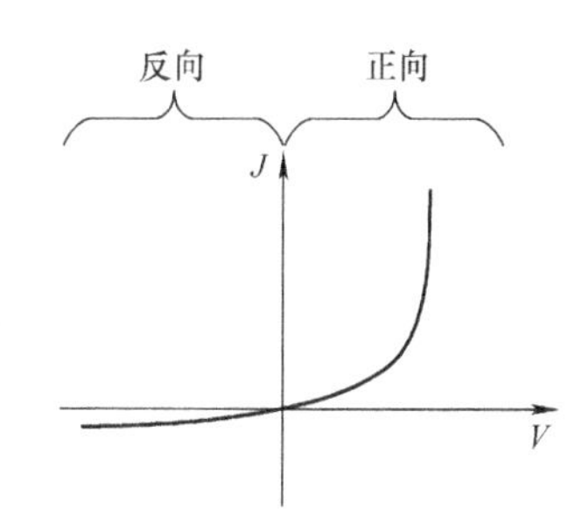

图3-69　理想pn结的 $J-V$ 曲线

3. 电流－电压特性[16,17]

小注入时，p区载流子浓度与准费米能级的关系为

$$n_p p_p = n_i^2 \exp\left(\frac{E_F^n - E_F^p}{k_0 T}\right) \tag{3-142}$$

在p区边界 $x = -x_p$ 处，$E_F^n - E_F^p = qV$，所以

$$n_p(-x_p) p_p(-x_p) = n_i^2 \exp\left(\frac{qV}{k_0 T}\right) \tag{3-143}$$

因为 $p_p(-x_p)$ 为p区多数载流子 p_{p0}，所以 $p_p(-x_p) = p_{p0}$，而且 $p_{p0} n_{p0} = n_i^2$，代入式（3-143），得少数载流子浓度为

$$n_p(-x_p) = n_{p0} \exp\left(\frac{qV}{k_0 T}\right) \tag{3-144}$$

因此，注入p区边界的非平衡少数载流子浓度为

$$\Delta n_p(-x_p) = n_p(-x_p) - n_{p0} = n_{p0}\left[\exp\left(\frac{qV}{k_0 T}\right) - 1\right] \tag{3-145}$$

同理可得n区边界 $x = x_n$ 处的少数载流子浓度为

$$p_n(x_n) = p_{n0} \exp\left(\frac{qV}{k_0 T}\right) \tag{3-146}$$

注入 n 区边界的非平衡少数载流子浓度为

$$\Delta p_n(x_n)=p_n(x_n)-p_{n0}=p_{n0}\left[\exp\left(\frac{qV}{k_0T}\right)-1\right] \tag{3-147}$$

由非平衡少数载流子沿 x 轴的变化式（3-120），可得非平衡少数载流子浓度为

$$n_p(-x_p)-n_{p0}=n_{p0}\left[\exp\left(\frac{qV}{k_0T}\right)-1\right]\exp\left(\frac{x_p+x}{L_n}\right) \tag{3-148}$$

$$p_n(x_n)-p_{n0}=p_{n0}\left[\exp\left(\frac{qV}{k_0T}\right)-1\right]\exp\left(\frac{x_n-x}{L_p}\right) \tag{3-149}$$

式（3-148）和式（3-149）表示外加电压时非平衡少数载流子在扩散区中的分布。

小注入时，n 区边界 $x=x_n$ 处，空穴扩散电流密度为

$$J_p(x_n)=-qD_p\left.\frac{\mathrm{d}p_n(x)}{\mathrm{d}x}\right|_{x=x_n}=\frac{qD_pp_{n0}}{L_p}\left[\exp\left(\frac{qV}{k_0T}\right)-1\right] \tag{3-150}$$

在 p 区边界 $x=-x_p$ 处，电子扩散电流密度为

$$J_n(-x_p)=qD_n\left.\frac{\mathrm{d}n_p(x)}{\mathrm{d}x}\right|_{x=-x_p}=\frac{qD_nn_{p0}}{L_n}\left[\exp\left(\frac{qV}{k_0T}\right)-1\right] \tag{3-151}$$

因为不考虑势垒区内载流子的产生及复合，$J_p(-x_p)=J_p(x_n)$，因此 pn 结的总电流密度 J 为

$$J=J_n(-x_p)+J_p(-x_p)=\left(\frac{qD_nn_{p0}}{L_n}+\frac{qD_pp_{n0}}{L_p}\right)\left[\exp\left(\frac{qV}{k_0T}\right)-1\right] \tag{3-152}$$

令

$$J_s=\frac{qD_nn_{p0}}{L_n}+\frac{qD_pp_{n0}}{L_p} \tag{3-153}$$

则

$$J=J_s\left[\exp\left(\frac{qV}{k_0T}\right)-1\right] \tag{3-154}$$

式（3-154）就是理想 pn 结模型的电流 - 电压方程式，称为肖克莱方程。式中可以看出 pn 结具有单向导电性。在正向偏压下，正向电流密度随正向偏压呈指数关系，迅速增大。在反向偏压下，$V>>k_0T/q$ 时，$\exp\left(\frac{qV}{k_0T}\right)\rightarrow 0$，$J=-J_s$。而且反向电流密度为常量，与外加电压无关，故称 J_s 为反向饱和电流密度。由肖克莱方程作 $J-V$ 曲线如图 3-69 所示。

根据式（3-121）反向饱和电流密度 J_s 可写为

$$J_s=q\frac{n_{p0}}{\tau_n}L_n+q\frac{p_{n0}}{\tau_p}L_p \tag{3-155}$$

式中，$\frac{n_{p0}}{\tau_n}$、$\frac{p_{n0}}{\tau_p}$为 p 区和 n 区中平衡少数载流子的复合率，既为平衡少数载流子的

产生率。因此，反向饱和电流密度 J_s 等于在厚度为扩散长度 L 内少数载流子的总的产生率乘上电荷。反向偏压下，扩散而进的少数载流子很快被驱走，电流就等于所有在 pn 结附近产生的而又有机会扩散到边界的少数载流子，而这就是在厚度为 L 的一层内产生的少数载流子。

因为

$$n_{p0}=\frac{n_i^2}{N_A}\propto T^3\exp\left(-\frac{E_g}{k_0T}\right) \tag{3-156}$$

有

$$J_s(T)=J_s(0)T^3\exp\left[-\frac{E_g(0)}{k_0T}\right] \tag{3-157}$$

反向饱和电流密度 J_s 与材料种类的关系为材料的禁带宽度 E_g 越大，反向饱和电流密度 J_s 越小；同一个材料随着温度 T 的增加，J_s 也增加，因此 J_s 具有正温度系数。这是影响 pn 结热稳定性的重要因素。对于锗的 pn 结，T 上升 10K，J_s 增加一倍；而对于硅的 pn 结，T 上升 6K，J_s 增加一倍。

3.8.3　影响 pn 结电流 - 电压特性的因素

1. 势垒区的产生电流

当 pn 结处于热平衡状态时，势垒区内载流子的产生率等于复合率。当给 pn 结加反向偏压时，势垒区内的电场加强，通过复合中心的载流子产生率大于复合率，形成另一部分反向电流，称为势垒区的产生电流。若势垒区的宽度为 X_D，净产生率为 G_{CN}，则势垒区内产生的电流密度 J_G 为

$$J_G=qG_{CN}X_D \tag{3-158}$$

因为在势垒区内 $n_i>>n$、$n_i>>p$，并设复合中心能级 E_t 与本征费米能级 E_i 重合，且 $r_n=r_p=r$，由式（3-118）化简得到势垒区的复合率为

$$U=-\frac{n_i}{2\tau} \tag{3-159}$$

因此，势垒区内复合中心的净产生率 G_{CN} 为

$$G_{CN}=-U=\frac{n_i}{2\tau} \tag{3-160}$$

代入式（3-124），可得势垒区产生电流密度为

$$J_G=\frac{qn_iX_D}{2\tau} \tag{3-161}$$

由式（3-161）可知，由于势垒区宽度 X_D 随反向偏压的增加而增加，所以势垒区的产生电流是不饱和的，随反向偏压增加而缓慢地增加。

对于锗，禁带宽度较小，n_i^2 较大，在室温下反向饱和电流密度 J_s 比反向产生电流密度 J_G 大得多，所以在反向电流中扩散电流起主要作用。而硅的禁带宽度比

较宽，n_i^2 较小，J_G 比 J_s 大很多，所以在反向电流中势垒的产生电流起主要作用。

2. 势垒区的复合电流

在正向偏压下，从 n 区注入 p 区的电子和从 p 区注入 n 区的空穴，在势垒区内复合一部分，构成另一股正向电流，称为势垒区复合电流。

同样，设 E_t 与 E_i 重合、$r_n = r_p = r$，则式（3-118）化简为

$$U = \frac{rN_t(np - n_i^2)}{n + p + 2n_i} \tag{3-162}$$

而在势垒区中，电子浓度和空穴浓度的乘积满足式（3-163）。

$$np = n_i^2 \exp\left(\frac{qV}{k_0 T}\right) \tag{3-163}$$

当 $n = p$ 时，电子和空穴相遇的机会最大，即 $n = p = n_i \exp\left(\frac{qV}{2k_0 T}\right)$ 时，复合率 U 有最大值 U_{max}，为

$$U_{max} = rN_t \frac{n_i\left[\exp\left(\frac{qV}{k_0 T}\right) - 1\right]}{2\left[\exp\left(\frac{qV}{k_0 T}\right) + 1\right]} \tag{3-164}$$

式中，$rN_t = 1/\tau$。当 $qV >> k_0 T$ 时，式（3-164）可变为

$$U_{max} = \frac{1}{2}\frac{n_i}{\tau}\exp\left(\frac{qV}{k_0 T}\right) \tag{3-165}$$

则，复合而得到的电流密度 J_r 为

$$J_r = \int_0^{X_D} qU_{max} \mathrm{d}x \approx \frac{qn_i X_D}{2\tau}\exp\left(\frac{qV}{2k_0 T}\right) \tag{3-166}$$

总的正向电流密度为扩散电流密度 J_{FD} 与复合电流密度 J_r 之和，即

$$J_F = J_{FD} + J_r \tag{3-167}$$

当 V 减小时，$\exp\left(\frac{qV}{2k_0 T}\right)$ 迅速减小。硅半导体在室温下 N_D 远大于 n_i，故在低正向偏压下，$J_r > J_{FD}$，复合电流占主要地位。但在较高正向偏压下，$\exp\left(\frac{qV}{k_0 T}\right)$ 迅速增大，使 $J_{FD} > J_r$，复合电流可忽略，扩散电流占主要地位。

3. 大注入情况

通常把正向偏压较大时，注入的非平衡少数载流子浓度接近或超过该区多数载流子浓度的情况，称为大注入情况。大注入时，流过 pn 结的结面 nn′处的电流密度为电子电流密度 J_n 和空穴电流密度 J_p 之和。J_n 和 J_p 各包括扩散电流密度和由内建电场 $\boldsymbol{E}$ 引起的漂移电流密度。

$$J_p = q\mu_p p_n(x_n) E(x_n) - qD_p \left.\frac{\mathrm{d}\Delta p_n(x)}{\mathrm{d}x}\right|_{x = x_n} \tag{3-168}$$

$$J_n = q\mu_n n_n(x_n)E(x_n) + qD_n \left.\frac{d\Delta n_n(x)}{dx}\right|_{x=x_n} \tag{3-169}$$

因为 $J_n = 0$，再由爱因斯坦关系式以及 $\frac{d\Delta p_n(x)}{dx} = \frac{d\Delta n_n(x)}{dx}$，所以整理可得

$$J_p = -qD_p\left[1 + \frac{p_n(x_n)}{n_n(x_n)}\right]\left.\frac{d\Delta p_n(x)}{dx}\right|_{x=x_n} \tag{3-170}$$

大注入时，注入的载流子浓度 $\Delta p_n = \Delta n_n$，远大于平衡多数载流子浓度 n_{n0}，则

$$n_n(x_n) = n_{n0} + \Delta n_n(x_n) \approx \Delta n_n(x_n) \tag{3-171}$$

$$p_n(x_n) = p_{n0} + \Delta p_n(x_n) \approx \Delta p_n(x_n) \tag{3-172}$$

故 $n_n(x_n) \approx p_n(x_n)$，则正向电流密度 J_F 为

$$J_F = J_p \approx -q(2D_p)\left.\frac{d\Delta p_n(x)}{dx}\right|_{x=x_n} \tag{3-173}$$

如同式（3-143），在 n 区边界 $x = x_n$ 处，

$$n_n(x_n)p_n(x_n) = n_i^2 \exp\left(\frac{qV}{k_0T}\right) \tag{3-174}$$

因为 $n_n(x_n) = p_n(x_n)$，故

$$p_n(x_n) = n_i \exp\left(\frac{qV}{2k_0T}\right) \tag{3-175}$$

把空穴扩散区内空穴的分布近似视为线性分布，即

$$\left.\frac{d\Delta p_n(x)}{dx}\right|_{x=x_n} \approx \frac{p_n(x_n) - p_{n0}}{L_p} \tag{3-176}$$

因 $p_n(x_n) >> p_{n0}$，并将式（3-175）代入式（3-176），得

$$\left.\frac{d\Delta p_n(x)}{dx}\right|_{x=x_n} \approx \frac{n_i}{L_p}\exp\left(\frac{qV}{2k_0T}\right) \tag{3-177}$$

代入式（3-173），得

$$J_F \approx -\frac{q(2D_p)n_i}{L_p}\exp\left(\frac{qV}{2k_0T}\right) \tag{3-178}$$

大注入情况下，电流密度 $J_F \propto \exp\left(\frac{qV}{2k_0T}\right)$，是一部分正向电压降落在空穴扩散区的结果。

综上所述，实际 pn 结的电压电流特性偏离理想电流－电压方程，如图 3-70 所示。在很低的正向偏压下，$J_F \propto \exp\left(\frac{qV}{2k_0T}\right)$，势垒区的复合电流起主要作用，如图 3-67 中曲线 a 段。正向偏压较大时，$J_F \propto \exp\left(\frac{qV}{k_0T}\right)$，扩散电流起主要作用，为曲线 b 段。大注入时，$J_F \propto \exp\left(\frac{qV}{2k_0T}\right)$，为曲线 c 段。

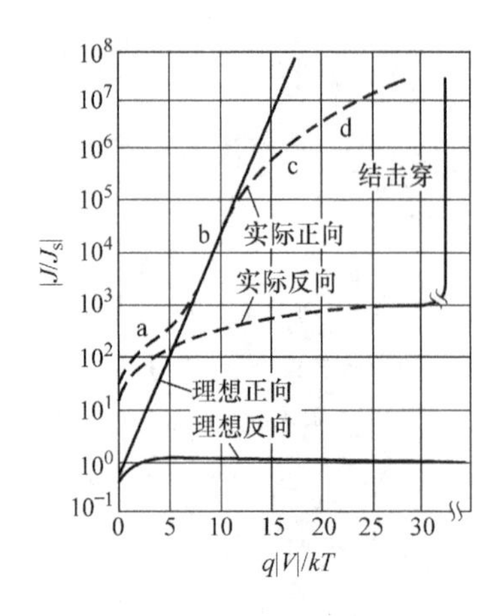

图 3-70　实际硅 pn 结的电流 - 电压特性

3.9　半导体的光学性质

3.9.1　半导体的光学常数

当光波（电磁波）照射到媒质界面时，必然会发生反射和折射。一部分光从界面反射，另一部分光射入媒质，并形成折射且被媒质吸收。因此，通常光照射在固体时形成的反射，用反射系数来表征；固体对光的吸收过程，用折射率、消光系数和吸收系数来表征；光通过固体并形成透射时，用透射系数来表征。

光在媒质中传播的速度 v 应等于 c/N，其中 N 是媒质的折射率，c 是真空中的光速，可证明折射率 N 是复数，因此设

$$N = n - \mathrm{i}k \tag{3-179}$$

式中，n 为绝对折射率；k 为光能衰减的参量，称为消光系数，与媒质的吸收系数直接有关。

光波在导电媒质（包括半导体）中沿 x 方向传播时，电场沿 y 方向、磁场沿 z 方向的光传播的波动方程一般表达式为

$$E_y = E_0 \exp\left[\mathrm{i}\omega\left(t - \frac{Nx}{c}\right)\right] = E_0 \exp\left(-\frac{\omega k x}{c}\right)\exp\left[\mathrm{i}\omega\left(t - \frac{x}{c/n}\right)\right] \tag{3-180}$$

$$H_z = H_0 \exp\left[\mathrm{i}\omega\left(t - \frac{Nx}{c}\right)\right] = H_0 \exp\left(-\frac{\omega k x}{c}\right)\exp\left[\mathrm{i}\omega\left(t - \frac{x}{c/n}\right)\right] \tag{3-181}$$

$$H_0 = \frac{N}{\mu_0 c} E_0 \tag{3-182}$$

式中，E_0为电场强度 E_y的振幅；H_0为磁场强度 H_z的振幅；ω 为光波的角频率。

光波在媒质中传播时，光波以 c/n 的速度传播，其电矢量振幅为 $E_0\exp\left(-\frac{\omega kx}{c}\right)$、磁矢量振幅为 $H_0\exp\left(-\frac{\omega kx}{c}\right)$，都按 $\exp\left(-\frac{\omega kx}{c}\right)$ 的形式衰减。此时，光波的能流密度 S 为

$$S=\frac{1}{2}E_0H_0\exp\left(-\frac{2\omega kx}{c}\right) \tag{3-183}$$

入射能流密度为 $S_0=\frac{1}{2}E_0H_0$，按 $\exp\left(-\frac{2\omega kx}{c}\right)$ 衰减。

对于非导电材料，没有光吸收，材料为透明状；绝对折射率 n 不但和介质有关还与入射光的波长密切相关，有色散现象。表 3-10 为硅和砷化镓的折射率与波长的关系。

表 3-10　硅和砷化镓的折射率与波长的关系（300K）

波长 $\lambda/\mu m$	绝对折射率 n	
	Si	GaAs
1.10	3.50	3.46
1.00	3.50	3.50
0.90	3.60	3.60
0.80	3.65	3.62
0.70	3.75	3.65
0.60	3.90	3.85
0.50	4.25	4.40
0.45	4.75	4.80
0.40	6.00	4.15

如图 3-71 所示，当辐射强度为 G_{in} 的光垂直入射到导电媒质中，一部分光以反射系数 R 形成反射，剩下的光在媒质中向 x 方向传播，并形成透射。

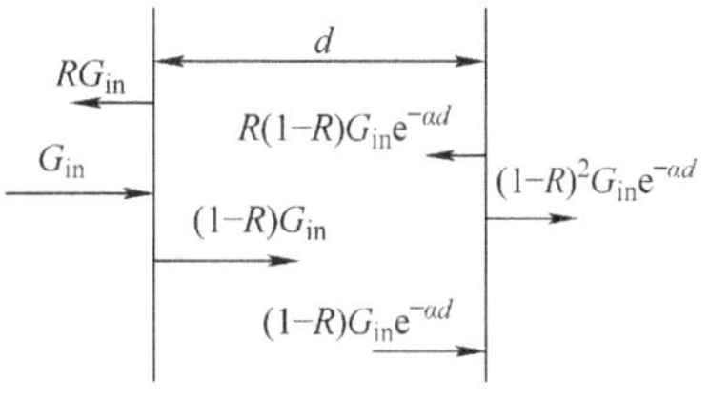

图 3-71　光在媒质中的反射、吸收及透射示意图

1. 反射系数

反射系数 R 定义为界面反射光强和入射光强之比。设 E_0 和 E_0' 分别代表入射波和反射波电矢量振幅，由于光强度正比于光波的能流密度，因此，得反射系数

$$R=\frac{|E_0'|^2}{|E_0|^2} \tag{3-184}$$

当光从空气垂直入射于折射率为 $N=n-\mathrm{i}k$ 的媒质界面时，其反射系数为

$$R=\frac{(n-1)^2+k^2}{(n+1)^2+k^2} \tag{3-185}$$

对于吸收性很弱的材料，消光系数 k 很小，反射系数 R 比纯电介质稍大；但折射率较大的材料，如 n 达到 4 的半导体材料，其反射系数可达 40% 左右。

2. 吸收系数

入射光在媒质中传播，其辐射强度变化规律如式（3-186）所示。

$$G=G_{in}(1-R)\exp\left(-\frac{2\omega kx}{c}\right) \tag{3-186}$$

引入吸收系数 α，得

$$\frac{dG}{dx}=-\alpha G \tag{3-187}$$

积分可得

$$G=G_{in}(1-R)e^{-\alpha x} \tag{3-188}$$

$$\alpha=\frac{2\omega k}{c}=\frac{4\pi k}{\lambda} \tag{3-189}$$

式中，λ 为自由空间中光的波长。

吸收系数 α 的物理意义是：α 相当于光在媒质中传播 $1/\alpha$ 距离时能量减弱到原来能量的 1/e。

3. 透射系数

光照射在厚度为 d 的媒质中，可形成透射。透射过程中，光在入射面及透射面两个界面都形成反射，反射系数均为 R，且媒质吸收光波。因此，透射光强 G_T 为

$$G_T=(1-R)^2G_{in}e^{-\alpha d} \tag{3-190}$$

透射系数 T 为

$$T=(1-R)^2e^{-\alpha d} \tag{3-191}$$

3.9.2 半导体的光吸收[5,18]

半导体材料通常能强烈地吸收光能，其吸收系数有 10^5/cm 的数量级。半导体材料吸收光能导致电子从低能级跃迁到较高的能级，甚至当一定波长的光照射半导体材料时，价带电子吸收足够的能量，从价带跃迁到导带。这种价带电子的跃迁是半导体的光吸收中最重要的吸收过程。

孤立原子中的能级是不连续的，两能级间的能量差是定值，电子的跃迁只能吸收一定能量的光子，出现的是吸收线，而半导体中能级形成连续的能带，光吸收表现为连续的吸收带。

1. 本征吸收

半导体的价带电子吸收足够能量的光子使电子越过禁带跃迁到导带，而在价带中留下一个空穴，形成电子-空穴对。这种由于电子由带与带之间的跃迁所形成的吸收过程称为本征吸收。图 3-72 为本征吸收示意图。

要发生本征吸收，光子能量 $h\nu$ 应满足

$$h\nu \geqslant h\nu_0 = E_g \tag{3-192}$$

或

$$\frac{hc}{\lambda} \geqslant \frac{hc}{\lambda_0} = E_g \tag{3-193}$$

式中，ν 为光波的频率；λ 为光波的波长；$h\nu_0$ 或 $\frac{hc}{\lambda_0}$ 为能够引起本征吸收的最低限度光子能量。

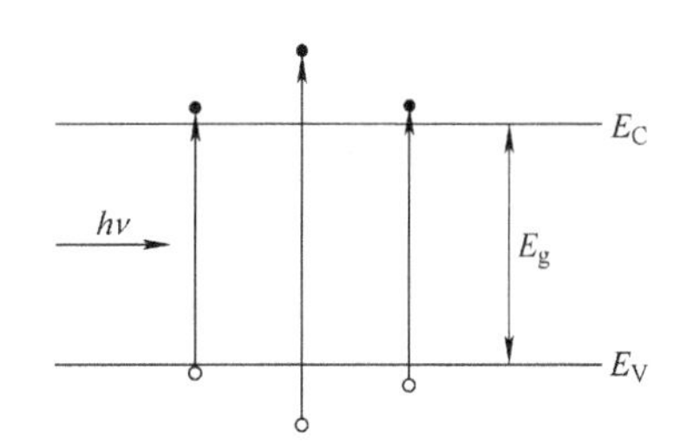

图 3-72　本征吸收示意图

对应于本征吸收光谱，在频率方面必然存在一个频率界限 ν_0，或者在波长方面存在一个波长界限 λ_0。当频率低于 ν_0，或波长大于 λ_0 时，不可能产生本征吸收，吸收系数迅速下降。这种吸收系数显著下降的特定波长 λ_0，或特定频率 ν_0，称为半导体的本征吸收限。

本征吸收的长波限 λ_0 与禁带宽度的关系为

$$\lambda_0 = \frac{hc}{E_g} = \frac{1.24}{E_g(\text{eV})}(\mu\text{m}) \tag{3-194}$$

根据半导体材料不同的禁带宽度，可算出相应的本征吸收长波限。半导体硅 Si 为 $E_g = 1.12\text{eV}$，$\lambda_0 \approx 1.1\mu\text{m}$；砷化镓 GaAs 为 $E_g = 1.43\text{eV}$，$\lambda_0 \approx 0.867\mu\text{m}$；硫化镉 CdS 为 $E_g = 2.42\text{eV}$，$\lambda_0 \approx 0.513\mu\text{m}$。图 3-73 为几种常用半导体材料禁带宽度和本征吸收波限的对应关系。

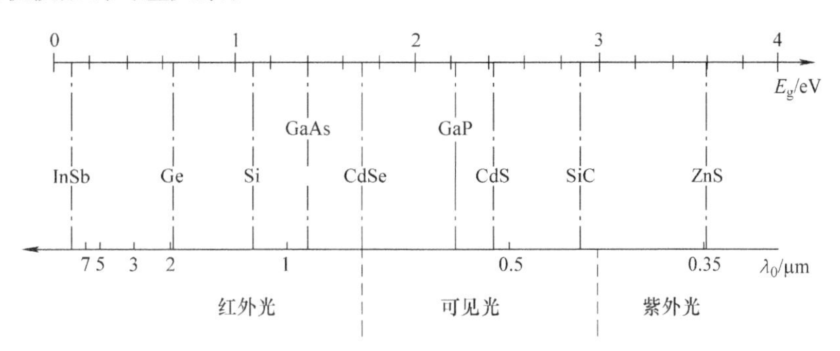

图 3-73　常用半导体的 E_g 和 λ_0 的关系

2. 直接跃迁和间接跃迁

在光照下，电子吸收光子的跃迁过程，除了能量必须守恒外，还必须满足动量守恒，即所谓满足选择定则。设波矢为 $\boldsymbol{k}$ 的电子跃迁到波矢为 $\boldsymbol{k}'$ 的状态必须满足

$$h\boldsymbol{k}' - h\boldsymbol{k} = \text{光子动量} \tag{3-195}$$

而由于一般半导体所吸收的光子，其动量远小于能带中电子的动量，因此光子动量可忽略不计，上式可近似写为

$$\boldsymbol{k}' = \boldsymbol{k} \tag{3-196}$$

式（3-185）说明，电子吸收光子产生跃迁时波矢保持不变，但电子能量增加，这就是电子跃迁的选择定则。

如果价带电子仅仅吸收了一个光子发生跃迁，如图3-74所示，价带状态A的电子只能跃迁到导带中的状态B，A、B在$E(k)$曲线上位于同一垂直线上，因而这种跃迁称为直接跃迁。

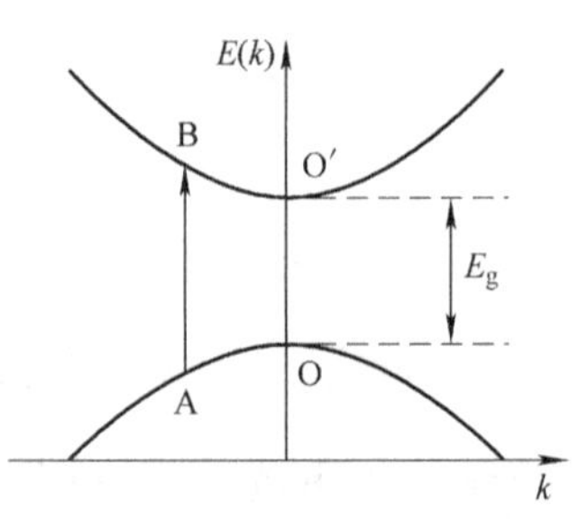

图3-74　电子的直接跃迁

对于不同的波矢，垂直距离各不相等，就是说任何一个波矢的不同能量的光子都可能被吸收，而吸收的光子最小能量应等于禁带宽度。本征吸收形成了一个连续吸收带，并具有一长波吸收限。理论计算可得，对于直接带隙半导体（GaAs），在直接跃迁中，吸收系数与光子能量的关系为

$$\left.\begin{aligned}\alpha(h\nu) &= A\,(h\nu - E_g)^{1/2}, & h\nu \geqslant E_g \\ &= 0, & h\nu < E_g\end{aligned}\right\} \tag{3-197}$$

式中，A为与半导体自身性质及温度相关的常数。

硅Si、锗Ge半导体为间接带隙半导体，价带顶与导带底不在同一$\boldsymbol{k}$空间点。如图3-75所示，任何直接跃迁所吸收的光子能量都比禁带宽度E_g大，与本征吸收的光子能量限（$h\nu_0 = E_g$）相矛盾，所以存在另外的一种非直接带间跃迁机制。

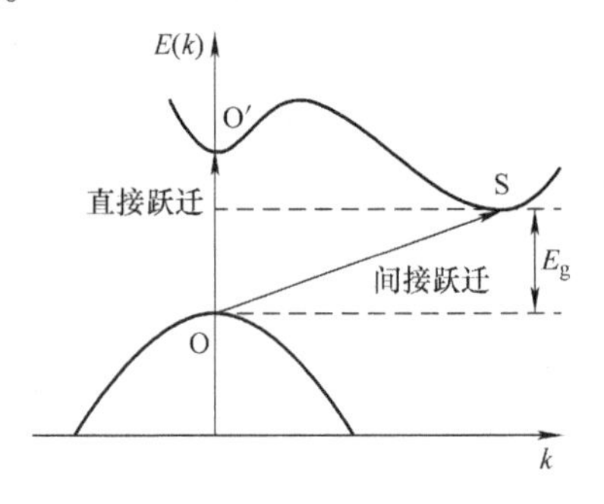

图3-75　直接跃迁与间接跃迁

如图3-75中O→S的跃迁，波矢$\boldsymbol{k}$变化大，即动量变化大，而光子的动量很小，因此仅靠光子的参与不能满足动量守恒条件。在此过程中，电子不仅吸收光子能量，同时还和晶格交换一定的振动能量，即放出或吸收一个声子，属非直接跃迁。非直接跃迁是电子、光子、声子同时参与的跃迁过程。能量关系为

$$h\nu_0 \pm E_p = \Delta E \tag{3-198}$$

式中，ΔE为电子能量差；E_p为声子能量，吸收声子为“+”，发射声子为“-”。由于E_p非常小，可以忽略不计。因此，非直接跃迁过程中电子的能量差约等于所吸收的光子能量，符合本征吸收的光子能量限，即

$$\Delta E \approx h\nu_0 \approx E_g \tag{3-199}$$

在非直接跃迁中，伴随发射或吸收适当的声子，电子的波矢$\boldsymbol{k}$可以改变，而发射或吸收声子都是通过电子与晶格振动交换能量实现的。这种除了吸收光子外还与晶格交换能量的非直接跃迁，称为间接跃迁。间接跃迁的吸收过程一方面依赖于电子与光子的相互作用，另一方面依赖于电子与晶格（声子）的相互作用，这在理

论上是一种二级过程。这一过程发生的概率比只取决于电子与光子相互作用的直接跃迁概率小得多。

理论分析可得[19]，当 $h\nu > E_g + E_p$ 时，吸收声子和发射声子的跃迁均可发生，吸收系数为

$$\alpha(h\nu) = A\left[\frac{(h\nu - E_g + E_p)^2}{\exp\left(\frac{E_p}{k_0 T}\right) - 1} + \frac{(h\nu - E_g - E_p)^2}{1 - \exp\left(-\frac{E_p}{k_0 T}\right)}\right] \tag{3-200}$$

当 $E_g - E_p < h\nu \leqslant E_g + E_p$ 时，只能发生吸收声子的跃迁，吸收系数为

$$\alpha(h\nu) = A\frac{(h\nu - E_g + E_p)^2}{\exp\left(\frac{E_p}{k_0 T}\right) - 1} \tag{3-201}$$

当 $h\nu \leqslant E_g - E_p$ 时，不能发生跃迁，吸收系数 $\alpha = 0$。

图 3-76a 是 Ge 和 Si 的本征吸收系数和光子能量的关系。Ge 和 Si 是间接带隙半导体，光子能量 $h\nu_0 = E_g$ 时，本征吸收开始。随着光子能量的增加，吸收系数首先上升到一段较平缓的区域，这对应于间接跃迁；随着 $h\nu$ 的增加，吸收系数再一次陡增，发生强烈的光吸收，表示直接跃迁的开始。GaAs 是直接带隙半导体，光子能量大于 $h\nu_0$ 时，一开始就有强烈吸收，如图 3-76b 所示。对于像 GaAs 这样的直接带隙半导体材料，只要很薄的一片，1～3μm 就可大体上吸收 90% 以上的入射光。而对于像 Si 这样的间接带隙半导体材料，需要 100μm 才能有效地吸收入射光。

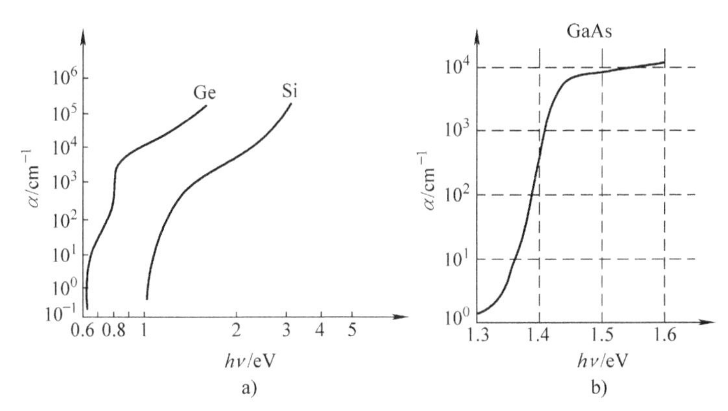

图 3-76　本征吸收系数和光子能量的关系

3. 其他吸收过程

光子能量 $h\nu < E_g$，即波长比本征吸收限 λ_0 长的光波在半导体中也能被吸收。价带电子虽然吸收了光子能量已从价带激发，但还不足以进入导带成为自由电子，因库仑作用仍然和价带中留下的空穴联系起来，形成束缚态，电子与空穴间的这种束缚态，称为激子，这样的光吸收称为激子吸收。激子可在整个晶体中运动，但是

不形成电流。激子通过热激发或其他能量的激发使激子分离成为自由电子或空穴，也可以通过复合消灭，同时放出能量。

进入导带的自由电子（或留在价带的空穴）也能吸收波长大于本征吸收限的红外光子，而在导带内向高能级运动（空穴向价带底运动），这种吸收称为自由载流子吸收。与本征跃迁不同，自由载流子吸收中，电子从低能态到较高能态的跃迁是在同一能带内发生的，如图3-77所示。这种跃迁过程同样必须满足能量守恒定律和动量守恒定律。和本征吸收的间接跃迁相似，也必须伴随着吸收或发射一个声子。

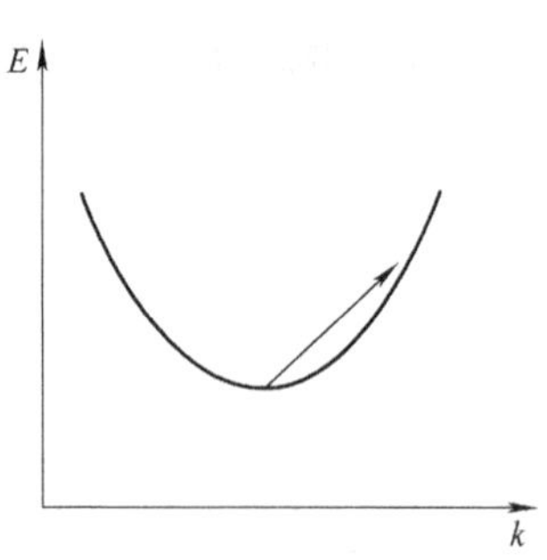

图3-77　自由载流子吸收

束缚在杂质能级上的电子或空穴也可以吸收光子。杂质能级上的电子可以吸收光子跃迁到导带，空穴跃迁到价带，这种光吸收称为杂质吸收。一般半导体施主和受主能级接近于导带和价带，因此相应的杂质吸收出现在远红外区，且半导体中的杂质都很少，故杂质吸收很低。

习　题

1. 什么叫晶体的对称要素？晶体有哪几种宏观对称要素？
2. 旋转对称轴的轴次有哪几种？
3. 晶体缺陷对半导体器件有何影响？
4. 能级分裂形成能带有什么特点？
5. 直接带隙半导体和间接带隙半导体的区别是什么？
6. 导体、绝缘体及半导体的能带有何区别？
7. 什么叫晶体中原子的自扩散？
8. 现有硅、锗及砷化镓pn结各一，其掺杂浓度均为$N_D=5\times10^{15}cm^{-3}$、$N_A=10^{17}cm^{-3}$，求300K时的$V_D$各为多少？说明为什么会有这种差别？
9. 半导体的光吸收中，本征吸收的条件是什么？
10. 使硅太阳能电池产生光生伏特效应的光吸收是什么？

参考文献

[1] 黄昆．固体物理学［M］．北京：高等教育出版社，1988.

[2] 魏光普．晶体结构与缺陷［M］．北京：中国水利水电出版社，2010.

[3] 黄昆．固体物理学［M］．北京：北京大学出版社，2014.

[4] 刘恩科．半导体物理学［M］.4版．北京：国防工业出版社，2011.
[5] 黄昆，谢希德．半导体物理学［M］．北京：科学出版社，2012.
[6] 叶良修．半导体物理学［M］．北京：高等教育出版社，2007.
[7] 黄建华．太阳能光伏理化基础［M］．北京：化学工业出版社，2011.
[8] ASPNES D E. GaAs lower conduction – band minima: Ordering and properties [J]. Physical Review B Condensed Matter, 1976, 14 (12): 5331 – 5343.
[9] YU K – k, JORDAN A G, LONGINI R L. Relations between Electrical Noise and Dislocations in Silicon [J]. Journal of Applied Physics, 1967, 38 (2): 572 – 583.
[10] SCHRÖTER W. Die elektrischen Eigenschaften von Versetzungen in Germanium [J]. Physica Status Solidi, 1967, 21 (1): 211 – 224.
[11] 王竹溪．统计物理学导论［M］．北京：高等教育出版社，1956.
[12] WANG S, HAGGER H J. Solid state electronics [M]. New York: McGraw – Hill, 1966.
[13] PRINCE M B. Drift mobilities in semiconductors. i. Germanium [J]. Physical Review, 1953, 92 (3): 681 – 687.
[14] WOLFSTIRN K B. Hole and electron mobilities in doped Silicon from radiochemical and conductivity measurements [J]. Journal of Physics & Chemistry of Solids, 1960, 16 (3): 279 – 284.
[15] SZE S M, IRVIN J C. Resistivity, mobility and impurity levels in GaAs, Ge, and Si at 300K [J]. Solid State Electronics, 1968, 11 (6): 599 – 602.
[16] SHOCKLEY W. The theory of p – n junctions in semiconductors and p – n junction transistors [J]. Bell LABS Technical Journal, 1949, 28 (3): 435 – 489.
[17] LAWRENCE H, WARNER R M. Diffused junction depletion layer calculations [J]. Bell System Technical Journal, 1960, 39 (2): 389 – 403.
[18] MOSS T S, BURRELL G J, ELLIS B, et al. Semiconductor opto – electronics [M]. London: Halsted Press Division, Wiley, 1973.
[19] PANKOVE, JACQUESI. Optical processes in semiconductors [M]. Prentice – Hall, 1971.

Chapter

4 第4章 光生伏特效应

4.1 pn结的光生伏特效应

大多数情况下，半导体吸收入射光后，光子的能量使电子跃迁到高能级，形成非平衡载流子，提高了半导体的载流子浓度，使半导体的电导率增大。这种由光照引起半导体电导率增加的现象称为光电导。而通过光激发形成的非平衡载流子很快回到基态，因此只能提高半导体的电导率，无法形成电势差。

太阳能电池内部的非对称结构，即pn结，由于其内建电场的作用，使光激发的电子在返回基态前，被输运到外部电路，其结构如图4-1所示。受激电子和空穴受到内建电场的作用各自向相反的方向运动，受激电子集结在n区中，而空穴集结在p区，形成与内建电场相反的电动势，称为光生电压，如将pn结短路，则会出现电流，称为光生电流。这种由pn结的内建电场引起的光电效应，称为光生伏特效应[1]。

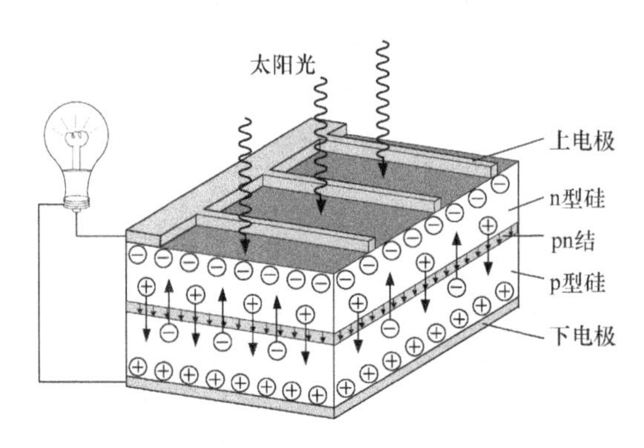

图4-1　光生伏特效应示意图

能产生光生伏特效应的材料有许多种，如单晶硅、多晶硅、非晶硅、砷化镓和硒铟铜等。它们的发电原理基本相同，均为半导体pn结的光生伏特效应。

4.1.1 光生电流

半导体材料吸收的能量大于禁带宽度的光子，形成光激发，产生电子-空穴对。然而受激的电子和空穴处在亚稳定状态，其平均生存时间等于非平衡少数载流子的寿命。如果受激载流子被复合，光生电子-空穴对将消失，也产生不了电流或电能。因此，光生电流的产生包括两个主要的过程：1）吸收入射光子并产生电子－空穴对；2）将产生的电子－空穴对收集到电极上。

1. 生成率

忽略反射不计，半导体材料吸收光线的多少取决于吸收系数 α 和半导体的厚度。由式（3-188）可以得到半导体中每一点的光强度，如式（4-1）。

$$G = G_0 e^{-\alpha x} \tag{4-1}$$

式中，x 为光入射到材料的深度，G_0为光在材料表面的功率强度。

假设减少的光能量全部用来产生电子－空穴对，那么通过测量透射过电池的光强度便可以算出半导体材料生成的电子－空穴对的数目。因此，对式（4-1）进行微分将得到半导体中任何一点生成电子的数目，称为生成率[2]。

$$GR_\lambda(x) = \alpha(\lambda) N_0 e^{-\alpha(\lambda)x}$$

式中，N_0为表面的入射光子通量。生成率除去表面生成率 $\alpha(\lambda)N_0$ 为在太阳能电池体内的生成概率，为光生载流子的数量与入射光子的数量的比值，如式（4-2）。

$$QR_\lambda(x) = \frac{GR_\lambda(x)}{\alpha(\lambda)N_0} = e^{-\alpha(\lambda)x} \tag{4-2}$$

式中，$QR_\lambda(x)$ 为在材料的 x 深度，光生载流子的生成概率。图 4-2 所示为 3 种不同波长的光在 Si 半导体中的生成概率，其表面生成概率最高，为 1，随着入射的深度变大其生成概率呈指数下降。并且，太阳光是由一系列不同波长的光组成的，而不同波长的生成概率也是不同的。由式（3-186）可知，光的波长越长，能量越小，吸收系数 α 也越小，几乎所有蓝光在表面处吸收完毕，红光大概需要 50μm，而硅对于红外光的吸收系数极低，几乎无法吸收。

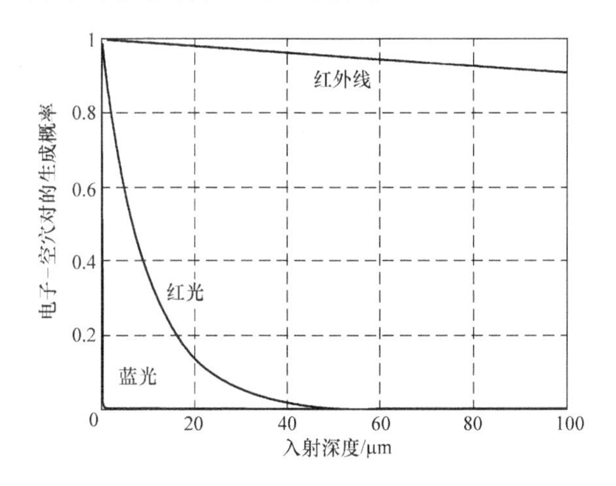

图 4-2　3 种不同波长的光在硅 Si 半导体中的生成概率

对于自然光的生成率，等于每种波长的总和，如式（4-3）。

$$GR(x) = QR(x)N_0 = N_0\int_0^{\lambda_0}\alpha(\lambda)\mathrm{e}^{-\alpha(\lambda)x}\mathrm{d}\lambda \tag{4-3}$$

图 4-3 所示为一系列标准太阳光的总生成率。在电池表面产生数量巨大的电子－空穴对，而在电池的更深处，生成率几乎是常数。

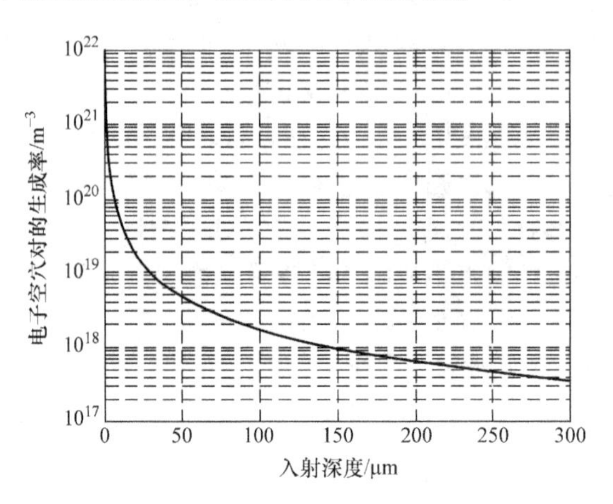

图 4-3　标准太阳光在硅 Si 材料中的总生成率

假设通过光激发生成的所有电子－空穴对全部被收集形成光生电流，则光生电流密度可如式（4-4）所示。

$$J_{\mathrm{ph}} = qGR(x) = qN_0\int_0^{\lambda_0}\alpha(\lambda)\mathrm{e}^{-\alpha(\lambda)x}\mathrm{d}\lambda \tag{4-4}$$

2. 收集概率

太阳能电池的 pn 结结构，通过其内建电场的作用将受激电子和空穴迅速分离，并各自收集在 n 区和 p 区的电极上。如果用一根导线将 p 区与 n 区连接使太阳能电池短路，光生载流子将流到外部电路。

光照射到电池的某个区域产生的载流子被 pn 结收集并参与到电流流动的概率，称为收集概率。它的大小取决于光生载流子需要运动的距离和电池的表面特性。由非平衡少数载流子的扩散方程（3-120）可知，当载流子在内建电场外的区域产生时，它扩散到内建电场边界的概率，即是收集概率。在 n 区产生的空穴的收集概率 $CP(x)$ 如式（4-5）所示。

$$CP(x) = \frac{\Delta p(x)}{(\Delta p)_0} = \mathrm{e}^{-x/L_{\mathrm{p}}} \tag{4-5}$$

式中，x 为光生载流子离耗散区边界的距离。

如果载流子在靠近电池表面的高复合区产生，那它将会被复合。图 4-4 描述了表面钝化和扩散长度对收集概率的影响。在耗散区，由于受激的电子－空穴对会被内建电场迅速地分离，因此所有光生载流子都将被收集。在远离电场的区域，其收集概率将下降。由于表面复合速率较高，使很多注入的载流子在表面复合消失，因此其表面钝化程度极大地影响着收集概率。

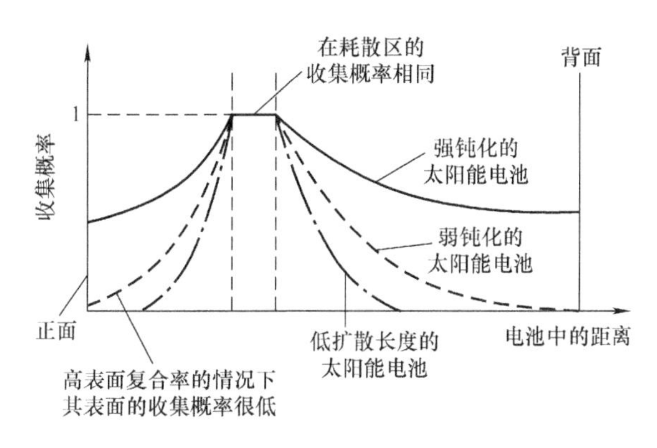

图 4-4　表面钝化和扩散长度对收集概率的影响

图 4-5 为电池中生成率与收集概率分布图。载流子的生成率与收集概率决定了电池的光生电流的大小，光生电流密度可如式（4-6）所示。

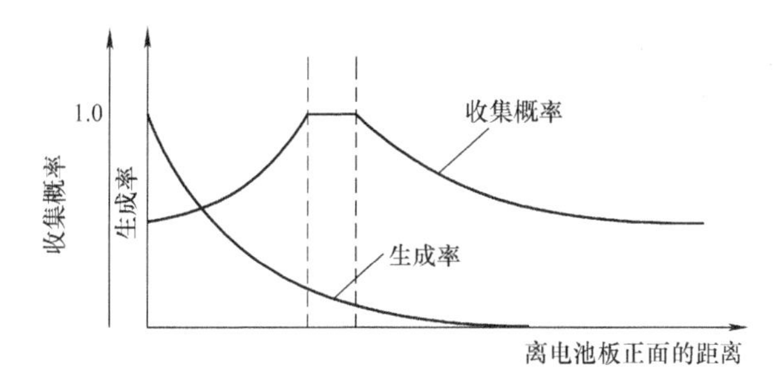

图 4-5　电池中生成率与收集概率分布图

$$
\begin{aligned}
J_{\mathrm{ph}} &= q\int_0^{d_{\mathrm{ph}}} GR(x)\,CP(x)\,\mathrm{d}x \\
&= qN_0\int_0^{d_{\mathrm{ph}}} QR(x)\,CP(x)\,\mathrm{d}x
\end{aligned}
\tag{4-6}
$$

式中，x 为光入射到材料的深度；d_{ph} 为电池的厚度；$\int_0^{d_{\mathrm{ph}}} QR(x)CP(x)\mathrm{d}x$ 为太阳能电池所收集的载流子的数量与入射光子数量的比值，称为量子效率，用 QE（Quantum Efficiency）表示[3]。

$$
QE = \int_0^{d_{\mathrm{ph}}} QR(x)\,CP(x)\,\mathrm{d}x \tag{4-7}
$$

量子效率与波长相对应，即与光子能量相对应，图 4-6 为入射光波长与量子效率关系图。能量低于禁带宽度的光子的量子效率为零。且通常波长小于 350nm 的光子的量子效率不予测量，因为在 AM1.5 大气质量光谱中，这些短波的光所包含的能量很小。如果某个特定波长的所有光子都被吸收，并且其所产生的少数载流子都能被收集，则这个特定波长的所有光子的量子效率都是相同的。总量子效率的减小是由反射效应和过短的扩散长度引起的，即由收集概率的下降引起的。正面的表面复合导致蓝光响应减少，而背表面的反射以及对长波光的吸收系数的减少和短扩散长度降低了红光响应。

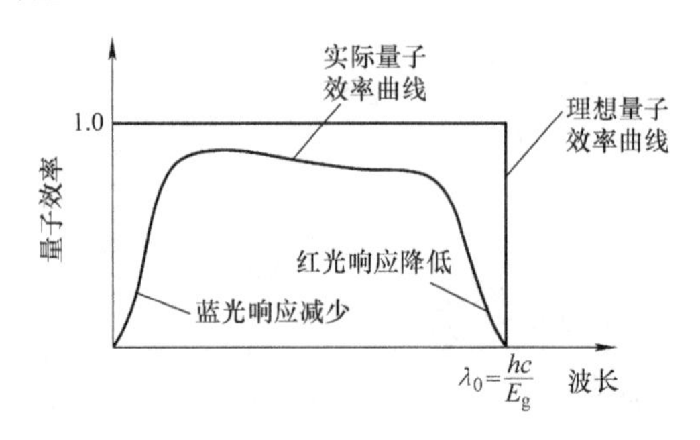

图 4-6　入射光波长与量子效率关系

硅太阳能电池中，“外部”量子效率包括光的损失，如透射和反射。然而，测量经反射和透射损失后剩下的光的量子效率还是非常有用的。“内部”量子效率指的是那些没有被反射和透射且能够产生可收集的载流子的光的量子效率。通过测量电池的反射和透射，可以修正外部量子效率曲线并得到内部量子效率。

量子效率描述的是电池产生的光生电子数量与入射到电池的光子数量的比，而太阳能电池产生的电流大小与入射能量的比值称为光谱响应，用 SR（Spectral Responsivity）表示[4,5]。

$$SR_\lambda = \frac{J_{ph}}{G_{in}} = \frac{q}{hc/\lambda}QE \tag{4-8}$$

理想的光谱响应在长波长段受到限制，因为半导体不能吸收能量低于禁带宽度的光子。不同于量子效率曲线，光谱响应曲线随着波长减小而下降。因为短波长的光子的能量很高，而一个光子只能生成一个电子，导致能量的比值下降，图 4-7 所示为太阳能电池的光谱响应曲线。

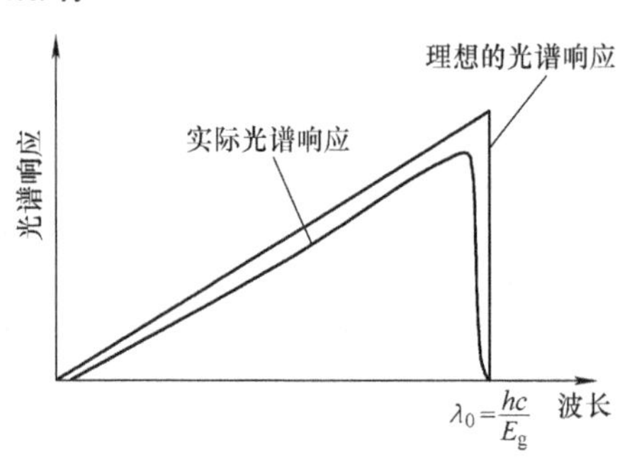

图 4-7　太阳能电池的光谱响应曲线

对于太阳能电池，短波长光子的高能量不能完全利用，而超出长波吸收限的光子只能加热电池，无法产生光生载流子，导致了显著的能量损失。图中可以看出在理想状态下，即量子效率 QE 为 1 时，对于小于长波吸收限的可吸收的光谱响应为 $SR<0.5\frac{q}{E_g}$。而在室温下，硅 Si 的禁带宽度 $E_g=1.12\text{eV}$，因此有 $SR_{Si}<0.4464$。图 4-8a 所示为太阳能电池各种半

导体材料的黑体辐射、AM0 及 AM1.5 时的光谱响应（SR）极限值。

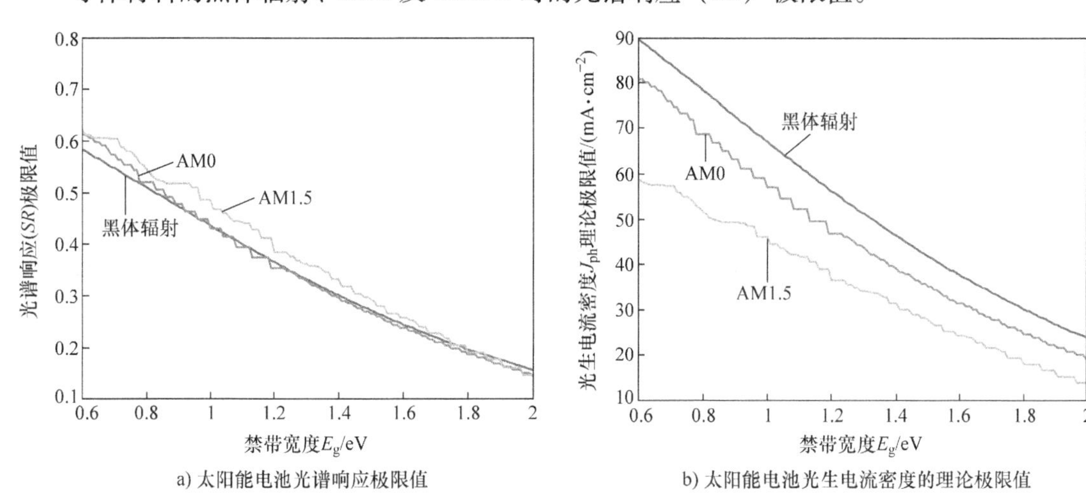

a) 太阳能电池光谱响应极限值　　b) 太阳能电池光生电流密度的理论极限值

图 4-8　太阳能电池光谱响应极限值和光生电流密度的理论极限值

图 4-8b 所示为各种半导体材料的光生电流密度的理论极限值。要发生本征吸收形成光生载流子，光子能量必须大于材料的禁带宽度 E_g。因此，E_g越大的半导体材料光生电流密度理论极限值越小。

4.1.2　光电压

光照射在 pn 结的太阳能电池时，由于光生伏特效应，在 pn 结两端形成与内建电场相反的电动势，即光生电压。光生电压降低了势垒高度，且使势垒区变薄。因为内建电场阻碍 pn 结的扩散电流，所以电场减小的同时扩散电流增大，产生结电流。此时，流出电池的电流密度 J 等于光生电流密度 J_{ph}与结电流密度 J_F的差。

$$J = J_{ph} - J_F \tag{4-9}$$

电池在开路状态下产生的光生电压，称为开路电压 V_{OC}。由于开路状态电池输出电流为零，而开路电压 V_{OC}使 pn 结正偏，将产生结电流。因此，光生电流大小等于结电流大小，再由肖克莱方程可得式（4-10）。

$$J_{ph} = J_F = J_s\left[\exp\left(\frac{qV_{OC}}{k_0T}\right) - 1\right] \tag{4-10}$$

整理可得开路电压 V_{OC}

$$V_{OC} = \frac{k_0T}{q}\ln\left(\frac{J_{ph}}{J_s} + 1\right) \tag{4-11}$$

由于 $J_{ph} >> J_s$，所以$\frac{J_{ph}}{J_s} >> 1$，因此

$$V_{OC} \approx \frac{k_0T}{q}\ln\frac{J_{ph}}{J_s} \tag{4-12}$$

显然，V_{OC}随J_{ph}的增加而增加，随J_s的增加而减小。

反向饱和电流密度J_s为

$$J_s = \frac{qD_n n_{p0}}{L_n} + \frac{qD_p p_{n0}}{L_p}$$

而$n_{p0} \approx \frac{n_i^2}{N_A}$、$p_{n0} \approx \frac{n_i^2}{N_D}$。因此，有

$$J_s = \frac{qD_n n_i^2}{L_n N_A} + \frac{qD_p n_i^2}{L_p N_D} \tag{4-13}$$

由 pn 结内建电势差方程（3-129）可得

$$n_i^2 = N_A N_D \exp\left(-\frac{qV_D}{k_0 T}\right)$$

代入式（4-13），可得

$$J_s = \left(\frac{qD_n N_D}{L_n} + \frac{qD_p N_A}{L_p}\right)\exp\left(-\frac{qV_D}{k_0 T}\right)$$

令

$$J_{s0} = \frac{qD_n N_D}{L_n} + \frac{qD_p N_A}{L_p}$$

则

$$J_s = J_{s0}\exp\left(-\frac{qV_D}{k_0 T}\right)$$

代入式（4-12），得

$$V_{OC} = V_D - \frac{k_0 T}{q}\ln\frac{J_{s0}}{J_{ph}} \tag{4-14}$$

在低温和高光强时，太阳能电池的开路电压V_{OC}接近 pn 结内建电势差V_D，V_D越大V_{OC}也越大。因为$V_D = \frac{k_0 T}{q}\ln\left(\frac{N_D N_A}{n_i^2}\right)$，故禁带宽度越大，$n_i$越小，$V_D$也越大；在一定温度下，pn 结两边的掺杂浓度越高，V_D越大，电池开路电压V_{OC}也越大。

由 pn 结内建电势差方程（3-129）

$$V_D = \frac{1}{q}(E_{Fn} - E_{Fp}) = \frac{k_0 T}{q}\ln\left(\frac{N_D N_A}{n_i^2}\right)$$

及本征载流子浓度n_i公式（3-75）

$$n_i = n_0 = p_0 = (N_C N_V)^{1/2}\exp\left(-\frac{E_g}{2k_0 T}\right)$$

可得

$$V_D = \frac{E_g}{q} + \frac{k_0 T}{q}\ln\frac{N_A N_D}{N_V N_C} \tag{4-15}$$

而掺杂浓度 N_A 及 N_D 过大，杂质在室温下无法全部电离，杂质浓度不能超过室温时达到全部电离的浓度上限。若杂质全部电离的大约标准为 90%，那么未电离的杂质浓度约为 10%，由式（3-94）得

$$\frac{N_D}{N_C}=0.05\exp\left(-\frac{\Delta E_D}{k_0 T}\right)$$

$$\frac{N_A}{N_V}=0.05\exp\left(-\frac{\Delta E_A}{k_0 T}\right)$$

代入式（4-15），得

$$V_D=\frac{E_g}{q}+\frac{k_0 T}{q}\ln(0.05^2)-\frac{\Delta E_D}{q}-\frac{\Delta E_A}{q}$$

太阳能电池材料的开路电压理论极限值如图 4-9 所示。

式（4-14）还描述了开路电压 V_{OC} 和光生电流密度 J_{ph} 的关系。在一定温度下太阳能电池的 V_{OC} 将随 J_{ph} 的增大呈对数关系增大。图 4-10 为 Si 和 GaAs 太阳能电池的开路电压 V_{OC} 与光生电流密度 J_{ph} 的关系图。图中还给出了 AM0 及 AM1.5 时的光生电流密度极限值以及对应的开路电压。

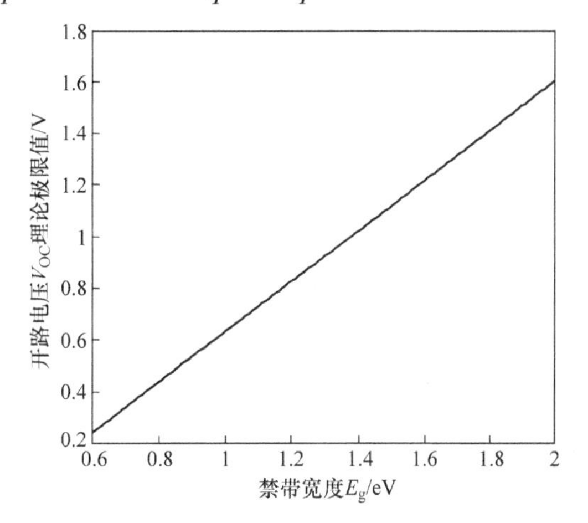

图 4-9　太阳能电池材料的开路电压理论极限值

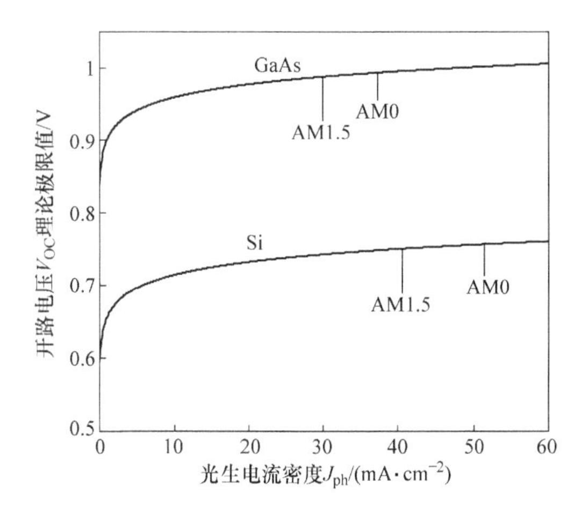

图 4-10　Si 和 GaAs 太阳能电池的开路电压与光生电流密度的关系

4.2 pn结太阳能电池特性

4.2.1 理想太阳能电池的等效电路

理想太阳能电池产生的光生电流流出电池外部电路的电流-电压一般表达式如式（4-9）和式（4-10）所示，是以电流密度形式表达出来的，乘上电池面积 A_{cell} 可得到电池的电流-电压一般表达式（4-16）。

$$I = A_{cell}(J_{ph} - J_D) = I_{ph} - I_D = I_{ph} - I_s\left[\exp\left(\frac{qV}{k_0 T}\right) - 1\right] \tag{4-16}$$

式中，I 为太阳能电池输出到外部电路的电流；V 为太阳能电池输出端电压；I_{ph} 为太阳能电池所产生的光生电流；I_D 为pn结结电流；I_s 为反向饱和电流。由于结电流 I_D 为电池内部电流，且不是光子产生的，因此称为暗电流，与光生电流方向相反。

由式（4-15）可得到理想太阳能电池的等效电路模型，如图4-11所示。光生电流 I_{ph} 可视为电流源，并联于pn结二极管，且二极管被光注入形成正向偏置，偏置电压为 V_D，二极管分流暗电流 I_D，R_L 为外部负载等效阻抗。

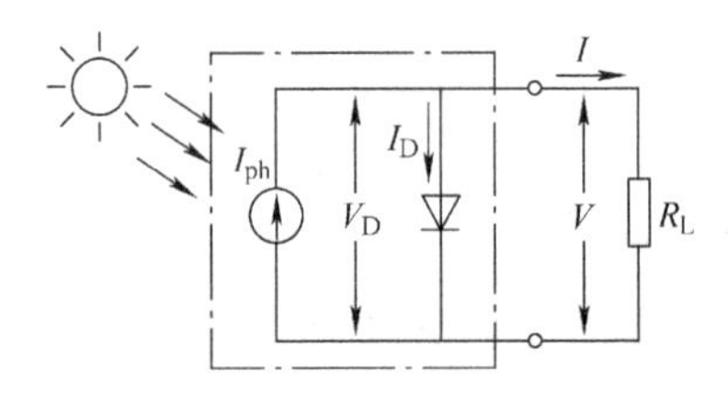

图4-11 理想太阳能电池的等效电路

4.2.2 电流-电压特性

由肖克莱方程可知pn结二极管的电流-电压（$I-V$）特性，如图4-12所示。太阳能电池的 $I-V$ 特性曲线是电池二极管在黑暗时的伏安曲线与光生电流的叠加。没有光照时，太阳能电池与普通二极管的电性能没什么区别。当有光照时，光生电流 I_{ph} 方向与暗电流 I_D 方向相反。因此，太阳能电池的 $I-V$ 特性曲线为将二极管的 $I-V$ 特性曲线往下移 I_{ph}，移到第四象限，如图4-13所示。取光生电流方向为正，将得到太阳能电池的 $I-V$ 特性曲线，如图4-14所示。

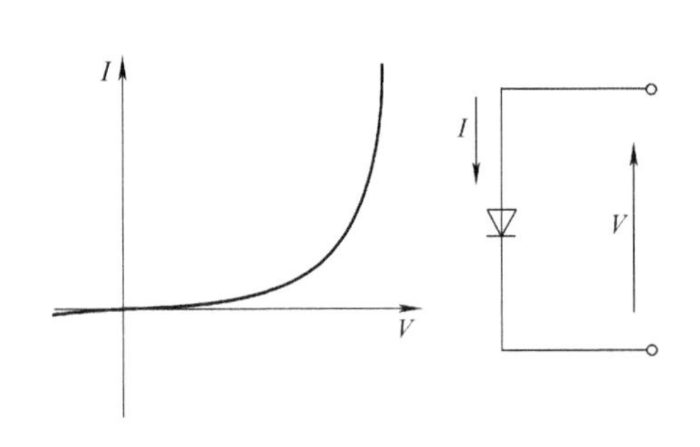

图4-12 pn结二极管的 $I-V$ 特性

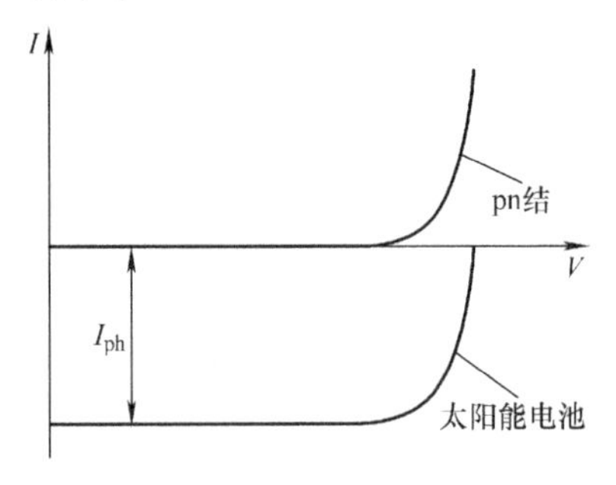

图4-13 太阳能电池的叠加原理

将太阳能电池短路，则二极管两端电压 $V=0$，$I_D=0$，所有光生电流往外部输出。此时，输出电流称为短路电流 I_{SC}。

$$I_{SC}=I_{ph} \tag{4-17}$$

短路电流 I_{SC} 是太阳能电池能输出的最大电流。

太阳能电池开路，输出电流 $I=0$，开路电压 V_{OC} 为

$$V_{OC}=\frac{k_0T}{q}\ln\left(\frac{I_{SC}}{I_s}+1\right) \tag{4-18}$$

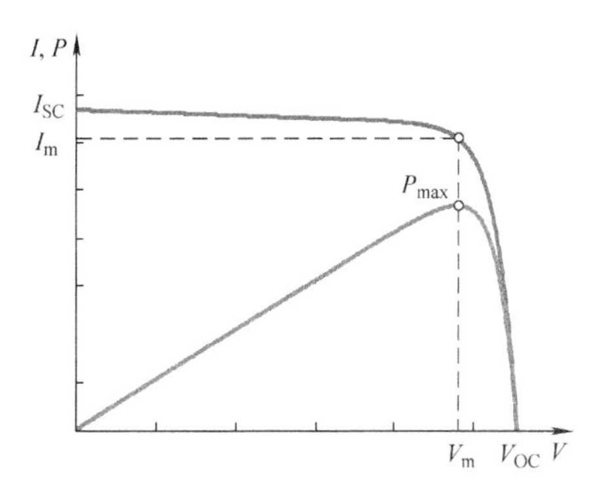

图4-14　太阳能电池的 $I-V$、$P-V$ 特性曲线

开路电压 V_{OC} 是太阳能电池能输出的最大电压。由于 $I_{SC} \gg I_s$，因此 $\frac{I_{SC}}{I_s} \gg 1$，则

$$V_{OC}\approx\frac{k_0T}{q}\ln\frac{I_{SC}}{I_s} \tag{4-19}$$

可以看出在同样条件下短路电流越大开路电压也越大。

太阳能电池的输出功率 P 为电压电流的乘积，如式（4-20）。

$$P=IV=V\left\{I_{SC}-I_s\left[\exp\left(\frac{qV}{k_0T}\right)-1\right]\right\} \tag{4-20}$$

如图4-13所示的 $I-V$ 特性曲线中，电压较小时，电流几乎不变，近似一条直线，这一区域叫作恒流区。在恒流区，因为电流几乎不变，因此随着电压的增大，功率也增大。当电压接近开路电压 V_{OC} 时，电压变化虽小，但是电流急剧减小，因此这一区域就叫作恒压区。在恒压区，因为电压变化小，而电流急剧减小，因此随着电压的增大，功率减小，如图4-14的 $P-V$ 特性曲线。恒流区与恒压区之间称为工作区。显然在工作区，太阳能电池的 $P-V$ 特性曲线，在 $\frac{dP}{dV}=0$ 处仍有一极大值，叫作最大功率点（Maximum Power Point，MPP）。MPP处的电压和电流称为最大功率点电压、最大功率点电流，标为 V_m 及 I_m。

令 $\frac{dP}{dV}=0$，整理可得最大功率点电压 V_m

$$V_m=\frac{k_0T}{q}\left[\ln\left(\frac{I_{SC}}{I_0}+1\right)-\ln\left(\frac{qV_m}{k_0T}+1\right)\right] \tag{4-21}$$

将开路电压 V_{OC} 代入式（4-21），可得

$$V_m=V_{OC}-\frac{k_0T}{q}\ln\left(\frac{qV_m}{k_0T}+1\right) \tag{4-22}$$

将最大功率点电压 V_m 代入式（4-16），可得最大功率点电流 I_m

$$I_m = I_{SC} - I_0\left[\exp\left(\frac{qV_m}{k_0 T}\right) - 1\right] \tag{4-23}$$

故最大输出功率 P_m 为

$$P_m = I_m V_m \tag{4-24}$$

4.2.3 转换效率

1. 填充因子

短路电流 I_{SC} 和开路电压 V_{OC} 是太阳能电池所能输出的最大电流和电压，其乘积是太阳能电池所能输出的功率极限值。太阳能电池的最大输出功率与开路电压 V_{OC} 和短路电流 I_{SC} 的乘积的比值定义为填充因子 FF（Fill Factor）。

$$FF = \frac{P_m}{V_{OC} I_{SC}} = \frac{V_m I_m}{V_{OC} I_{SC}} \tag{4-25}$$

填充因子 FF 是由开路电压 V_{OC} 和短路电流 I_{SC}、最大功率点电压 V_m 和最大功率点电流 I_m 共同决定的参数，它影响着太阳能电池的输出效率。如图 4-15 所示，FF 愈大，曲线愈“方”，输出功率也愈大，效率愈高。

由填充因子 FF 的经验公式（4-26）可得各种半导体材料的填充因子 FF，如图 4-15 所示，其值为 0.8 ~ 0.9[6,7]。

$$FF = \frac{V_{OC} - k_0 T/q \ln[qV_{OC}/(k_0 T) + 0.72]}{V_{OC} + k_0 T/q} \tag{4-26}$$

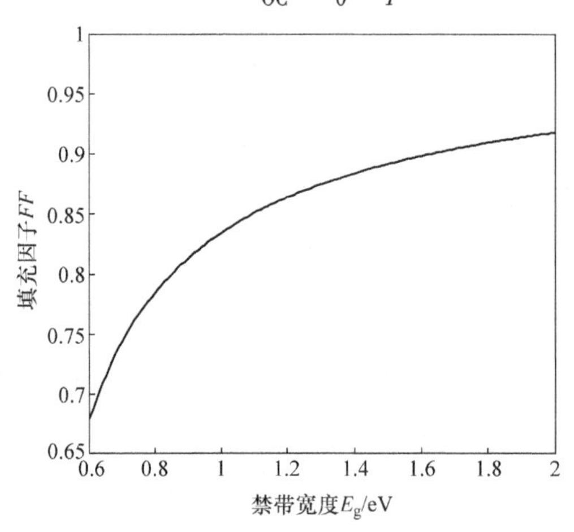

图 4-15 pn 结太阳能电池的填充因子 FF

2. 光电转换效率

太阳能电池受到光的照射时，输出的电功率与入射的光功率之比称为太阳能电池的光电转换效率 η。

$$\eta = \frac{P_m}{P_{in}} = \frac{I_m V_m}{A_{cell} G_{in}} = \frac{FF \cdot I_{SC} V_{OC}}{A_{cell} G_{in}} \tag{4-27}$$

式中，P_{in}为入射光功率；G_{in}为入射光强。将式（4-8）代入（4-27）可得

$$\eta = FF \cdot SR \cdot V_{OC} \tag{4-28}$$

可知，填充因子 FF、光谱响应 SR 和开路电压 V_{OC}，这三个因素决定太阳能电池的光电转换效率。各种半导体材料的 pn 结的填充因子 FF 差别不大，对转换效率的影响较小，光谱响应 SR 和开路电压 V_{OC} 对转换效率影响较大。材料的禁带宽度 E_g 越大，光谱响应 SR 理论极限值越小，而开路电压 V_{OC} 越大，这是互相矛盾的。因此，各种半导体材料的光电转换效率理论极限值有高有低，材料的禁带宽度 E_g 与光电转换效率理论极限值的关系如图 4-16 所示。表 4-1 给出了各种半导体材料的光电转换效率极限值。

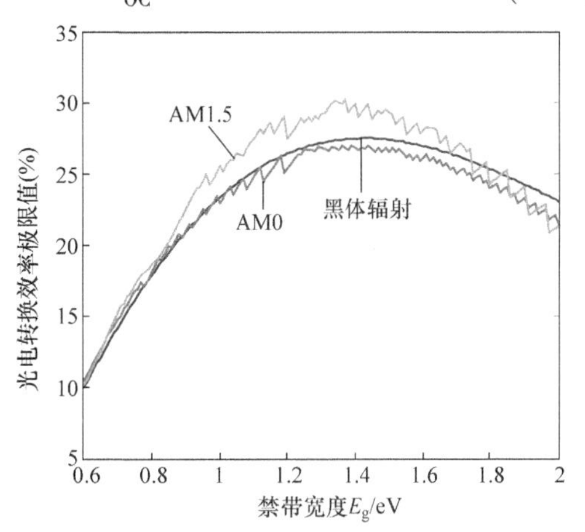

图 4-16　材料的禁带宽度 E_g 与光电转换效率理论极限值

表 4-1　光电转换效率极限值

	Efficiency (%)	J_{ph} /(mA/cm²)	V_{OC} /V	FF (%)
晶体：单结				
c - Si	25.5	42.2	0.706	85.5
p - Si				
GaAs	27.7	30.0	1.043	88.5
晶体：多结叠层				
GaInp/GaAs/Ge	31.0	14.11	2.548	86.2
薄膜：单结				
CdTe	16.5	25.9	0.845	75.5
CIGS	18.9	34.8	0.696	78.0
薄膜：多结叠层				
a - Si/a - SiGe	13.5	7.72	2.375	74.4
染料敏化太阳能电池				
TiO_2	11.0	19.4	0.795	71.0

4.3　效率影响因素

4.3.1　寄生电阻

通常，太阳能电池都存在寄生电阻，如图 4-17 所示。串联电阻 R_s 主要由半导

体材料的体电阻、正负电极和半导体材料的接触电阻以及电极的金属电阻组成。并联电阻 R_{sh} 通常是由制造缺陷引起的，反映pn结的漏电流，包括电池边缘的漏电流及结区的晶体缺陷和杂质缺陷所引起的内部漏电流。

实际太阳能电池方程如式（4-29）所示。

$$\begin{aligned} I &= I_{ph} - I_D - I_{sh} \\ &= I_{ph} - I_s\left[\exp\left(\frac{V_D}{nk_0T/q}\right) - 1\right] - \frac{V_D}{R_{sh}} \\ &= I_{ph} - I_s\left[\exp\left(\frac{V + IR_s}{nk_0T/q}\right) - 1\right] - \frac{V + IR_s}{R_{sh}} \end{aligned} \tag{4-29}$$

式中，n 为pn结的理想因子，为1～2的值。在pn结的势垒区有部分载流子形成复合，成为复合电流。在小电流情况下，势垒区的复合电流占主要地位，$n=2$。随电流的增大 n 逐渐下降，在较大电流情况下，$\exp\left(\frac{qV_D}{k_0T}\right)$ 迅速增大，复合电流可忽略，扩散电流占主要地位，$n=1$。由于势垒区的复合电流的存在，导致光生电流 I_{SC} 下降，因此，由开路电压公式可知开路电压 V_{OC} 也将下降。

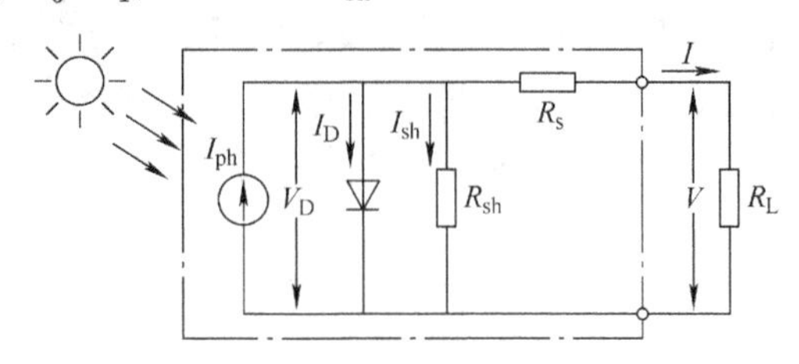

图4-17 太阳能电池等效电路

太阳能电池的寄生电阻影响着其输出效率，以在电阻上消耗能量的形式降低了电池的发电效率。寄生电阻对电池的最主要影响便是减小了填充因子。串联电阻和并联电阻的阻值以及它们对电池最大功率点的影响都决定于电池的几何结构。

将太阳能电池短路，输出电压 $V=0$，可得短路电流 I_{SC} 为

$$I_{SC} = I_{ph} - I_s\left[\exp\left(\frac{I_{SC}R_s}{nk_0T/q}\right) - 1\right] - \frac{I_{SC}R_s}{R_{sh}} \tag{4-30}$$

短路电流损失为

$$I_{ph} - I_{SC} = I_s\left[\exp\left(\frac{I_{SC}R_s}{nk_0T/q}\right) - 1\right] + \frac{I_{SC}R_s}{R_{sh}} \tag{4-31}$$

可知，串联电阻 R_s 和并联电阻 R_{sh} 都将引起短路电流的损失。

将太阳能电池开路，输出电流 $I=0$，可得

$$0 = I_{ph} - I_s\left[\exp\left(\frac{V_{OC}}{nk_0T/q}\right) - 1\right] - \frac{V_{OC}}{R_{sh}} \tag{4-32}$$

则开路电压 V_{OC} 为

$$V_{OC} \approx \frac{k_0T}{q}\ln\frac{I_{ph} - V_{OC}/R_{sh}}{I_s} \tag{4-33}$$

可知，只有并联电阻导致开路电压的下降，串联电阻对开路电压并无影响。漏电流引起短路电流的损失，导致开路电压的下降。

虽然串联电阻对开路电压无影响，但是串联电阻对输出电压影响较大，而对输出电流影响较小。而并联电阻对输出电流影响较大，输出电压影响较小。寄生电阻对太阳能电池的 $I-V$ 曲线的影响如图4-18所示。图4-18a为并联电阻无穷大时，串联电阻对输出特性的影响，图4-18b为串联电阻为0时，并联电阻对输出特性的影响。

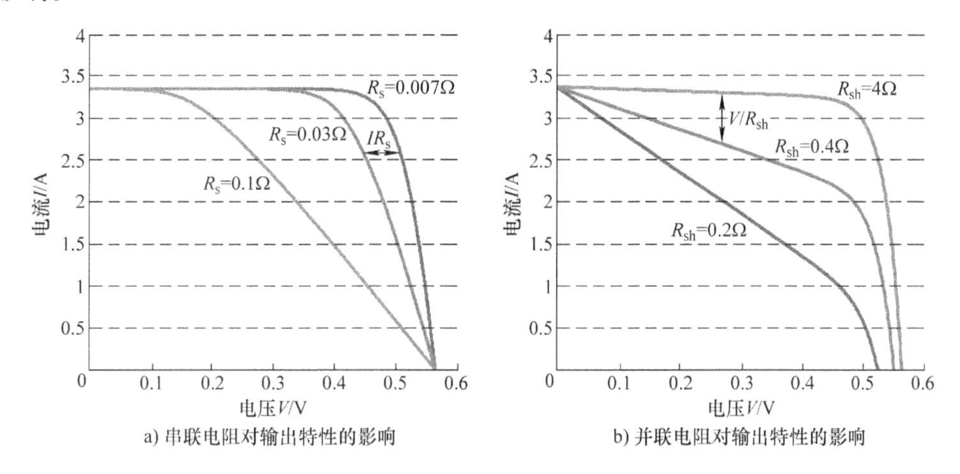

a) 串联电阻对输出特性的影响　　b) 并联电阻对输出特性的影响

图4-18　寄生电阻对太阳能电池 $I-V$ 曲线的影响

由太阳能电池短路公式（4-30）及开路公式（4-32）可得

$$I_{SC}R_s = \frac{nk_0T}{q}\ln\left[\frac{I_s\exp\left(\dfrac{V_{OC}}{nk_0T/q}\right)-I_{SC}+\dfrac{V_{OC}-I_{SC}R_s}{R_{sh}}}{I_s}\right] \tag{4-34}$$

忽略并联电阻 R_{sh}，可得

$$I_{SC}R_s = \frac{nk_0T}{q}\ln\left[\frac{I_s\exp\left(\dfrac{V_{OC}}{nk_0T/q}\right)-I_{SC}}{I_s}\right] \tag{4-35}$$

同理，由式（4-30）及式（4-32）可得

$$\frac{V_{OC}-I_{SC}R_s}{R_{sh}} = I_{SC}-I_s\exp\left(\frac{V_{OC}}{nk_0T/q}\right)+I_s\exp\left(\frac{I_{SC}R_s}{nk_0T/q}\right) \tag{4-36}$$

忽略串联电阻 R_s，则

$$\frac{V_{OC}}{R_{sh}} = I_{SC}-I_s\exp\left(\frac{V_{OC}}{nk_0T/q}\right) \tag{4-37}$$

通过式（4-35）及式（4-37）可计算出串联电阻 R_s 及并联电阻 R_{sh} 阻值。但是，式（4-35）及式（4-37）忽略了串联电阻 R_s 及并联电阻 R_{sh} 互相的影响，计算出的结果与实际值有一定偏差。因此，由此计算出的结果可视为初始值，代入式（4-34）及式（4-36），并通过迭代的方式可得到更为精确的值。

图4-18中还可以看出寄生电阻对填充因子 FF 有影响。忽略并联电阻 R_{sh}，实

际最大功率点功率 P_m 为

$$P_m = P_{m0}\left(1 - \frac{I_{m0}}{V_{m0}}R_s\right) \tag{4-38}$$

式中，P_{m0}、I_{m0}、V_{m0}为理想太阳能电池的最大功率点功率、电流及电压。由填充因子公式可得

$$V_{OC}I_{SC}FF = V_{OC0}I_{SC0}FF_0\left(1 - \frac{I_{m0}}{V_{m0}}R_s\right)$$

$$FF = FF_0\frac{V_{OC0}I_{SC0}}{V_{OC}I_{SC}}\left(1 - \frac{I_{m0}}{V_{m0}}R_s\right) \tag{4-39}$$

式中，V_{OC0}、I_{SC0}、FF_0 为理想太阳能电池的开路电压、短路电流以及填充因子。假设开路电压和短路电流没有受到串联电阻的影响，则可以得出串联电阻对填充因子的影响，如式（4-40）所示。

$$FF \approx FF_0\left(1 - \frac{I_{m0}}{V_{m0}}R_s\right) \tag{4-40}$$

通常$\frac{I_{m0}}{V_{m0}} \approx \frac{I_{SC}}{V_{OC}}$，则

$$FF \approx FF_0\left(1 - \frac{I_{SC}}{V_{OC}}R_s\right) \tag{4-41}$$

由于 $V_D = V + IR_s$、$V_{OC} \approx V_D$，因此$\frac{I_{SC}}{V_{OC}}R_s < 1$。

同理，忽略串联电阻 R_s，可得并联电阻对填充因子的影响，如式（4-42）所示。

$$FF \approx FF_0\left(1 - \frac{V_{OC}}{I_{SC}}\frac{1}{R_{sh}}\right) \tag{4-42}$$

由于 $I = I_{ph} - I_D - \frac{V}{R_{sh}}$，而 $I_{SC} = I_{ph}$，因此$\frac{V_{OC}}{I_{SC}}\frac{1}{R_{sh}} < 1$。

4.3.2 太阳辐射强度的影响

太阳辐射光谱满足普朗克黑体辐射定律，因此其辐射强度正比于光子通量。虽然到达地表面的 AM1.5 太阳辐射光谱有一定的能量被大气层所吸收、反射或散射，但是其辐射强度仍然正比于光子通量。且由式（4-6）可知，太阳能电池板所发出的光生电流正比于光子通量，因此其光生电流正比于入射太阳辐射强度，如式（4-43）所示。

$$I_{ph} = I_{SC}^{*}\frac{G}{G^{*}} \tag{4-43}$$

式中，G^{*}为标准测试条件下的太阳辐射强度，值为1000W/m^2；G 为实际照射到太阳能电池板的光照强度；I_{SC}^{*}为标准测试条件下的短路电流，即光生电流。

由式（4-18）可得

$$V_{OC}=V_{OC}^{*}+\frac{nk_0T}{q}\ln\left(\frac{G}{G^{*}}\right) \tag{4-44}$$

式中，V_{OC}^{*}为标准测试条件下的开路电压。

太阳能电池板在不同太阳辐射强度下的输出特性如图 4-19 所示。

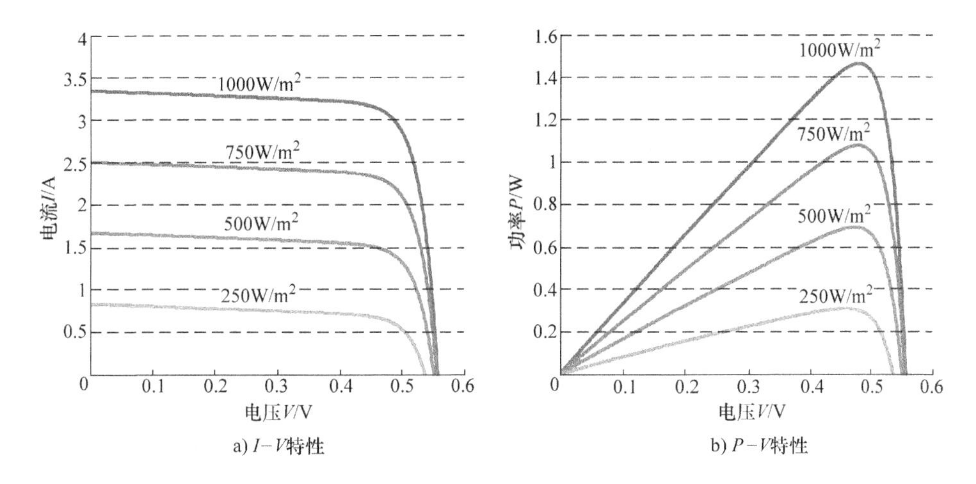

图 4-19　不同太阳辐射强度下太阳能电池板的输出特性

4.3.3　温度影响

像所有其他半导体器件一样，pn 结太阳能电池对温度也非常敏感。温度的升高降低了半导体的禁带宽度，因此影响了大多数的半导体材料参数。可以把半导体的禁带宽度随温度的升高而下降看成是材料中的电子能量的提高，因此破坏共价键所需的能量更低。在半导体禁带宽度的共价键模型中，价键能量的降低意味着禁带宽度的下降。在太阳能电池中，受温度影响最大的参数是开路电压[8]。

在理想情况下，pn 结的反向饱和电流由式（3-146）可得

$$I_s(T)=I_s(0)T^3\exp\left[-\frac{E_g(0)}{k_0T}\right] \tag{4-45}$$

太阳能电池板开路时，由理想太阳能电池表达式可得

$$I_{SC}=I_s(0)T^3\exp\left[-\frac{E_g(0)}{k_0T}\right]\exp\left(\frac{qV_{OC}}{k_0T}\right) \tag{4-46}$$

对温度 T 求导可得

$$\begin{aligned}\frac{dI_{SC}}{dT}&=3I_s(0)T^2\exp\left(\frac{qV_{OC}-E_g(0)}{k_0T}\right)\\&\quad+I_s(0)T^3\frac{q}{k_0T}\left[\frac{dV_{OC}}{dT}-\frac{V_{OC}-E_g(0)/q}{T}\right]\exp\left(\frac{qV_{OC}-E_g(0)}{k_0T}\right)\end{aligned} \tag{4-47}$$

温度对短路电流的影响较小，与其他项相比可忽略$\frac{\mathrm{d}I_{SC}}{\mathrm{d}T}$，可得

$$\frac{\mathrm{d}V_{OC}}{\mathrm{d}T}=\frac{V_{OC}-3k_0T/q-E_g(0)/q}{T} \tag{4-48}$$

由式（4-48）可知，随温度升高 pn 结太阳能电池的开路电压 V_{OC} 近似线性减小。因此，开路电压随温度变化关系可写为

$$V_{OC}(T)=V_{OC}(T_0)+(T-T_0)\frac{\mathrm{d}V_{OC}}{\mathrm{d}T} \tag{4-49}$$

实际短路电流受温度的影响极小，可近似为线性变化，则可得到与开路电压同样形式的关系式，为

$$I_{SC}(T)=I_{SC}(T_0)+(T-T_0)\frac{\mathrm{d}I_{SC}}{\mathrm{d}T} \tag{4-50}$$

但是，由于随温度的上升禁带宽度 E_g 变小，因此短路电流增大。短路电流随温度的变化量$\frac{\mathrm{d}I_{SC}}{\mathrm{d}T}$为正值，而开路电压随温度的变化量$\frac{\mathrm{d}V_{OC}}{\mathrm{d}T}$为负值。

因此，短路电流与开路电压在任意状态下的关系式如式（4-51）及式（4-52）所示。

$$I_{SC}(G,T)=I_{SC}^{*}\frac{G}{G^{*}}+(T-T^{*})\frac{\mathrm{d}I_{SC}}{\mathrm{d}T} \tag{4-51}$$

$$V_{OC}(G,T)=V_{OC}^{*}+\frac{nk_0T}{q}\ln\left(\frac{G}{G^{*}}\right)+(T-T^{*})\frac{\mathrm{d}V_{OC}}{\mathrm{d}T} \tag{4-52}$$

式中，T^{*} 为标准测试条件下的温度，为25℃。

图4-20为硅Si二极管中电流和电压与温度的关系，当电流大小一定时，曲线的改变规律大概为 -2mV/℃。图4-21为晶硅太阳能电池的输出特性曲线，可以看出短路电流随温度变化极小，而开路电压随温度的升高而明显减小，填充因子 *FF* 也随之降低，从而输出功率也明显降低，光电转换效率下降。

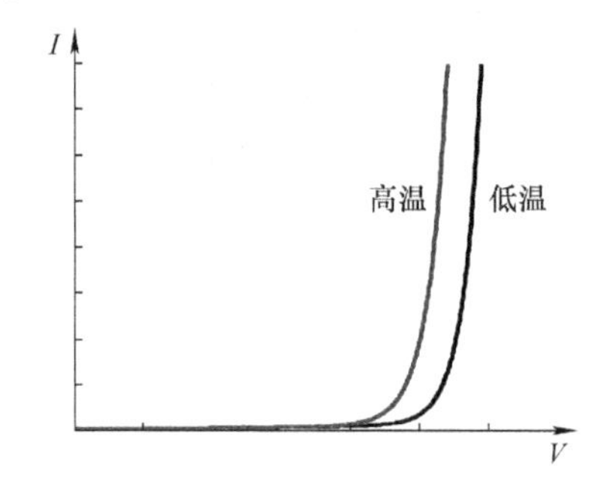

图4-20　不同温度下太阳能电池板输出特性

晶硅太阳能电池温度每升高1℃，短路电流增大约0.05%，开路电压降低约0.4%，输出功率降低约0.5%。而禁带宽度较宽的砷化镓GaAs太阳能电池对温度变化的灵敏度大大降低，仅为晶硅太阳能电池的一半左右。

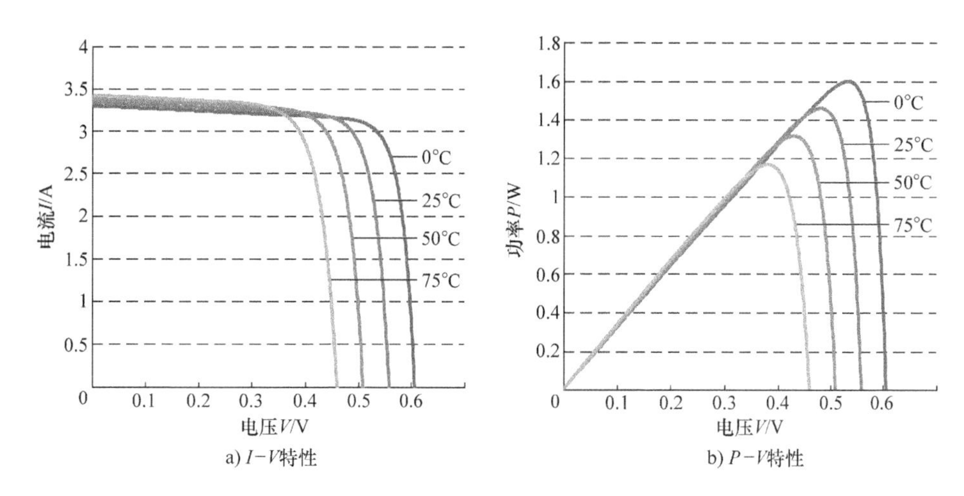

a) $I-V$特性　　b) $P-V$特性

图 4-21　不同温度下晶硅太阳能电池的输出特性曲线

4.4　太阳能电池的串并联

4.4.1　平衡串并联

单个太阳能电池的短路电流一般不到 10A，而电压不到 1V。因此在实际应用中通过将电池串并联得到所需的电压、电流等级。假设有两个特性一模一样的电池在同等条件下进行串联或并联，则容量成为两倍。串联时电流相等，输出电流为单电池电流，电压为单电池电压的两倍。而并联时电压相等，为单电池电压，输出电流为单电池电流的两倍。太阳能电池的串、并联拓扑结构及输出特性如图 4-22 和图 4-23 所示。

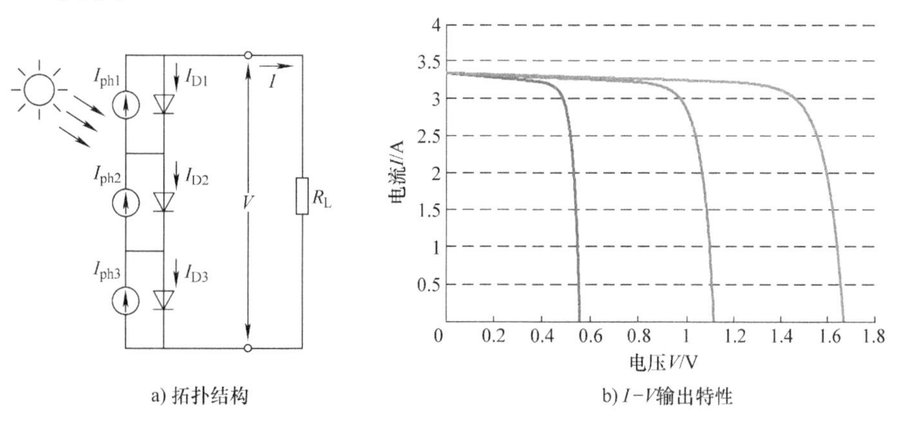

a) 拓扑结构　　b) $I-V$输出特性

图 4-22　串联拓扑结构及输出特性

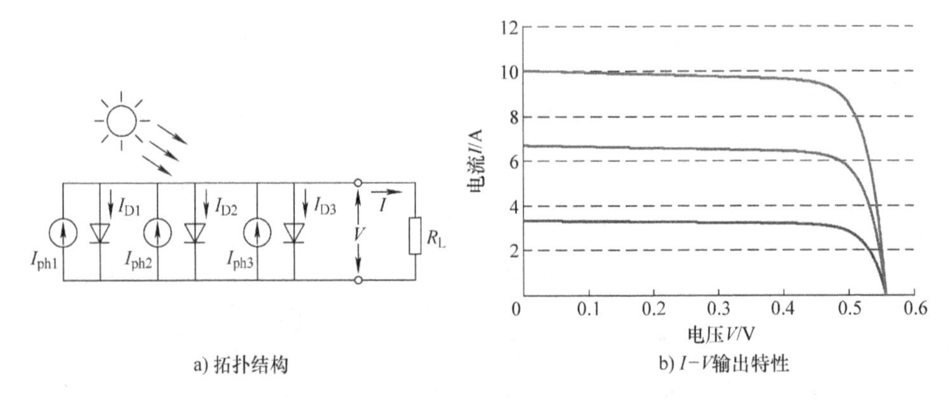

图 4-23　并联拓扑结构及输出特性

串联时电流及电压方程如式（4-53），并联时如式（4-54）所示。

$$\begin{cases} I = I_{ph1} - I_{D1} = I_{ph2} - I_{D2} = I_{ph3} - I_{D3} = \cdots = I_{ph} - I_D \\ V = V_{D1} + V_{D2} + V_{D3} + \cdots = N_S V_D \end{cases} \tag{4-53}$$

$$\begin{cases} I = (I_{ph1} - I_{D1}) + (I_{ph2} - I_{D2}) + (I_{ph3} - I_{D3}) + \cdots = N_P(I_{ph} - I_D) \\ V = V_{D1} = V_{D2} = V_{D3} = \cdots = V_D \end{cases} \tag{4-54}$$

式中，N_S为太阳能电池的串联数；N_P为并联数。那么将太阳能电池串并联形成 $N_S \times N_P$ 的太阳能电池方阵，则输出电流及电压为

$$\begin{cases} I = (I_{ph1} - I_{D1}) + (I_{ph2} - I_{D2}) + (I_{ph3} - I_{D3}) + \cdots = N_P(I_{ph} - I_D) \\ V = V_{D1} + V_{D2} + V_{D3} + \cdots = N_S V_D \end{cases} \tag{4-55}$$

4.4.2　不平衡串并联

实际就算同一批次生产出来的电池其特性也不可能完全一模一样，且许多情况下两个串并联电池的工作状态不一致，如两个电池温度不同或所受到的太阳辐射强度不同。不同特性或不同状态其表现形式为各电池的光生电流及光电压各不相同，即

$$\begin{cases} I_{ph1} \neq I_{ph2} \neq I_{ph3} \neq \cdots \neq I_{phn} \\ V_{D1} \neq V_{D2} \neq V_{D3} \neq \cdots \neq V_{Dn} \end{cases}$$

因此，在串联系统中，其输出电流值等于光生电流最小的电池电流，输出电压为各电池电压之和，如式（4-56）所示。而在并联系统中，其输出电流为各电池输出电流之和，电压为输出电压最高的电池电压，如式（4-57）所示。

$$\begin{cases} I = I_{ph\_min} - I_{D\_min} \\ V = V_{D1} + V_{D2} + V_{D3} + \cdots \end{cases} \tag{4-56}$$

$$\begin{cases} I = (I_{ph1} - I_{D1}) + (I_{ph2} - I_{D2}) + (I_{ph3} - I_{D3}) + \cdots \\ V = V_{D\_max} \end{cases} \tag{4-57}$$

式中，I_{ph_min}、I_{D_min}为串联电池中光生电流最小的电池的光生电流及二极管暗电流；V_{D_max}为并联电池中输出电压最高的电池电压。其输出特性如图 4-24 所示。

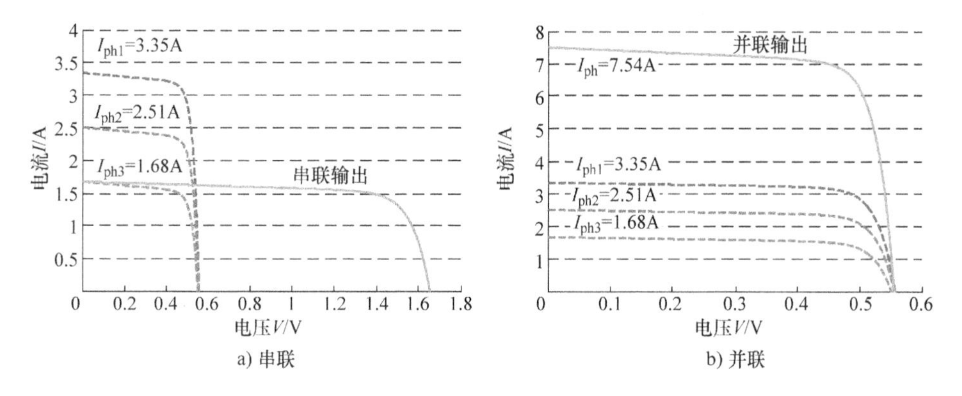

图 4-24　不平衡串并联输出特性

并联系统中由于特性或状态的不一致，导致每个太阳能电池的开路电压不一致，电池间将形成环流。因此，太阳能电池组件内部全部为串联结构，以避免形成环流。

不平衡串联时，由于没有其他通路，各太阳能电池的光生电流无法全部输出，降低了太阳能电池的利用率。因此，与电池并联一个二极管，称为旁路二极管，为多出的光生电流给出一个通路，可提高太阳能电池的利用率，其拓扑结构如图 4-25 所示，输出特性如图 4-26 所示。多出的光生电流通过并联的二极管放电，因此其 $I-V$ 特性呈现阶梯状，而 $P-V$ 特性呈现多峰。

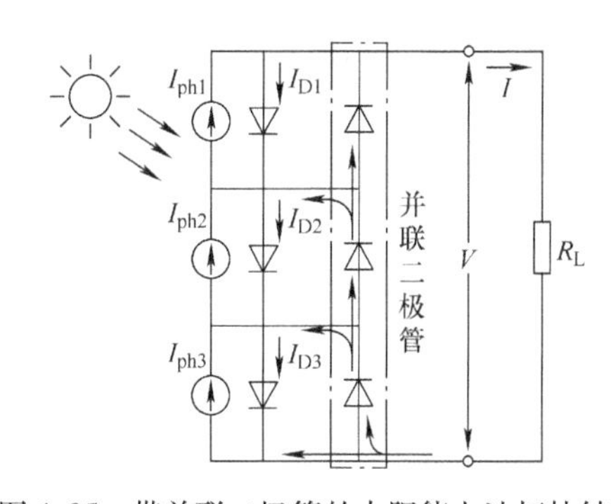

图 4-25　带并联二极管的太阳能电池拓扑结构

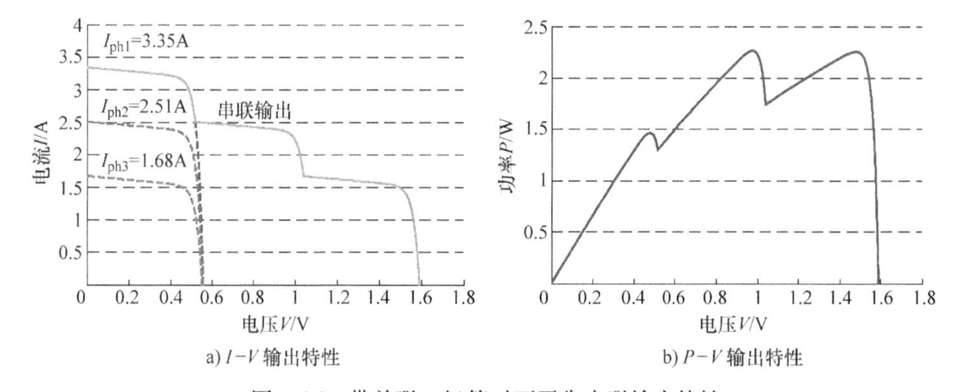

图 4-26　带并联二极管时不平衡串联输出特性

习　题

1. 为什么太阳能电池为 pn 结结构?
2. 试说明 pn 结的光生伏特效应。
3. 试说明太阳能电池光生电流的产生过程及对光生电流大小的影响。
4. 太阳能电池板的标准测试条件是什么?
5. 太阳能电池的数学模型及等效电路模型是什么? 其输出特性是什么?
6. 有哪些因素影响太阳能电池的光电转换效率?
7. 太阳能电池的不平衡串并联特性是什么?

参考文献

[1] 余金中. 半导体光子学 [M]. 北京: 科学出版社, 2015.
[2] FONASH S J. Solar cell device physics [M]. 2nd. Burlington: Elsevier, 2010.
[3] 翁敏航. 太阳能电池: 材料·制造·检测技术 [M]. 北京: 科学出版社, 2013.
[4] MARKVART T, CASTAÑER L. Practical handbook of photovoltaics: fundamentals and applications [M]. Oxford: Elsevier, 2003.
[5] STUART R W, MARTIN A G. Applied photovoltaics [M]. London: Earthscan, 2008.
[6] GREEN M A. Solar cells: Operating principles, technology, and system applications [M]. Englewood Cliffs: Prentice - Hall, 1982.
[7] LUQUE A, HEGEDUS S. Handbook of photovoltaic science and engineering [M]. Chichester: John Wiley & Sons Ltd, 2002.
[8] 格林. 太阳能电池工作原理、技术和系统应用 [M]. 狄大卫, 曹昭阳, 李秀文, 译. 上海: 上海交通大学出版社, 2010.

Chapter

5 第5章 其他光生伏特效应

太阳能电池材料多种多样，包括硅、锗等Ⅳ族半导体材料，还包括锑化铟、砷化镓等Ⅲ－Ⅴ族化合物半导体材料，碲化镉、碲化汞等Ⅱ－Ⅵ族化合物半导体材料等[1-3]。光生伏特效应的基础是结构的不对称性，如pn结。利用导电类型相反的同一种半导体材料组成的pn结，通常称为同质结（homojunction）。而由两种不同的半导体材料组成的结，称为异质结（heterojunction）。金属和掺杂半导体材料的接触也可形成势垒，称为肖特基结（schottky junction）。异质结和肖特基结同样形成了结构的不对称性，即也可产生光生伏特效应[4]。

5.1 肖特基结

当金属和半导体接触时，由于功函数不同，在接触面的半导体表面形成势垒区。当光注入时，由于势垒作用光注入非平衡载流子将迅速分离，产生光生伏特效应。

5.1.1 金属和半导体的功函数

在绝对零度时，金属中的电子填满费米能级E_F以下的所有能级，而高于E_F的能级则全部是空着的。在一定温度下，只有E_F附近的少数电子受到热激发，由低于E_F的能级跃迁到高于E_F的能级上去。因此，金属中的电子虽然能在金属中自由运动，但绝大多数电子不能脱离金属而逸出体外。说明金属中的电子是在一个势阱中运动，所处的能级低于体外能级，要使电子摆脱金属的束缚，必须由外界给它足够的能量。

金属中的电子从金属中逸出到真空中所需的最小能量W_m定义为金属的逸出功，也称功函数，即

$$W_m = E_0 - (E_F)_m \tag{5-1}$$

式中，E_0为真空中静止电子的能量；$(E_F)_m$为金属费米能级。金属中的电子势阱如图5-1所示。

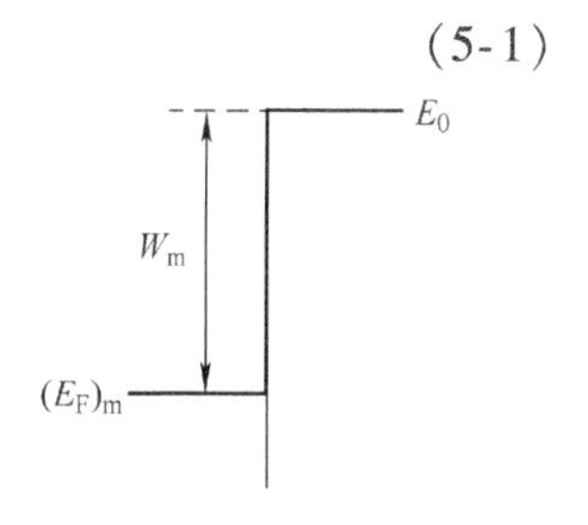

图5-1 金属中的电子势阱

金属的功函数约为几个电子伏特，金属铯的功函数最低，为1.93eV；铂的最高，为5.36eV。

同样，半导体中的电子要从晶格逸出到真空中，也必须给它相应的能量，所需的最小能量W_S称为半导体的功函数，即

$$W_S = E_0 - (E_F)_S \tag{5-2}$$

式中，$(E_F)_S$ 为半导体的费米能级。

在半导体中，导带底 E_C 一般都比 E_0 低几个电子伏特，如图 5-2 所示。导带底 E_C 与 E_0 的能量间隔 χ 称为电子亲和能，为

$$\chi = E_0 - E_C \tag{5-3}$$

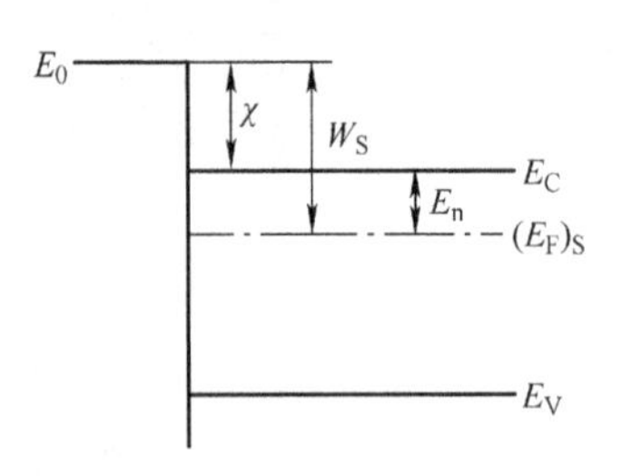

图 5-2　半导体的功函数及电子亲和能

电子亲和能 χ 表示使半导体导带底的电子逸出晶格所需的最小能量。利用电子亲和能半导体的功函数可表示为

$$W_S = \chi + [E_C - (E_F)_S] \tag{5-4}$$

半导体的费米能级随杂质类型及杂质浓度的变化而变化，对于 n 型半导体，其费米能级接近导带底，功函数 W_{Sn} 表示为

$$W_{Sn} = \chi + E_n \tag{5-5}$$

$$E_n = E_C - (E_{Fn})_{Sn} \tag{5-6}$$

式中，$(E_{Fn})_{Sn}$ 为 n 型半导体的费米能级。由式（3-89）可得

$$E_n = k_0 T \ln\left(\frac{N_C}{N_D}\right) \tag{5-7}$$

对于 p 型半导体，其费米能级接近价带顶，功函数 W_{Sp} 表示为

$$W_{Sp} = \chi + E_g - E_p \tag{5-8}$$

$$E_p = (E_{Fp})_{Sp} - E_V \tag{5-9}$$

式中，$(E_{Fp})_{Sp}$ 为 p 型半导体的费米能级。由式（3-64）可得

$$E_p = k_0 T \ln\left(\frac{N_V}{p_0}\right) \tag{5-10}$$

不同掺杂浓度的 Ge、Si 及 GaAs 的功函数如表 5-1 所示。

表 5-1　半导体功函数与杂质浓度的关系

半导体	χ/eV	W_S/eV					
		n 型 N_D/cm^{-3}			p 型 N_A/cm^{-3}		
		10^{14}	10^{15}	10^{16}	10^{14}	10^{15}	10^{16}
Si	4. 05	4. 37	4. 31	4. 25	4. 87	4. 93	4. 99
Ge	4. 13	4. 43	4. 37	4. 31	4. 51	4. 57	4. 63
GaAs	4. 07	4. 29	4. 23	4. 17	5. 20	5. 26	5. 32

5.1.2　肖特基势垒

金属与掺杂浓度不是很高的半导体接触时，由于两者功函数的差异，在界面处电子和正电荷向相反的方向扩散，形成势垒，称为肖特基势垒，这种接触称为肖特

基结。

设半导体为n型半导体，并有 $W_m > W_S$，则孤立的金属与n型半导体的能带图及接触势垒如图5-3所示。

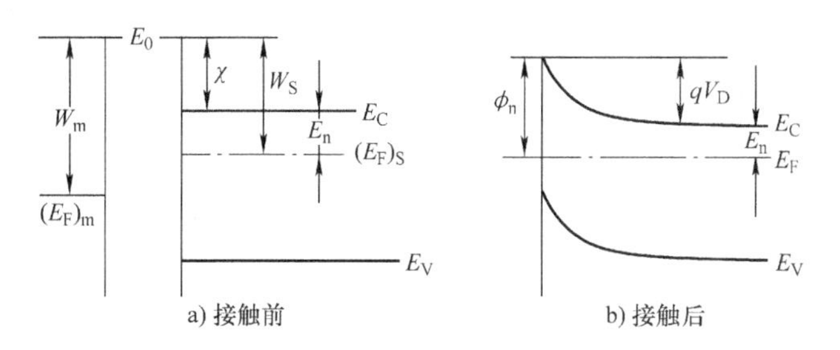

图5-3　金属与n型半导体能带图及接触势垒（$W_m > W_S$）

由于 $W_m > W_S$，因此 $E_C > (E_F)_m$，用 ϕ_n 来表示两者之差，即

$$\phi_n = E_C - (E_F)_m \tag{5-11}$$

通常把 ϕ_n 称为肖特基势垒高度。

同pn结一样，金属和n型半导体接触后，必然会通过载流子的扩散使 $(E_F)_m$ 和 $(E_F)_S$ 调整到同一水平上。一开始由于 $(E_F)_S$ 高于 $(E_F)_m$，n型半导体中的电子向金属流动，使半导体表面带正电，金属表面带负电，形成电场，其方向由半导体指向金属。金属与半导体紧密接触时，由于金属中电子密度高，电荷只分布在 10^{-10} 量级的表面层中，而半导体中空间电荷区的厚度可达到微米或亚微米的量级。因此，电场引起的电势差主要在半导体中，使半导体表面附近的能带发生弯曲，E_C 同 $(E_F)_S$ 一起下降，直至 $(E_F)_S$ 和 $(E_F)_m$ 在同一水平上。这时不再有电子的净流动，达到平衡状态。

因此，半导体侧的势垒高度为

$$qV_D = W_m - W_S \tag{5-12}$$

金属侧的势垒高度 ϕ_n 为

$$\phi_n = qV_D + E_n = W_m - \chi \tag{5-13}$$

若不考虑表面态对接触势垒的影响，肖特基势垒高度为金属功函数与半导体的电子亲和能之差。因此，当金属与n型半导体接触时，若 $W_m > W_S$，则在接触面形成空间电荷区。在半导体表面形成由电离施主构成的正空间电荷区，同时金属表面形成负电荷的积累层，产生由n型半导体指向金属的内建电场，形成表面势垒。势垒区中的电子浓度比半导体体内小得多，因此是一个高阻层，称为阻挡层。

当金属与n型半导体接触时，若 $W_m < W_S$，在半导体表面形成负的空间电荷区，在金属表面形成正电荷的积累层，产生由金属指向n型半导体的内建电场。势垒区中的电子浓度比半导体体内大得多，因此是一个高电导层，称之为反阻挡层。反阻挡层是很薄的高电导层，它对半导体和金属接触电阻的影响是很小的。因此，

在平常实验中觉察不到它的存在，即也无法形成光电流。

当金属与 p 型半导体接触时，若 $W_m > W_S$，与 n 型相反，形成 p 型反阻挡层；若 $W_m < W_S$，形成阻挡层。

一些常用金属与硅和砷化镓的接触势垒高度 ϕ_n 的值如表 5-2 所示。

表 5-2 常用金属与 Si 和 GaAs 的接触势垒高度

金属	ϕ_n/eV			金属	ϕ_n/eV		
	n 型 Si	p 型 Si	n 型 GaAs		n 型 Si	p 型 Si	n 型 GaAs
金（Au）	0.80	0.35	0.90	铂（Pt）	0.90	—	0.86
银（Ag）	0.56～0.79	0.55	0.88	铂硅（PtSi）	0.85	—	—
铝（Al）	0.50～0.77	0.58	0.80	钨（W）	0.66		0.80
铬（Cr）	0.58	—	—	铜（Cu）	—	0.46	0.82
镍（Ni）	0.67～0.70	0.51	—	铍（Be）	—	0.56	0.81
钼（Mo）	0.58	—	—	—	—	—	—

5.1.3 肖特基结的电流 - 电压特性

这里所讨论的是阻挡层的电流 - 电压特性。肖特基结处于平衡态时是没有净电流的，从半导体进入金属的电子流和从金属进入半导体的电子流大小相等，方向相反，构成动态平衡。与非平衡状态下的 pn 结一样，外加正偏电压时，阻挡层势垒下降，从半导体到金属的电子数量增加，形成从金属到半导体的正向电流。外加正偏电压越大，势垒下降越多，正向电流越大。而加反偏电压时，从半导体到金属的电子数量减小，形成由半导体到金属的反向电流。由于金属中的电子要越过相当高的势垒 ϕ_n 才能到半导体中，因此反向电流极小。当反向电压提高，半导体到金属的电子流可忽略不计时，反向电流趋于饱和。由于金属侧的势垒不随外加电压变化，所以金属到半导体的电子流是恒定的，即反向电流是恒定的。以上的讨论说明阻挡层具有类似 pn 结的特性，即有整流作用。

当势垒的宽度比电子的平均自由程大得多时，电子通过势垒区要发生多次碰撞，需用扩散理论解析。而当势垒层很薄，电子平均自由程远大于势垒宽度时，电子在势垒区的碰撞可以忽略，起决定作用的是势垒高度。半导体的电子只要有足够的能量超越势垒的顶点，就可以自由地通过阻挡层进入金属。所以电流的计算就归结为计算超越势垒的载流子数目，这就是热电子发射理论。

很多半导体材料，如 Ge、Si、GaAs 等都有较高的载流子迁移率，即有较大的平均自由程，在室温下，这些半导体材料的肖特基势垒中的电流输运机构，主要是多数载流子的热电子发射。

根据热电子理论从半导体到金属的电子流所形成的电流密度为

$$J_{S\to m} = A^* T^2 \exp\left(-\frac{\phi_n}{k_0 T}\right)\exp\left(\frac{qV}{k_0 T}\right) \tag{5-14}$$

式中

$$A^* = \frac{4\pi q m_n^* k_0^2}{h^3} \tag{5-15}$$

称为有效理查逊常数，单位为A/(cm^2 · K^2)。热电子向真空中发射的理查逊常数为 $A = \frac{4\pi q m k_0^2}{h^3} = 120$ A/(cm^2 · K^2)。Ge、Si、GaAs 的相对理查逊常数 A^*/A 如表 5-3所示。

表 5-3　Ge、Si、GaAs 的相对理查逊常数 A^*/A

半导体	Ge	Si	GaAs
p 型	0.34	0.66	0.62
n 型 <1 1 1>	1.11	2.2	0.068（低电场）
n 型 <1 0 0>	1.19	2.1	1.2（高电场）

从金属到半导体的电子流所形成的电流密度为

$$J_{m \to S} = -A^* T^2 \exp\left(-\frac{\phi_n}{k_0 T}\right) \tag{5-16}$$

总电流密度为

$$\begin{aligned} J &= J_{S \to m} + J_{m \to S} = A^* T^2 \exp\left(-\frac{\phi_n}{k_0 T}\right)\left[\exp\left(\frac{qV}{k_0 T}\right) - 1\right] \\ &= J_{sT}\left[\exp\left(\frac{qV}{k_0 T}\right) - 1\right] \end{aligned} \tag{5-17}$$

式中

$$J_{sT} = A^* T^2 \exp\left(-\frac{\phi_n}{k_0 T}\right) \tag{5-18}$$

J_{sT}为肖特基结反向饱和电流密度，与外加电压无关，是强烈地依赖于温度的函数。

肖特基结的这种类似 pn 结的伏安特性，当有光注入时产生光生伏特效应，称为肖特基结的光生伏特效应，又称为阻挡层的光生伏特效应。但是由于肖特基结的饱和电流密度 J_{sT}要比 pn 结的反向饱和电流密度 J_s大得多，因此肖特基结太阳能电池有较低的开路电压。

5.1.4　欧姆接触

金属与半导体接触时还可以形成非整流接触，即欧姆接触。欧姆接触是指金属与半导体的接触不产生明显的附加阻抗，而且不会使半导体内部的平衡载流子浓度发生显著的改变。理想的欧姆接触，其接触电阻相比器件本身电阻小得多，不影响器件的电流－电压特性，器件的电流－电压特性完全由器件特性决定。

在实际中欧姆接触有着很重要的应用。如半导体器件的金属电极，要求在金属和半导体之间形成良好的欧姆接触。太阳能电池板正负电极的良好的欧姆接触，可降低串联内阻，提高填充因子及光电转换效率。

若 $W_m < W_S$ 的金属与 n 型半导体接触时，或 $W_m > W_S$ 的金属与 p 型半导体接触时，可形成反阻挡层，而反阻挡层没有整流作用。但是，Ge、Si、GaAs 等常用的半导体材料一般都有很高的表面态密度，与金属接触时都形成势垒，而与金属功函数关系不大。因此，在生产实际中，主要利用隧道效应实现欧姆接触。根据量子力学中的结论，有外加电压 V 时导带底电子通过隧道效应贯穿势垒的隧道概率 P 为

$$P = \exp\left[-\frac{4\pi}{qh}\left(\frac{m_n^* \varepsilon_r \varepsilon_0}{N_D}\right)^{1/2} q(V_D - V)\right] \tag{5-19}$$

式中，ε_r、ε_0 为相对介电常数及真空中的介电常数。

对于一定的势垒高度，隧道概率强烈地依赖于掺杂浓度 N_D，N_D 越大，隧道概率 P 就越大。金属和半导体接触时，如果半导体掺杂浓度很高，则势垒区宽度变得很薄，产生相当大的隧道电流，成为电流的主要成分，其接触电阻很小，可以形成接近理想的欧姆接触。因此，重掺杂的肖特基结可以产生显著的隧道电流，通常用重掺杂的半导体与金属接触的方法制作欧姆接触。在 n 型或 p 型半导体上制作一层重掺杂区后再与金属接触，形成金属 $-n^+-n$ 或金属 $-p^+-p$ 结构。由于有重掺杂层金属的选择就比较自由[5]。

5.2 MIS 结构

在实际肖特基结器件中，金属和半导体的接触并不像理论中所设想的那么单纯，而是有着比较复杂的结构。约飞根据直接以金属和半导体相接触，以及半导体与半导体相接触所进行的大量实验，推断在实际的整流器中，在半导体和金属之间存在着类型相反的半导体薄层。且拉什卡列夫实验证明，在 Cu_2O 光电池中，在 p 型的 Cu_2O 和薄膜电机之间存在着 n 型 Cu_2O 的薄层[6]。

对于同一种半导体，电子亲和能 χ 为定值，而根据式（5-13），用不同的金属与它接触，其势垒高度 ϕ_n 应当直接随金属功函数 W_m 而变化。但实际测量结果表明，不同的金属，虽然功函数相差很大，但它们与半导体接触形成的势垒高度相差却很小。如表 5-2 中列出的金或铝与 n 型 GaAs 接触时，势垒高度仅差 0.1eV，而金的功函数为 4.8eV，铝的功函数为 4.25eV，相差 0.55eV，远比 0.10eV 大。这说明与理论不相符，金属功函数对势垒高度没有多大影响。

这些问题都是由于半导体表面存在表面态的缘故。在某些情况下，往往不是半导体的体内效应支配半导体器件的特性，而是其表面效应。因此，研究半导体的表面现象，发展半导体表面理论，对改善器件性能有着十分重要的意义。

5.2.1 表面态对接触势垒的影响

在半导体表面处的禁带中存在着表面态，对应的能级称为表面能级。若能级被

电子占满时呈电中性，施放电子后呈正电性，称为施主型表面态；若能级空着时为电中性，而接受电子后带负电，称为受主型表面态。一般表面态在半导体表面禁带中形成一定的分布，表面处存在一个距离价带顶 ϕ_0 的能级，大多数半导体的 ϕ_0 约为禁带宽度的1/3。

如果不存在表面态，半导体功函数决定于费米能级在禁带中的位置，即如式(5-5)、式(5-8)。如果存在表面态，即使不与金属接触，表面也会形成势垒。假定在一个n型半导体的表面存在表面态，平衡时的能带如图5-4所示。半导体费米能级 E_F 高于 ϕ_0，若 ϕ_0 以上存在受主表面态，则在 ϕ_0 到 E_F 之间的能级将基本填满，表面带负电，相应的表面附近出现正的空间电荷区，形成电子势垒，势垒高度为 qV_D。半导体的功函数增大为

$$W_{Sn}=\chi+E_n+qV_D \tag{5-20}$$

如果表面态密度很大，E_F 比 ϕ_0 高一点，由于表面处能带向上弯，表面处 ϕ_0 接近于 E_F，如图5-5所示。

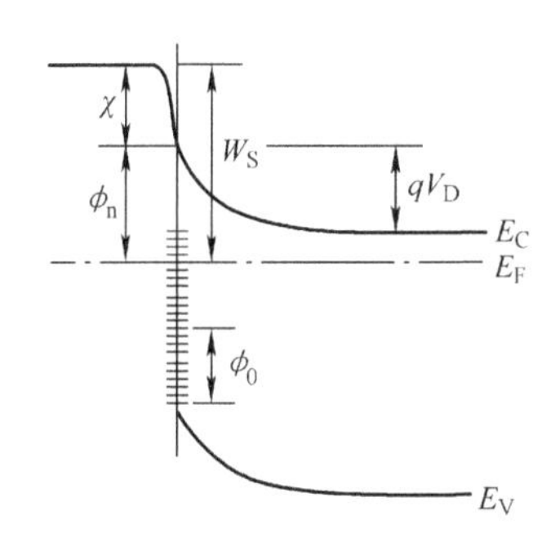

图5-4　存在受主表面态时n型半导体的能带图

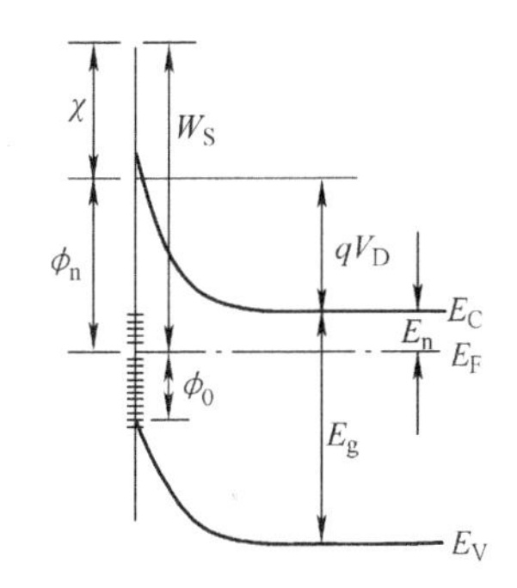

图5-5　存在高表面态时n型半导体的能带图

势垒高度为

$$qV_D=E_g-E_n-\phi_0 \tag{5-21}$$

则半导体功函数为

$$W_{Sn}=\chi+E_g-\phi_0 \tag{5-22}$$

几乎与 E_n 无关，即与施主浓度无关。

当受主表面态密度很高的半导体与金属接触时，仍为 $W_m>W_S$ 情况下，由于 $(E_F)_S$ 高于 $(E_F)_m$，因此它们接触时，依旧有电子流向金属。首先是受主表面态的电子流向金属，若表面态密度很高，能放出足够多的电子，则半导体势垒区几乎不发生变化。半导体内的势垒高度和金属的功函数几乎无关，基本上由半导体的表面性质所决定。实际上由于表面态密度的不同，接触电势差有一部分落在半导体表面以内，金属功函数对表面势垒将产生不同程度的影响，但影响不大。

5.2.2 表面电场效应[5,7]

为了便于讨论，采用金属 - 绝缘层 - 半导体（Metal - Insulator - Semiconductor，MIS）结构研究表面场效应。MIS 结构是中间以绝缘层隔开金属板和半导体的结构，如图 5-6 所示。在金属板与半导体间加电压时即可产生表面电场。由于 MIS 结构实际就是一个电容，因此加电压后，在金属与半导体相对的两个面上就要被充电。两者所带电荷符号相反，在金属中，自由电子密度很高，电荷基本分布在一个原子层的厚度范围之内。而在半导体中，由于自由载流子密度的限制，电荷分布在一定厚度的表面层内。垂直电场的存在使半导体表面以内形成一个相当厚度的空间电荷区，在空间电荷区内，从表面到内部电场逐渐减弱，一直减小到零，起着对电场的屏蔽作用。因此，半导体表面对体内产生电势差，以 V_S 表示，如图 5-7 所示。规定表面电势比内部高时，V_S 取正值，反之 V_S 取负值。

表面电势及空间电荷区内电荷的分布情况随外加电压的大小而变化，基本归纳为堆积、耗尽和反型 3 种情况。对于 p 型半导体，3 种情况如图 5-8 所示。

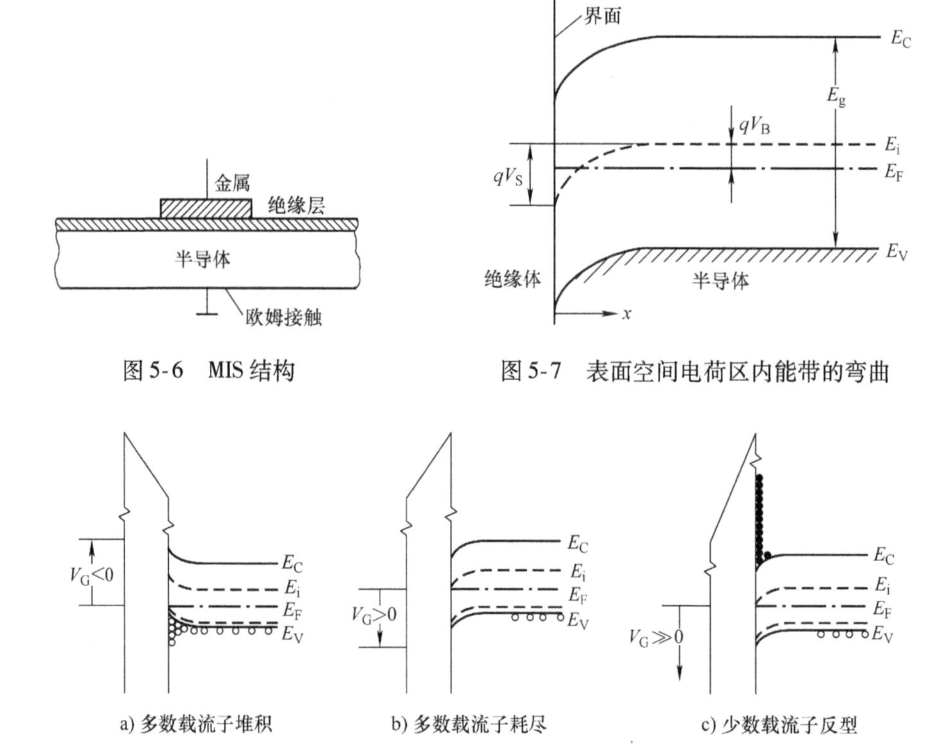

图 5-6 MIS 结构

图 5-7 表面空间电荷区内能带的弯曲

图 5-8 由 p 型半导体构成的理想 MIS 结构在外电场下的表面电势和空间电荷分布

1）多数载流子的堆积状态：当金属与半导体间加负电压（金属接负）时，表面势 V_S 为负值，表面处能带向上弯曲，因此表面处价带中空穴浓度增加，形成空穴的堆积，而带正电荷。越接近表面空穴浓度越高。

2）多数载流子的耗尽状态：当金属与半导体间加正电压（金属接正）时，表面势 V_S为正值，表面处能带向下弯曲，因此半导体表面的价带顶离费米能级更远，因此表面处价带中空穴浓度降低，表面层带负电荷，基本上等于电离受主杂质浓度。表面层的这种状态称为耗尽状态。

3）少数载流子的反型状态：当加于金属和半导体的正电压增大时，表面势 V_S 增大，表面处能带进一步向下弯曲。当表面处费米能级位置高于本征半导体费米能级 E_i时，表面处电子浓度将超过空穴浓度，形成与原来半导体衬底导电类型相反的一层，叫作反型层。反型层与半导体内部还夹着一层耗尽层。此时，半导体空间电荷区内的负电荷由两部分组成，半导体近表面处堆积反型层中的电子，另一部分为耗尽层中已电离的受主杂质负电荷。

若以 qV_F表示体内本征费米能级 E_i和 E_F之差，即

$$qV_F = (E_i - E_F)_{体内} \tag{5-23}$$

则反型条件为 $V_S > V_F$，即

$$V_S > V_F = \frac{k_0 T}{q}\ln\left(\frac{N_A}{n_i}\right) \tag{5-24}$$

但若在表面处 E_F只是略高于 E_i，表面处的电子浓度 n_s比耗尽层电离受主的浓度 N_A或体内空穴浓度 p_0都要小得多，不足以显著影响空间电荷密度，也不会在表面层形成显著的导电能力。

当 V_S足够大，以至表面处的电子浓度可与耗尽层电离受主的浓度及体内空穴浓度比拟时，表面反型载流子的影响不可忽略，称为强反型。若以 $n_s > p_0$为强反型条件，则

$$V_S > 2V_F = \frac{2k_0 T}{q}\ln\left(\frac{N_A}{n_i}\right) \tag{5-25}$$

衬底杂质浓度越高，表面势 V_S越大，越不易达到强反型。

强反型是一种具有重要实际意义的状态。反型载流子主要分布在表面势能最低的一个狭窄的范围内。通常把这一反型导电薄层称为导电沟道，对于 p 型衬底形成的反型沟道为 n 型的，称为 n 沟道；在 n 型半导体中，可形成 p 沟道。

在实际当中，通过改变金属电极上的电压，就可改变绝缘层的电场及反型沟道的导电能力。这就是 MOS 场效应晶体管等场效应器件的工作原理。

反型层理论很好地解析了拉什卡列夫的实验。在 Cu_2O 光电池中，由于光电压的存在，在半导体表面形成了反型层，即在 p 型的 Cu_2O 和薄膜电机之间存在 n 型 Cu_2O 薄层的缘故。

5.2.3　MIS 太阳能电池

金属－半导体接触对于许多半导体而言并不理想，接触势垒并不是强烈地依赖

于金属的功函数。而 MIS 结构可以消除这种非理想状态。如果绝缘层很薄，则载流子通过量子力学隧道效应将能穿过。流过绝缘层的电流随绝缘层厚度的减少呈指数增加。

$$J = J_{S\to m} + J_{m\to S} = P_h A^* T^2 \exp\left(-\frac{\phi_n}{k_0 T}\right)\left[\exp\left(\frac{qV}{k_0 T}\right) - 1\right] \tag{5-26}$$

式中，P_h为粒子的穿隧概率，远小于 1。且 MIS 结构比肖特基结构可得到较大的势垒高度 ϕ_n 值，降低了电流的热电子发射分量，即降低了饱和电流，增大了电池的开路电压。

绝缘层还将降低少数载流子在金属和半导体之间流通的速度。然而，只要绝缘层足够薄，那么这些载流子的流动主要受到半导体内的较小传输速度的限制。在这种情况下，少数载流子的状况在 pn 结相同，即

$$J = J_s\left[\exp\left(\frac{qV}{k_0 T}\right) - 1\right] \tag{5-27}$$

式中，反向饱和电流密度 J_s由衬底半导体类型而决定，为 n 型半导体时

$$J_{sn} = \frac{qD_p p_{n0}}{L_p} \tag{5-28}$$

为 p 型半导体时

$$J_{sp} = \frac{qD_n n_{p0}}{L_n} \tag{5-29}$$

虽然结构上大不相同，但是能够制造出在电学特性上相当于理想 pn 结的 MIS 太阳能电池[8]。如图 5-9 所示，顶部金属层或者足够薄，使光透射到半导体衬底，

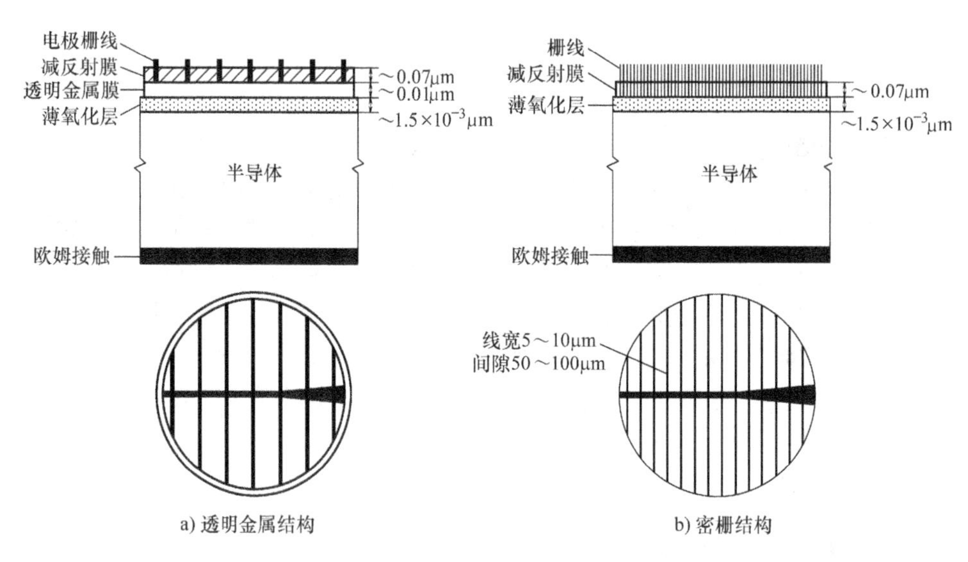

图 5-9　MIS 太阳能电池结构

形成光吸收，产生光生电流。而金属薄层的电阻较高，因此加较厚的电极栅线。第二种方法是采用传统电池顶部电极栅线结构。而栅线结构直接阻挡了光线，减小了可用面积，降低了转换效率。第三种方法是采用如氧化锡、氧化铟、氧化锌或氧化镉等透明导体，但这些氧化物实际上是重掺杂半导体。因此，所得到的结构为半导体 - 绝缘层 - 半导体太阳能电池，接近于异质结太阳能电池。

5.3　半导体异质结

半导体的异质结是由两种不同的半导体材料形成的，而由两种导电类型相反的两种不同的半导体材料所形成的异质结称为反型异质结。如 p 型 $CuInSe_2$ 与 n 型 CdS 所形成的结为反型异质结，记为 p - $CuInSe_2$/n - CdS；由 n 型 CdTe 与 p 型 CdS 形成的异质结，记为 n - CdTe/p - CdS。

由导电类型相同的两种不同的半导体材料所形成的异质结称为同型异质结。导电类型可以同是 n 型，也可以同是 p 型。如 p 型 Si 和 p 型 GaP 所形成的即为同型异质结，记为 p - Si/p - GaP。

一般异质结的表示符号都是把禁带宽度较小的半导体材料写在前面，且在实际太阳能电池中通常都是用禁带宽度较小的半导体材料制作电池的衬底，禁带宽度大的半导体材料制作电池的顶层。这样顶层的禁带宽度大的半导体材料吸收能量高的光子能量，衬底的禁带宽度较小的半导体材料吸收能量较小的光子能量，实现对光谱的分层吸收，既可提高量子效率，又可提高光谱响应。

异质结根据其过渡区的长度可分为突变型异质结和缓变型异质结。如果从一种半导体向另一种半导体的过渡只发生于几个原子距离范围内，则称为突变型异质结。如果发生于几个扩散长度范围内，则称为缓变型异质结。目前异质结太阳能电池均为突变型异质结，缓变型异质结尚处研究中，因此，下面只讨论突变型异质结。

5.3.1　界面态

通常制造突变型异质结是把一种半导体材料在和它具有相同的或不同的晶格结构的另一种半导体单晶材料上生长而成[5,9]。生长层的晶格结构及晶格完整程度与这两种半导体材料的晶格匹配情况有关。对于晶格常数为 a_1 及 a_2 的两种半导体材料之间的晶格失配定义为

$$\frac{2|a_1 - a_2|}{a_1 + a_2} \times 100\% \tag{5-30}$$

表 5-4 列出了若干半导体异质结的晶格失配的百分数。

表 5-4　几种半导体异质结的晶格失配的百分比

异质结	晶格常数/Å	晶格失配（%）	异质结	晶格常数/Å	晶格失配（%）
Ge－Si	5.6575～5.4307	4.1	Si－GaAs	5.4307～5.6531	4
Ge－InP	5.6575～5.8687	3.7	Si－GaP	5.4307～5.4505	0.36
Ge－GaAs	5.6575～5.6531	0.08	InSb－GaAs	6.4387～5.6531	13.6
Ge－GaP	5.6575～5.4505	3.7	GaAs－GaP	5.6531～5.4505	3.6
Ge－CdTe	5.6575～6.477	13.5	GaP－AlP	5.4305～5.451	0.01
Ge－CdSe（ω）	5.6575～7.01（c）	21.3	Si－CdS（ω）	5.4307～6.749（c）	21.6

构成异质结的两种半导体材料，由于晶格失配，使界面处产生悬挂键，构成了界面态[10]。在界面处，晶格常数小的半导体材料中出现了一部分不饱和的键，这就是悬挂键，如图5-10所示[11]。

对于n型半导体，悬挂键起受主作用，因此表面处的能带向上弯曲。而对于p型半导体，悬挂键起施主作用，因此表面处的能带向下弯曲。根据表面能级理论，当具有金刚石结构的晶体的表面能级密度在$10^{13}/cm^2$以上时，在表面处的费米能级位于禁带宽度的约1/3处，如图5-11所示。

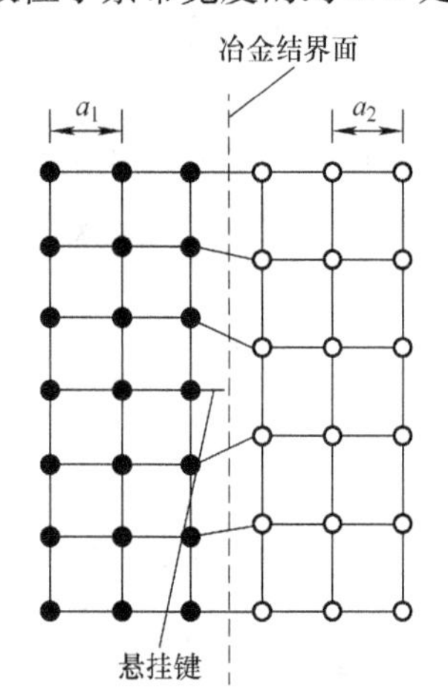

图5-10　异质结界面态

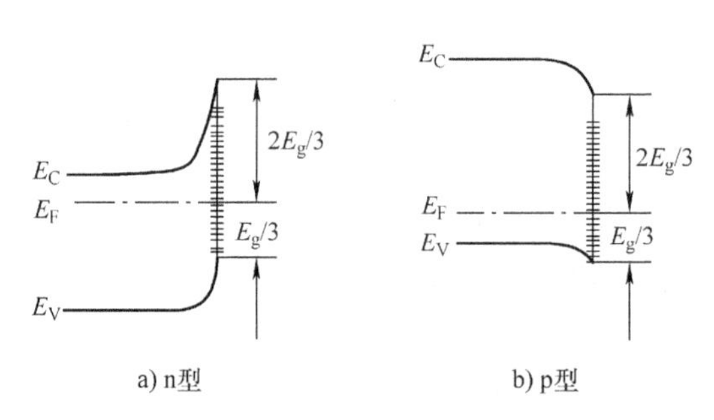

图5-11　半导体材料的表面能级

当两种半导体材料的晶格常数极为接近时，晶格匹配较好，一般可以不考虑界面态的影响。但是，即使两种半导体材料的晶格常数在室温时是相同的，由于膨胀系数不同，温度变化使界面处产生应力或使键破裂产生悬挂键，或两种材料的原子在界面处互相扩散，都将形成不同的界面态。当两种半导体材料的晶格有1%不匹配时，就可产生$10^{13}/cm^2$的界面态。这些界面态形成电子的定域能级，存储电荷，使势垒形态发生畸变，形成复合中心。

通常异质结太阳能电池界面处的晶格失配都比较大，因此在生产工艺中，设法使其中大部分悬挂能级被束缚住或被钝化，不起复合中心作用，成为异质结太阳能电池制造工艺中有待研发的重要技术问题。

5.3.2　异质结能带图[5,12]

在不考虑两种半导体界面处的界面态的情况下，任何异质结的能带图均取决于形成异质结的两种半导体的电子亲和能、禁带宽度以及功函数。但是功函数随杂质浓度的不同而变化。

1. 突变反型异质结能带图

功函数为 W_{p1} 的 p 型半导体和功函数为 W_{n2} 的 n 型半导体接触前的能带图如图 5-12a 所示。图中，δ_1 为费米能级 E_{F1} 和价带顶 E_{V1} 的能量差；δ_2 为费米能级 E_{F2} 和导带底 E_{C2} 的能量差。

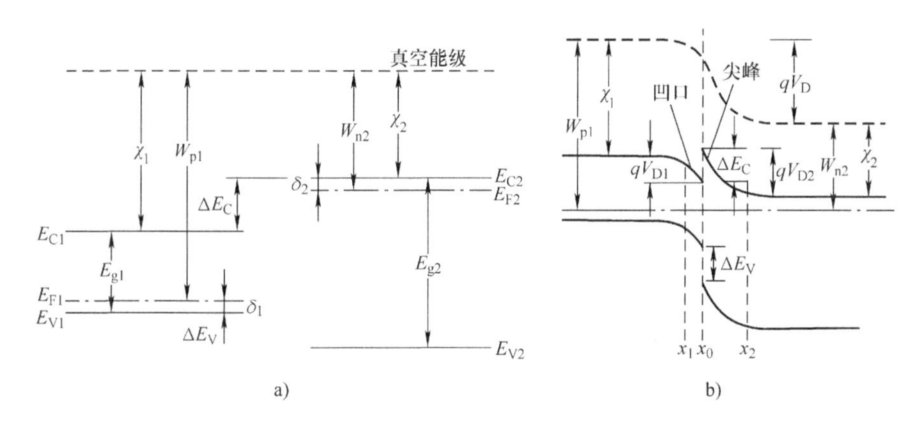

图 5-12　pn 反型异质结能带图

在形成异质结之前，两种半导体材料的费米能级为

$$E_{F1} = E_{V1} + \delta_1 \tag{5-31}$$

$$E_{F2} = E_{C2} + \delta_2 \tag{5-32}$$

当两者紧密接触形成异质结时，由于 n 型半导体的费米能级较高，电子从 n 型半导体流向 p 型半导体，而空穴从 p 型半导体流向 n 型半导体，直至两种半导体的费米能级相等为止，处于热平衡状态。因此，在交界面处形成空间电荷区，即势垒区或耗尽区，产生内建电场，如图 5-12b 所示。其内建电势差 V_D 为

$$V_D = V_{D1} + V_{D2} = \frac{E_{F2} - E_{F1}}{q} = \frac{W_{p1} - W_{n2}}{q} \tag{5-33}$$

式中，V_{D1}、V_{D2} 分别为交界面两侧的 p 型及 n 型半导体一侧形成的电势差，为

$$V_{D1} = \frac{\varepsilon_2 N_{D2} V_D}{\varepsilon_1 N_{A1} + \varepsilon_2 N_{D2}} \tag{5-34}$$

$$V_{D2} = \frac{\varepsilon_1 N_{A1} V_D}{\varepsilon_1 N_{A1} + \varepsilon_2 N_{D2}} \tag{5-35}$$

式中，ε_1、ε_2 分别为 p 型及 n 型半导体的介电常数；N_{A1}、N_{D2} 分别为 p 型及 n 型

半导体的掺杂浓度，且都是均匀分布的。

因为两种半导体的介电常数不同，内建电场在交界面处是不连续的。n 型半导体的导带底在交界面处形成一向上的“尖峰”，而 p 型半导体的导带底在交界面处形成一向下的“凹口”，在交界面处形成突变，突变 ΔE_C 为

$$\Delta E_C = \chi_1 - \chi_2 \tag{5-36}$$

价带顶的突变为

$$\Delta E_V = (E_{g2} - E_{g1}) - (\chi_1 - \chi_2) \tag{5-37}$$

且有

$$\Delta E_C + \Delta E_V = E_{g2} - E_{g1} \tag{5-38}$$

式（5-36）~式(5-38）对所有突变型异质结普遍适用。

突变 np 异质结与 pn 异质结类似，其能带图如图 5-13 所示。

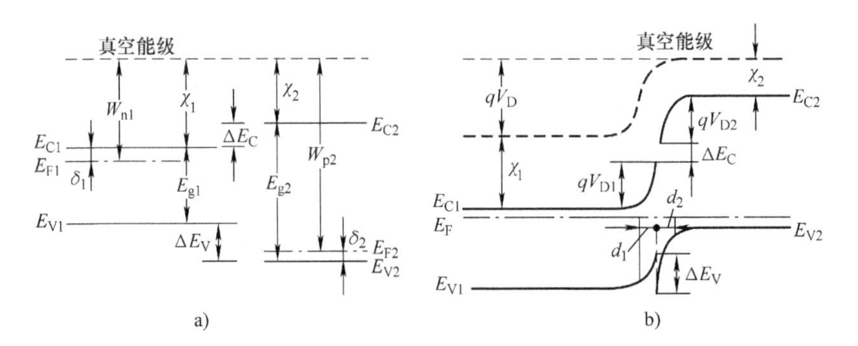

图 5-13　突变 np 异质结能带图

2. 突变同型异质结能带图

功函数为 W_{n1}、W_{n2}的两种不同材料的 n 型半导体相接触，形成突变型异质结时，其能带图如图 5-14 所示。由于功函数小的 n 型半导体的费米能级高，因此电子从功函数小的n 型半导体流向功函数大的 n 型半导体流动，形成电子的积累层，而功函数小的 n 型半导体一边形成耗尽层。

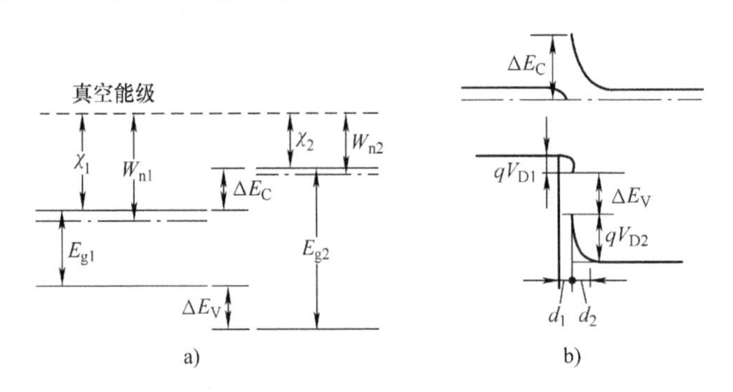

图 5-14　nn 同型异质结能带图

对于反型异质结，两种半导体材料的交界面两边都形成耗尽层。而在同型异质结中，必有一边成为积累层。显然，在同型异质结中，式（5-36）~式（5-38）同样适用。而其内建电势差 V_D 为

$$V_D = V_{D1} + \frac{\varepsilon_1 N_{D1}}{\varepsilon_2 N_{D2}}\left\{\frac{k_0 T}{q}\left[\exp\left(\frac{qV_D}{k_0 T}\right) - 1\right] - V_{D1}\right\} \tag{5-39}$$

在 $V_{D1} < k_0 T/q$ 时，有

$$V_{D1} \approx \frac{\varepsilon_2 N_{D2}}{\varepsilon_1 N_{D1}} \frac{k_0 T}{q}\left[\left(1 + \frac{2qV_D}{k_0 T}\frac{\varepsilon_1 N_{D1}}{\varepsilon_2 N_{D2}}\right)^{1/2} - 1\right] \tag{5-40}$$

$$V_{D2} = V_D - V_{D1} \tag{5-41}$$

突变 pp 异质结与 nn 异质结类似，内建电势差公式在 nn 异质结公式中将施主杂质浓度改为受主杂质浓度即可，其能带图如图 5-15 所示。

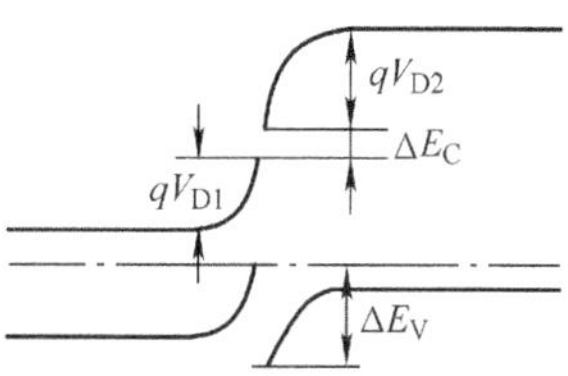

图 5-15　突变 pp 异质结能带图

5.3.3　异质结的电流－电压特性

当异质结上外加电压时，由于异质结的交界面处能带是不连续的，且存在界面态，因此不能用简单的模型讨论电流输运机制，要比一般 pn 结复杂得多。

1. 突变反型异质结电流－电压特性

目前对突变反型异质结的电流－电压特性的解释，主要由 5 种模型：1）扩散模型；2）发射模型；3）发射－复合模型；4）隧道模型；5）隧道－复合模型。实际研究分析表明，这 5 种理论模型都只能解释部分实验结果，还有待于深入研究。

（1）扩散模型

扩散模型认为异质结中的电流输运机制是载流子以扩散运动方式通过势垒。如图 5-16a 所示的 pn 异质结中，在交界面处，功函数小的半导体的势垒“尖峰”低于异质结势垒区外的功函数大的半导体材料的导带底，其势垒差定义为

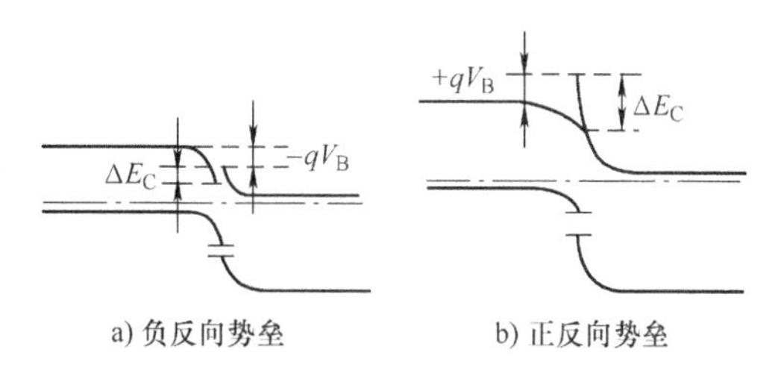

a) 负反向势垒　　b) 正反向势垒

图 5-16　突变反型异质结的势垒示意图

$$-qV_B = qV_{D2} - qV_D + \Delta E_C \tag{5-42}$$

称为负反向势垒。

热平衡状态时，空穴由 p 型半导体的价带到 n 型半导体的价带的势垒高度为 $(qV_D + \Delta E_V)$，而电子由 n 型半导体的导带到 p 型半导体的导带的势垒高度为 $(qV_D - \Delta E_C)$。显然 $(qV_D + \Delta E_V) > (qV_D - \Delta E_C)$，空穴的势垒比电子势垒高得多，因此通过势垒的电流主要是电子电流，空穴电流可以忽略。当异质结加正向电

压 V 时，可求得电子电流密度 J，为

$$J=\frac{qD_{\mathrm{n}}n_2}{L_{\mathrm{n}}}\exp\left(-\frac{qV_{\mathrm{D}}-\Delta E_{\mathrm{C}}}{k_0T}\right)\left[\exp\left(\frac{qV}{k_0T}\right)-1\right] \tag{5-43}$$

或

$$J=qn_2\left(\frac{D_{\mathrm{n}}}{\tau_{\mathrm{n}}}\right)^{1/2}\exp\left(-\frac{qV_{\mathrm{D}}-\Delta E_{\mathrm{C}}}{k_0T}\right)\left[\exp\left(\frac{qV}{k_0T}\right)-1\right] \tag{5-44}$$

式中，n_2 为 n 型半导体中多数载流子的浓度。

如图 5-16b 所示的 pn 异质结中，在交界面处，功函数小的半导体的势垒“尖峰”高于异质结势垒区外的功函数大的半导体材料的导带底，其势垒差为

$$qV_{\mathrm{B}}=qV_{\mathrm{D2}}-qV_{\mathrm{D}}+\Delta E_{\mathrm{C}} \tag{5-45}$$

称为正反向势垒。当异质结加正向电压 V 时，可求得电子电流密度 J，为

$$J=qn_2\left(\frac{D_{\mathrm{n}}}{\tau_{\mathrm{n}}}\right)^{1/2}\exp\left(-\frac{qV_{\mathrm{D2}}}{k_0T}\right)\left[\exp\left(\frac{qV_2}{k_0T}\right)-\exp\left(\frac{qV_1}{k_0T}\right)\right] \tag{5-46}$$

式中，V_1、V_2 为外加电压在交界面的 p 型一侧和 n 型一侧的势垒区中的电势降。

负反向势垒时，突变反型异质结的电流 - 电压特性如式（5-44）和普通的 pn 结相似，正向电流随外加电压按指数函数关系增大，而反向电流有一饱和电流，如图 5-17 所示。但是，正反向势垒时，如式（5-46），正向和反向电流都随外加电压按指数函数关系增大。

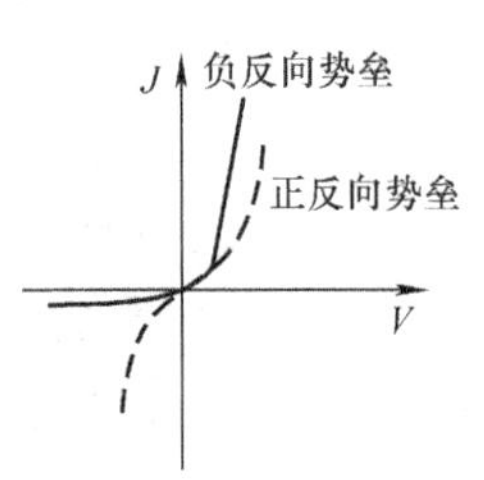

图 5-17　扩散及发射模型的电流 - 电压特性

（2）发射模型

发射模型认为，在任何温度下，由于热运动，将有一部分载流子具有足够的热运动能量克服势垒，在交界面处以热电子发射方式通过势垒。对于负反向势垒的情况，与扩散模型完全一样。

（3）发射 - 复合模型

发射 - 复合模型认为，在交界面处存在着晶格被强烈扰乱的一薄层，产生许多界面态。载流子以热发射方式克服了各自的势垒而到达交界面处迅速复合。因此，根据这一模型，pn 异质结成为 p 型半导体 - 金属的肖特基势垒和金属 - n 型半导体的肖特基势垒相串联的状态，如图 5-18 所示。因此，电流 - 电压特性完全由电流值小的一方（即势垒高的一方）的肖特基势垒特性所决定，有

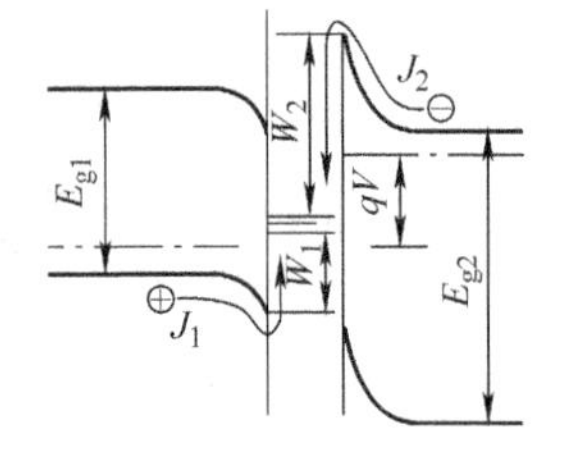

图 5-18　pn 异质结的发射 - 复合模型

$$J=A^{*}T^2\exp\left(-\frac{W_2}{k_0T}\right)\left[\exp\left(\frac{qV_2}{k_0T}\right)-1\right] \tag{5-47}$$

由式（5-47）可知，发射 - 复合模型的电流 - 电压特性与扩散模型和发射模型一致，其正向电流随电压按指数函数增大，如图 5-17 所示。

类比同质结太阳能电池的情况，以上模型可写为

$$J = J_{sh}\left[\exp\left(\frac{qV}{k_0 T}\right) - 1\right] \tag{5-48}$$

式中，J_{sh}为突变异质结反向电流密度，扩散模型及发射模型时，有

$$J_{sh} = \frac{qD_n n_2}{L_n}\exp\left(-\frac{qV_D - \Delta E_C}{k_0 T}\right) = qn_2\left(\frac{D_n}{\tau_n}\right)^{1/2}\exp\left(-\frac{qV_D - \Delta E_C}{k_0 T}\right) \tag{5-49}$$

发射－复合模型时，为

$$J_{sh} \approx A^* T^2 \exp\left(-\frac{W_2 + qV_1}{k_0 T}\right) \tag{5-50}$$

2. 突变同型异质结电流－电压特性

形成同型异质结的两种半导体的交界面处，若表面能级密度在 $10^{13}/cm^2$ 以下时，其能带图如图 5-14 和图 5-15 所示。这种能带图的电流－电压特性与反型异质结类似。在表面能级密度为 $10^{13}cm^{-2}$ 以上时，同型异质结的能带图如图 5-19 所示。针对这种异质结提出了双肖特基模型[10,13]，如图 5-20 所示。肖特基结 1 及 2 的电流－电压关系可写为

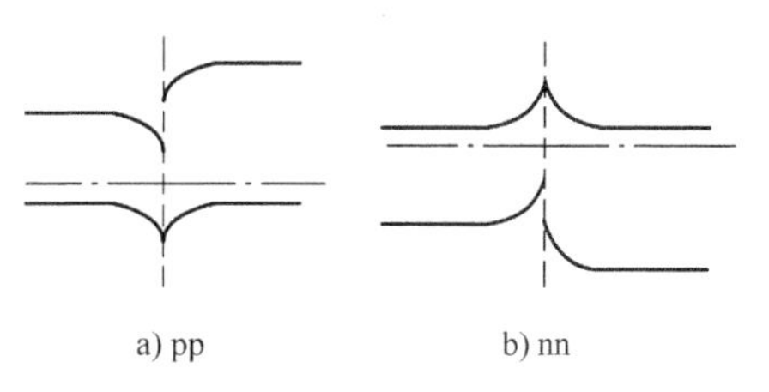

图 5-19 界面态影响时同型异质结的能带示意图

$$\begin{cases} J_1 = J_{sT1}\left[\exp\left(\frac{qV_1}{k_0 T}\right) - 1\right] \\ J_2 = -J_{sT2}\left[\exp\left(-\frac{qV_2}{k_0 T}\right) - 1\right] \end{cases} \tag{5-51}$$

式中，反向饱和电流密度 J_{sT1}及 J_{sT2}如式（5-18）所示。

在外加电压 V 下，通过异质结的电流密度 $J = J_1 = J_2$，而外加电压 V 形成分压，即 $V = V_1 + V_2$，则通过异质结的电流密度 J 为

$$J = \frac{2J_{sT1}J_{sT2}\,\mathrm{sh}\left(\frac{qV}{2k_0 T}\right)}{J_{sT1}\exp\left(\frac{qV}{2k_0 T}\right) + J_{sT2}\exp\left(-\frac{qV}{2k_0 T}\right)} \tag{5-52}$$

根据式（5-52）可得如图 5-21 所示的 $J-V$ 特性曲线，正负两个方向都有饱和特性，并在大的外加电压下出现击穿现象。

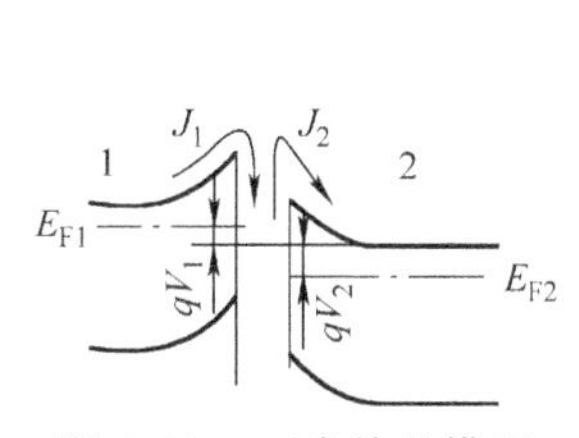

图 5-20 双肖特基模型

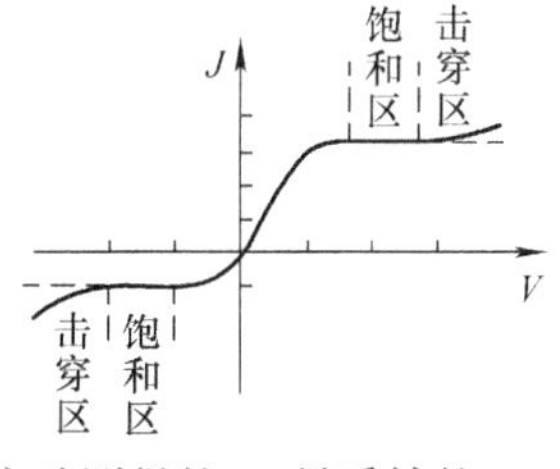

图 5-21 实验测得的 nn 异质结的 $J-V$ 特性曲线

但是这个模型还不能解释实验观测到的一些现象。突变型异质结的各种有关电流－电压模型，还没有一个能说明各种异质结的电流－电压特性的统一理论。

5.4 非晶态半导体

5.4.1 非晶态半导体的结构

非晶态半导体的结构虽然不具有长程序，但其中原子的排列也不是完全杂乱无章的。非晶体中每一原子周围的最近邻原子数与晶体中一样，且这些原子的空间排列方式仍大体保持晶体中的特征，只是键角和键长发生了一些畸变。例如非晶硅中每一原子周围仍是4个最近邻原子，但是任意两个键之间的夹角不像单晶硅那样都是109°28′，而是随机地分布在109°28′±10°的范围内。因此，非晶态固体中的这种特性称为**短程有序**。固体中能带图及许多电、磁、光特性决定于短程序，取决于材料中原子间化学键的性质。

制备非晶态半导体有两类方法，一是从液态快淬冷却法，制备硫系非晶态半导体多采用这种方法，得到的往往是玻璃态。二是用真空蒸发、溅射辉光放电及化学气相沉积（Chemical Vapor Deposition，CVD）等方法，得到的是薄膜状非晶态半导体。这类方法适用于制备非晶硅（Amorphous Silicon，a－Si）、a－Ge 及其他四度配位的化合物非晶态半导体[5]。

不管用什么方法得到的非晶态固体均不是处于平衡态，其自由能要比平衡态即晶体的高。这种状态不是最稳定的，称为亚稳态。从能量观点看，非晶态薄膜处于自由能较高的亚稳态，而玻璃态非晶则处于自由能较低的比较稳定的亚稳态，晶体则是自由能最低的稳定态。

由于非晶态的无序，使导带底和价带顶部分分别产生由定域态组成的带尾，如图5-22a所示。对于没有缺陷的无规网络，定域态只存在于导带底和价带顶附近，分别延伸至 E_A 和 E_B，E_C 和 E_A 间为导带定域态，E_V 和 E_B 间为价带定域态，统称为带尾定域态。

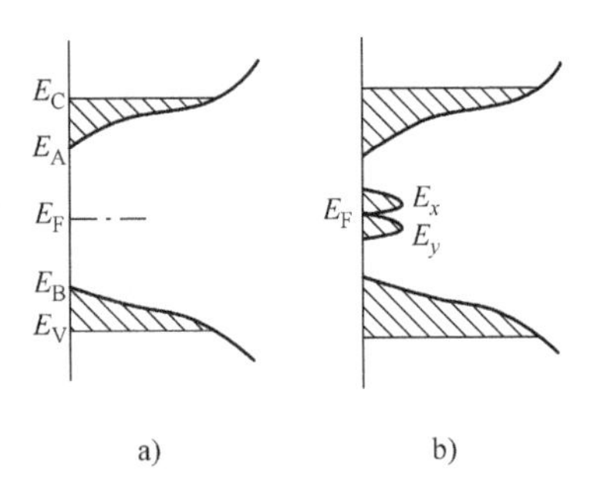

图5-22　非晶态能带模型

实际的非晶材料中总是包含缺陷，如杂质、点缺陷处的悬挂键等，这些缺陷可在带隙中产生能级。戴维斯—莫特（Davi－Mott）提出了图5-22b所示的能带模型，E_x 和 E_y 分别表示由悬挂键引起的深受主和深施主态，它们互相交叠，而 E_F 钉扎在两者中间[14]。实际非晶体中的缺陷是很复杂的，而且还随着制备过程中的条件不同而改变，因此不能用这样简单的模型来说明带隙中的状态。但是可以确定，在非晶态半导体中，由于无规网络中化学键的畸变，在带隙中便形成了定域的电子态，且不可避免地存在着种种缺陷，这些缺陷也在带隙中形成电子态，简称为缺陷电子态。它们与制备工艺及条件密切相关。

以 a-Si 为例，最通常的一种缺陷是一个硅原子周围只有3个最近邻原子，4个原子中只有3个成键，另一个悬空。这个不成键的电子称为悬挂键，这种缺陷称为悬挂键缺陷。除了悬挂键缺陷外，在非晶硅中还有其他类型的更为复杂的缺陷。这些缺陷都有可能在带隙中形成深能级，称为隙态。隙态按能量如何分布还是一个正在研究的问题。

5.4.2　a-Si：H 的掺杂效应及 pn 结

1. a-Si：H 的掺杂效应

1971 年，斯皮尔（Spear）等人用辉光放电法分解硅烷（SiH_4）制得了 a-Si：H，由于氢原子中电子对悬挂键的饱和作用，使其中悬挂键缺陷浓度以及隙态密度大大降低。在 1975 年，斯皮尔等人又首次成功地实现了对 a-Si：H 的掺杂，制备了 n 型和 p 型 a-Si：H 材料[15]。他们的实验结果如图 5-23所示。图中横坐标中部的虚线范围内表示未掺杂的情况；右侧自左向右表示磷烷（PH_3）对 SiH_4分子比的增长；左侧自右向左表示硼烷（B_2H_6）对 SiH_4分子比的增长。未掺杂时，电导激活能 $\Delta E = E_C - E_F = 0.6\text{eV}$。当磷烷分子比由 10^{-6}增至 10^{-2}时，费米能级升至距导带底 0.2eV 处，形成 n 型半导体。当硼烷分子比从 10^{-6}增至 10^{-4}时，费米能级升至距价带顶 0.8eV 左右，而分子比继续增至 10^{-2}时，费米能级降至距价带顶 0.2eV 附近，形成 p 型半导体。因此，控制掺杂浓度可以在很大范围内改变 a-Si：H 的费米能级位置。

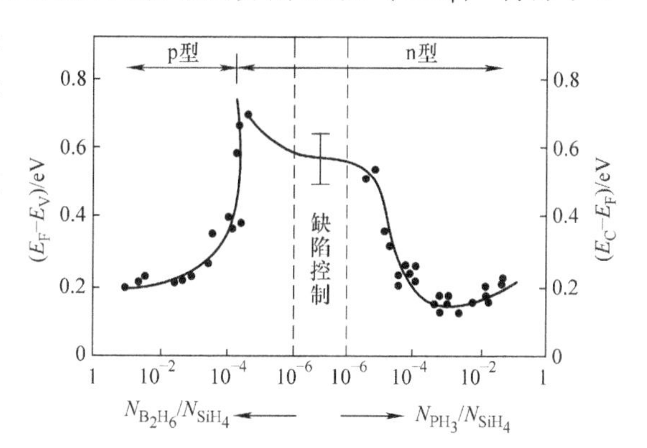

图 5-23　电导激活能随掺杂浓度的变化

2. a-Si：H 的 pn 结

非晶态半导体的 pn 结特性可以用类似于单晶半导体 pn 结的理论解释。非晶态半导体的 pn 结加正向电压 V 时，其电流-电压特性为

$$J = J_{sa}\left[\exp\left(\frac{qV}{nk_0T}\right) - 1\right] \tag{5-53}$$

式中，n 为 pn 结的理想因子，由实验测得 $n = 2.3 \pm 0.2$；J_{sa}为反向饱和电流密度，为

$$J_{sa}=\frac{q\left(N_V N_C\right)^{1/2}X_D}{2\tau}\exp\left(\frac{E_g}{2k_0T}\right) \tag{5-54}$$

式中，X_D 为势垒宽度；E_g 为带隙宽度。

5.4.3 非晶硅太阳能电池

非晶硅太阳能电池工作原理也是基于光生伏特效应，但是其结构并不是 pn 结构，而是 p－i－n 结构。通常，非晶硅的 pn 结不显示整流特性，而近似于欧姆接触特性。这是因为非晶硅材料的缺陷能级密度太大，受限于通过这种缺陷之间的复合电流或隧道电流。因此，在 p 层和 n 层之间加入本征层 i，光生载流子的生成主要在 i 层，依靠内建电场作用将光注入生成的载流子在复合之前分离并收集到电极上。非晶硅太阳能电池的光生载流子主要依靠电池内电场作用下的漂移运动，而晶硅太阳能电池的光生载流子是内建电场作用下的漂移运动外还有内建电场外的扩散运动，且由于势垒区很薄，以扩散运动为主，如图 5-24 所示。这就是两者的区别[16]。

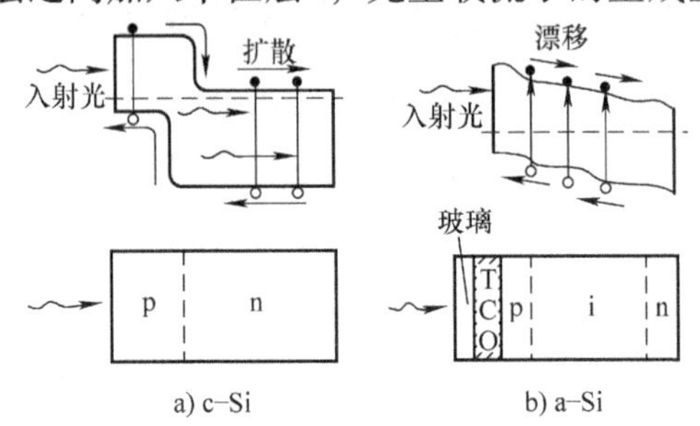

图 5-24　太阳能电池光生载流子输运示意图

单晶硅是间接带隙半导体材料，光吸收系数较小，为了充分吸收太阳光，需要 100μm 的厚度。而非晶硅的光吸收属直接跃迁，吸收系数较大，只需要 0.3～0.6μm 的厚度就可充分吸收太阳光。因此，可实现太阳能电池的薄膜化。

非晶硅太阳能电池经常以非晶、微晶叠层电池的结构形式出现，如图 5-25 所示[17]。硅基薄膜电池一般在玻璃衬底上先沉积一层透明导电氧化物（Transparent Conductive Oxide，TCO）薄膜，然后 p－i－n 或 n－i－p 按顺序连续沉积。最后将背电极直接沉积在最底层的半导体材料上。TCO 薄膜作为电池的顶电极，且充当减反射膜，使更多的光进入电池。由于 p 层和 n 层缺陷能级密度很大，载流子寿命极短，产生的光生载流子尚未来得及到达势垒区，就将全部复合，对于发电是无效的。因此，入射光到达 i 层之前应尽量减少光吸收，通常采用禁带宽度较大、光透射率较高的非晶硅碳合金（a－SiC：H）作为 TCO 薄膜的下面层，即 p－i－n 或n－i－p的第一层，常称为窗口层。a－SiC：H 可有效地提高电池的开路电压和短路电流。但是，窗口层 a－SiC：H 和 i 层界面存在带隙的不连续性，界面处容易产生界面态，而产生复合，降低了电池的填充因子。因此，常采用一个缓变的碳过渡层，降低界面态密度，提高填充因子。背电极常采用氧化锌和铝（ZnO/Al）复合背电极。

如图 5-25b、c、d 所示，为了提高太阳能电池的效率，采用了叠层结构。目前硅基薄膜太阳能电池有双叠层和三叠层电池。图 5-25b 为 a－Si：H/a－Si：H 双叠层结构。非晶硅的带隙从 1.1～2.2eV，可在相当大范围内有序调节。顶层非晶硅设置较大带隙，底层非晶硅设置较小带隙，分别吸收太阳光的短波辐射与长波辐

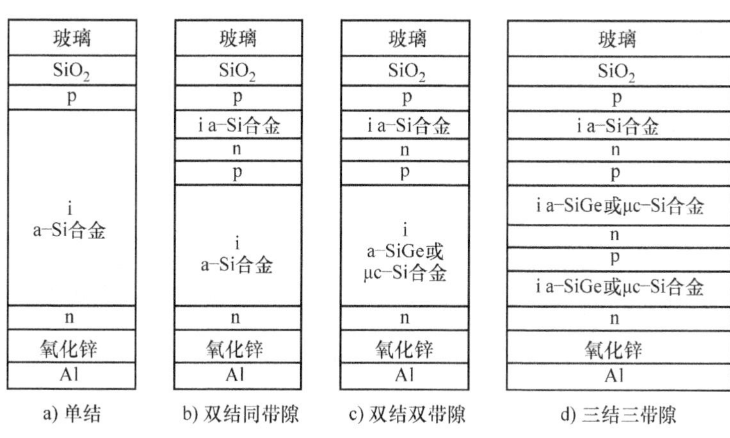

图 5-25　硅基薄膜电池结构示意图

射，拓宽了电池的光谱响应范围及开路电压，提高了效率。

图 5-25c 为 a－Si：H/μc－Si：H 双叠层结构。顶层仍为较大带隙的非晶硅，底层采用微晶硅。微晶硅的禁带宽度接近于单晶硅，可吸收长波区的太阳辐射。用微晶硅做底电池，形成 a－Si：H/μc－Si：H 叠层结构，提高了电池效率，且微晶硅材料比非晶硅材料有更高的有序度及较小的光致衰退效应，提高了电池稳定性，可延长电池寿命。

图 5-25d 为三叠层结构。早在 20 世纪 80 年代，美国能源转换器件公司（ECD）就开始了 a－Si：H/a－SiGe：H/a－SiGe：H 三叠层太阳能电池的研究。1987 年他们取得了 13% 的初始转换效率，其 $J-V$ 特性曲线如图 5-26a 所示。中间层和底层虽然都是 a－SiGe：H 层，但是其 Si 和 Ge 分子比重不同，使得中间层带隙比底层带隙高，其三层量子效率曲线如图 5-26b 所示。

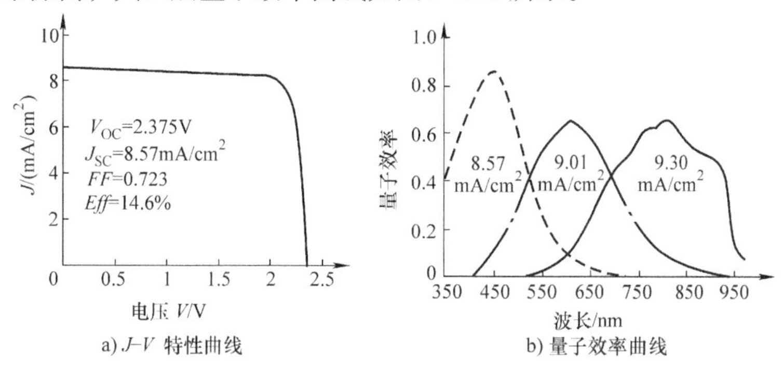

图 5-26　a－Si：H/a－SiGe：H/a－SiGe：H 三结硅基薄膜电池 $J-V$ 特性曲线和量子效率曲线

习　题

1. 半导体为 n 型硅的肖特基结太阳能电池，在 300K 时，交界面处的势垒高度为0.7eV，相对理查逊常数为2.1，在1000W/m^2的光照下，其短路电流为300A/m^2，试计算其开路电压和光电转换效率。

2. 为什么非晶硅太阳能电池为p-i-n结构？

3. 叠层结构的太阳能电池，不同带隙的材料叠层顺序是什么？其短路电流为多少？开路电压为多少？

参考文献

[1] 薛春荣. 太阳能光伏组件技术 [M]. 北京：科学出版社，2014.

[2] MARKVART T, CASTAFIER L. Solar cells: materials, manufacture and operation [M]. Oxford: Elsevier/Academic Press, 2013.

[3] BARNETT A M, ROTHWARF A. Thin-film solar cells: A unified analysis of their potential [J]. IEEE Transactions on Electron Devices, 1980, 27 (4): 615-630.

[4] GOETZBERGER A, HOFFMANN V U. Photovoltaic solar energy Generation [M]. [S. l.]: Springer, 2005.

[5] 刘恩科. 半导体物理学 [M]. 4版. 北京：国防工业出版社，2011.

[6] 黄昆，谢希德. 半导体物理学 [M]. 北京：科学出版社，2012.

[7] KINGSTON R H, NEUSTADTER S F. Calculation of the space charge, electric field, and free carrier concentration at the surface of a semiconductor [J]. Journal of Applied Physics, 1955, 26 (6): 718-720.

[8] 格林. 太阳能电池工作原理、技术和系统应用 [M]. 狄大卫，曹昭阳，李秀文，译. 上海：上海交通大学出版社，2010.

[9] DAVEY J E, PANKEY T. Epitaxial GAAS films deposited by vacuum evaporation [J]. Journal of Applied Physics, 1968, 39 (4): 1941-1948.

[10] OLDHAM W G, MILNES A G. Interface states in abrupt semiconductor heterojunctions [J]. Solid State Electronics, 1964, 7 (2): 153-165.

[11] 刘鉴民. 太阳能利用：原理·技术·工程 [M]. 北京：电子工业出版社，2010.

[12] SHARMA B L, PUROHIT R K, PAMPLIN B R. Semiconductor heterojunctions [M]. Oxford: Pergamon Press, 1974.

[13] OLDHAM W G, MILNES A G. n-n semiconductor heterojunctions [J]. Solid State Electronics, 1963, 6 (2): 121-132.

[14] DAVIS E A, MOTT N F. Conduction in non-crystalline systems V. Conductivity, optical absorption and photoconductivity in amorphous semiconductors [J]. Philosophical Magazine, 1970, 22 (179): 903-922.

[15] SPEAR W E, COMBER P L. Substitutional doping of amorphous Silicon [J]. Solid State Communications, 1975, 17 (9): 1193-1196.

[16] 沈文忠. 太阳能光伏技术与应用 [M]. 上海：上海交通大学出版社，2013.

[17] 朱美芳，熊绍珍. 太阳能电池基础与应用 [M]. 北京：科学出版社，2014.

Chapter

6 第6章 硅基太阳能电池材料及制造工艺

晶硅太阳能电池是目前技术最成熟、工业化程度最高、应用面最广和产量最大的太阳能电池，是光伏应用的主力军，在全世界光伏应用市场占比近90%。晶硅太阳能电池的光电转换效率较高、性能稳定、寿命长，且结构简单，易于生产。

晶硅太阳能电池分为单晶硅太阳能电池和多晶硅太阳能电池。单晶硅太阳能电池转换效率高，技术比较成熟。目前，工业生产的单晶硅太阳能电池效率达到21%，且大部分单晶硅太阳能电池厂商良品率可达98%以上。但是，制造高纯的单晶硅成本及能耗高，制造工艺烦琐。

多晶硅太阳能电池的制造省去了高成本的单晶拉制过程，成本和能耗相对较低，为应用最多的太阳能电池，在光伏市场占50%以上的份额。但是，由于多晶硅含有晶界、位错和杂质等缺陷，因此其光电转换效率比单晶硅太阳能电池低1%~2%。目前，工业生产的多晶硅太阳能电池效率达18.5%，成品率达到95%以上。

而非晶硅薄膜太阳能电池具有制造成本低、能量回收期短、便于大面积连续生产以及可以制成柔性可卷曲形状，使其应用范围更加广泛。因而，非晶硅薄膜太阳能电池被公认为未来太阳能电池发展的重要方向之一，并受到国内外研究单位和产业界的广泛关注。

6.1 晶硅电池材料

硅是地壳中第二丰富的元素，是沙子的主要构成元素。但是实际上硅沙的主要成分是SiO_2，需经过一系列处理才能制作成我们所需的晶硅电池。晶硅电池的制造过程示意图如图6-1所示。太阳能电池的晶硅材料纯度应达到99.9999%以上，需要将硅沙冶炼、提纯才能制得高纯度的多晶硅颗粒。再经过将其拉单晶或铸造多晶硅锭、切片、掺杂制结、烧制电极等一系列工艺才能得到电池。

6.1.1 硅材料提纯

1. 冶金硅

硅沙的主要成分是SiO_2，并含有大量C、B、P、Fe、Al、Li等杂质。硅沙用电弧炉冶炼出冶金硅，其反应式为

$$SiO_2 + 3C \longrightarrow SiC + 2CO \tag{6-1}$$

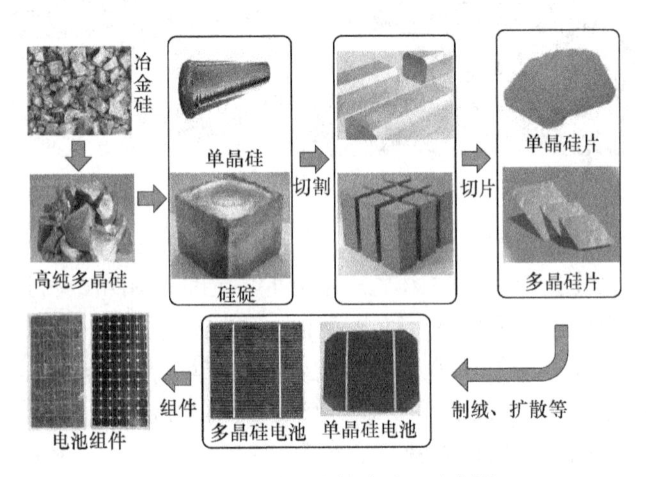

图 6-1　晶硅电池制造过程示意图

$$2SiC + SiO_2 \longrightarrow 3Si + 2CO \tag{6-2}$$

可得到纯度为 95% ~99% 的多晶硅，称为冶金硅，主要用于炼钢和炼铝工业，因此又称为工业硅。

冶金硅对于半导体工业而言，含有过多的杂质，需要采用物理或化学方法对冶金硅进行除杂提纯。半导体级多晶硅（semiconductor grade silicon）对杂质的要求是在 ppb（part per billion）和 ppt（part per trillion）的水平。太阳能级多晶硅（solar grade silicon）则在 ppm（part per million）水平。ppm 指杂质浓度为 10^{-6}，ppb 为 10^{-9}，ppt 为 10^{-12}。

虽然太阳能级多晶硅的纯度要求稍低于半导体级多晶硅，但其生产主流方法与半导体级多晶硅基本一样。为了得到太阳能级以上的高纯多晶硅，最有效的提纯方法是化学提纯。通过化学反应将多晶硅转化为中间化合物，再利用精馏除杂等技术提纯中间化合物，然后再将中间化合物还原成硅。目前采用三氯氢硅氢还原法、硅烷热分解法和四氯化硅氢还原法。

2. 三氯氢硅氢还原法

三氯氢硅氢还原法是目前生产电子级多晶硅的主流技术，是德国西门子（Siemens）公司于 1954 年发明的，因此又称西门子法[1]。西门子法将冶金硅和氯化氢（HCl）反应生成三氯氢硅（$SiHCl_3$），其反应温度为 280 ~ 320℃，化学反应式为

$$Si + 3HCl \xrightarrow{280 \sim 320℃} SiHCl_3 + H_2 + Q \tag{6-3}$$

且该反应为放热反应，大概 50kcal[⊖]/mol。随着反应温度的升高，将生成四氯化硅（$SiCl_4$），且不断增多，当温度超过 350℃后，生成大量的 $SiCl_4$，其反应式为

$$Si + 4HCl \xrightarrow{>350℃} SiCl_4 + 2H_2 + Q \tag{6-4}$$

⊖ 1cal = 4.1868J，后同。——译者注

而反应温度过低，将生成更多的二氯化二氢硅（SiH_2Cl_2），其反应式为

$$Si + 2HCl \xrightarrow{<280^\circ C} SiH_2Cl_2 + Q \tag{6-5}$$

因此，温度的控制很重要，为保持反应炉内的反应温度在280～320℃范围内变化，以提高产品质量和实收率，必须将反应热实时带出。

通过与HCl的反应生成的中间化合物中还含有各种氯硅烷以及Fe、C、P、B等的聚卤化合物，可通过精馏的方法进行提纯。

精馏提纯是利用液体混合物中不同分子具有不同的挥发度，在一定温度下部分汽化、部分冷凝，使混合液分离，获得定量的液体和蒸气，两者的浓度有较大差异，即易挥发组分在气相中的含量比液相高。将其蒸气和液体分开，蒸气进行多次冷凝，最后所得蒸气含易挥发分子极高。液体进行多次汽化，最后所得到的液体几乎不含易挥发分子。这种采用多次部分汽化、部分冷凝的方法使高、低沸物进行分离，从而得到高浓度的产品的过程称为精馏[2]。

$SiHCl_3$沸点低，为31.8℃，挥发性相对较高，具有高的沉积速度，因此通过精馏的方法进行提纯，可得到相对较高纯度的多晶硅，其杂质含量可以降低到ppb级。

高纯的$SiHCl_3$气体与氢气混合物进入如图6-2所示的西门子反应炉中，炉内压力为4～6atm㊀，炉中有直径7～10mm的硅棒，作为硅芯。硅芯直接通电加热到约1100℃。$SiHCl_3$在西门子反应炉中在高温下通过氢还原及热分解生成硅分子，沉积在硅芯表面上，生长成直径为150～170mm的多晶硅棒。其反应式为

$$SiHCl_3 + H_2 \xrightarrow{1080\sim1100^\circ C} Si + 3HCl \tag{6-6}$$

$$2(SiHCl_3) \xrightarrow{1080\sim1100^\circ C} Si + 2HCl + SiCl_4 \tag{6-7}$$

$$2(SiHCl_3) \xrightarrow{1080\sim1100^\circ C} SiH_2Cl_2 + SiCl_4 \tag{6-8}$$

$$SiH_2Cl_2 \xrightarrow{1080\sim1100^\circ C} Si + 2HCl \tag{6-9}$$

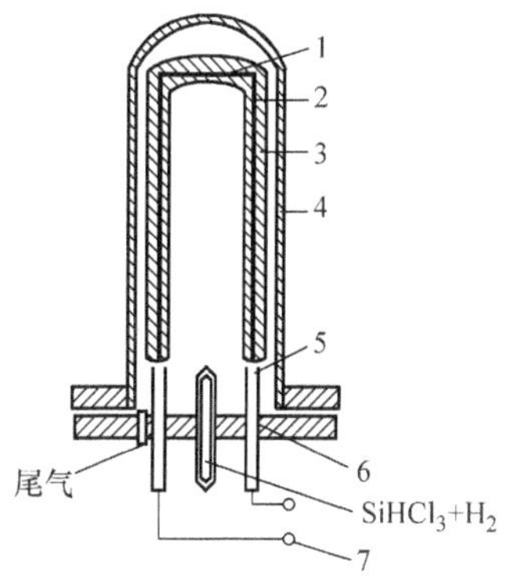

图6-2　西门子反应炉示意图

1—硅桥（横梁）　2—硅棒　3—生长多晶硅　4—水冷不锈钢钟罩　5—石墨支座　6—绝缘块　7—电阻加热电极

进入还原的$SiHCl_3$一次性最多只有15%左右转化成多晶硅，剩下85%都需回收，实行循环再利用。

在冶金硅床中与HCl反应得到$SiHCl_3$的过程中及西门子反应炉中都将生成$SiCl_4$，通过氢化转化成$SiHCl_3$原料。

在冶金硅床中氢化反应式为

㊀ 1atm=101.325kPa，后同。——译者注

$$3SiCl_4 + 2H_2 + Si \longrightarrow 4SiHCl_3 \quad (6\text{-}10)$$

西门子反应炉中生成的 $SiCl_4$ 在高温下氢化反应式为

$$SiCl_4 + H_2 \xrightarrow{1000℃} SiHCl_3 + HCl \quad (6\text{-}11)$$

高纯多晶硅的生产系统是一个庞大的化工循环系统，涉及许多化工原料、中间产物和最终产物。完整的多晶硅生产循环系统包括 $SiHCl_3$ 原料的合成，精馏提纯，$SiHCl_3$ 的还原，反应尾气的回收与分离，$SiCl_4$ 的氢化等过程，其工艺流程如图 6-3 所示。反应剩下的 $SiHCl_3$、H_2、HCl 以及生成的 $SiCl_4$ 尾气，都将回收，实行循环再利用。

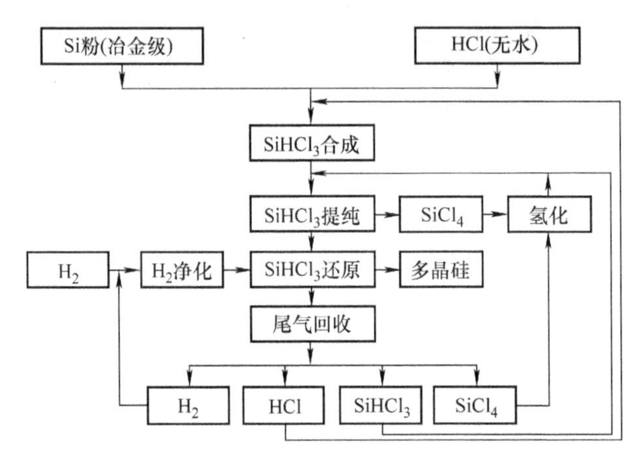

图 6-3　西门子法多晶硅循环工艺流程图

3. 硅烷热分解法

硅烷（SiH_4）易于提纯，硅中的金属杂质在 SiH_4 的制备过程中，不易形成挥发性的金属氢化物气体，因此生成的 SiH_4 中主要杂质仅仅剩余 B 和 P 等非金属，相对易于去除。且 SiH_4 可以热分解直接生成多晶硅，不需要还原反应，并且分解温度相对较低，约为 850℃。虽然通过硅烷热分解法制备的多晶硅纯度高、质量好，但是由于 SiH_4 制造比较复杂，其综合生产成本高。

20 世纪 70 年代美国联合碳化物（Union Carbide）公司提出 SiH_4 制备技术，利用 $SiCl_4$ 和冶金硅反应生成 $SiHCl_3$，然后 $SiHCl_3$ 歧化反应生成 SiH_2Cl_2，最后 SiH_2Cl_2 歧化反应生成 SiH_4，是目前硅烷市场占有量最大的方法。

首先是 $SiCl_4$ 的氢化，氢化炉内反应温度为 500～550℃，在 20～35atm 下，1∶1 的 $SiCl_4$ 和氢气通入冶金硅粉中，生成 20%～30% 的 $SiHCl_3$，其反应式为

$$3SiCl_4 + Si + 2H_2 \xrightarrow{500\sim550℃} 4SiHCl_3 \quad (6\text{-}12)$$

生成的 $SiHCl_3$ 需精馏提纯，没有反应的 $SiCl_4$ 循环回到氢化炉内。精馏提纯后的 $SiHCl_3$ 经过两次再分配反应生成 SiH_4，其反应式为

$$2SiHCl_3 \longrightarrow SiH_2Cl_2 + SiCl_4 \quad (6\text{-}13)$$

$$3SiH_2Cl_2 \longrightarrow SiH_4 + 2SiHCl_3 \qquad (6\text{-}14)$$

反应后的产物再次经过精馏提纯得到高纯度的 SiH_4。

生成的 SiH_4 可以通入西门子反应炉中，通过热分解并在加热的硅芯上沉积生成多晶硅。也可以利用流化床技术，生成高纯多晶硅颗粒。

流化床技术是美国 Ethyl 公司为生产太阳能级多晶硅而研发出来的。流化床反应器如图 6-4 所示，SiH_4 进入流化床反应器中热分解，生成硅分子，沉积在反应器中漂浮的小颗粒硅珠上，硅晶逐渐生长，沉落在反应器底部，通过出口收集成高纯多晶硅颗粒。

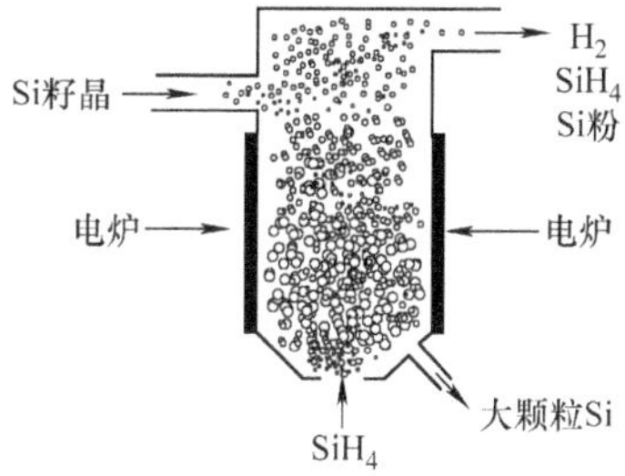

图 6-4　流化床反应器示意图

SiH_4 的热分解反应式为

$$SiH_4 \xrightarrow{>850℃} Si + 2H_2 \qquad (6\text{-}15)$$

流化床技术整个工艺流程是连续的，而西门子反应炉多晶硅棒生长到 150 ~ 170mm 直径必须停止取出。但是流化床技术得到的颗粒状多晶硅表面容易吸附氢气，且颗粒不可避免地与反应器壁面碰撞产生金属污染，使得纯度比西门子法差一些。

6.1.2　拉单晶

影响半导体材料特性的不仅仅是杂质含量还有晶体缺陷，因此半导体硅应是基本没有缺陷的单晶硅。工业生产单晶硅的方法有直拉法和区熔法。

1. 直拉法

1917 年切克劳斯基（Czochralaki）发明直拉法，简称 Cz 法，1950 年应用到单晶。Cz 法是利用旋转着的单晶硅籽晶从坩埚的硅熔体中提拉制造单晶硅棒的方法，故又称为直拉法[3-5]。

直拉单晶硅晶体生长炉如图 6-5 所示。炉室按空间位置可分为上炉室和下炉室，上炉室是单晶硅棒冷却的地方，下炉室则是产生硅棒的场所。下炉室由可以升降和旋转的石墨托、石墨坩埚、石英坩埚、石墨加热器、绝热元件、炉壁和炉壁冷却系统组成。石英坩埚外侧包裹石墨坩埚，防止石英坩埚软化变形。坩埚上方有一带有籽晶的晶体拉升旋转装置和单晶硅棒生长控制系统。

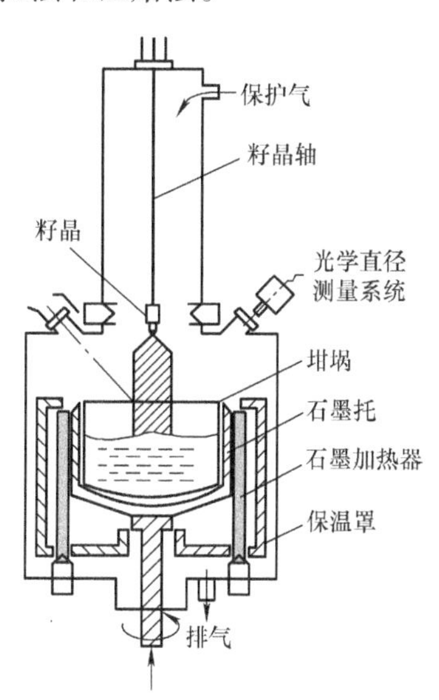

图 6-5　直拉单晶硅晶体生长炉示意图

直拉单晶硅的工艺一般包括装料、熔化、种晶、引晶、放肩、等径、收尾及冷却等步骤，具体工艺流程如图6-6所示。

1）装料：将高纯多晶硅颗粒或电子工业及太阳能用单晶硅的头尾料、边皮料或其生产线破损料等回收料，或者高纯多晶硅料和回收料以一定比例混合料放入石英坩埚。实际生产时，在加装大块硅原料时，也可以加入硅颗粒、硅粉等原料，以填充块料间隙，提高生产效率。

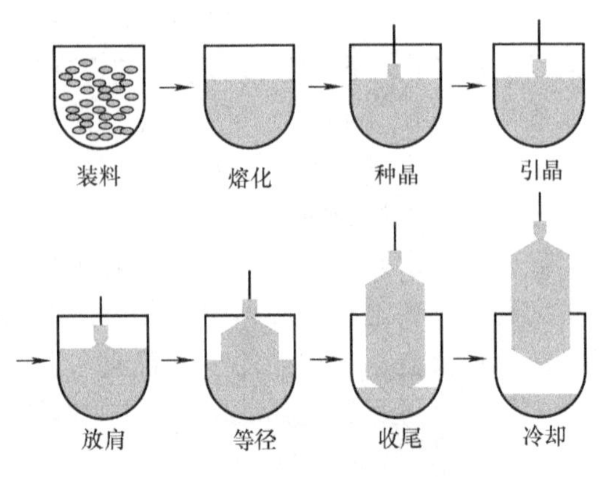

图6-6　直拉单晶硅工艺流程图

在装入硅原料的同时，常常会加入掺杂剂。当多晶硅熔化时，掺杂剂就熔入硅熔体，通过晶体生长进入到硅晶体，达到掺杂的目的，作为pn结的基础材料。对于晶硅太阳能电池而言，一般以p型硅晶体作为基础材料，然后通过扩散n型杂质，形成表面n型区域，构成pn结，形成太阳能电池。要得到p型硅晶体，一般需要掺入Ⅲ族元素，如B、Al、Ga和In。但是，在实际应用中，由于Al、Ga和In元素在硅中的分凝系数很小，所以很少作为硅晶体的p型掺杂剂。而B元素在硅中的分凝系数为0.8，而且它的熔点和沸点都高于硅，在硅熔体中很难蒸发，是硅晶体最常用的p型掺杂剂。

由于n型硅晶体的少数载流子的寿命长等特点，近年来利用n型硅晶体作为基础材料的电池工艺也得到了关注和发展。对于n型掺杂，P、As和Sb元素在硅中的分凝系数较大，都可以作为掺杂剂。它们各有优势，应用在不同场合，而P是直拉单晶硅中最常用的n型掺杂剂。但是在硅熔体中P的蒸发系数较大，如果直接掺磷很容易从熔体表面蒸发，导致硅熔体中的相关掺杂浓度不断降低，使得实际掺杂浓度低于计算值。

2）熔化：硅原料装料完成后，将石英坩埚放置于直拉单晶炉的石墨坩埚中，将炉室抽真空，再通入低压的氩气或氮气作为保护气。随后，石墨加热器通电加热，温度超过硅的熔点1414℃后，硅原料开始熔化。同时，掺杂剂也会熔化在硅熔体中。

3）种晶：硅原料熔化后，保温一段时间，再将单晶硅籽晶固定在旋转的籽晶轴上，下降至离液面数毫米处，进行烤晶，使籽晶温度尽量接近硅熔体温度，以减少籽晶接触液面时可能引起的热冲击，避免形成晶体缺陷。随后种晶，使籽晶少量熔解形成固液界面，再缓缓提升，和籽晶相连并离开熔体的硅原子温度降低，形成硅单晶，这个阶段称为种晶。籽晶为10mm左右的圆柱形或10mm×10mm的方形单晶硅。

4）引晶：引晶是指种晶完成后籽晶边旋转边从熔体中拉出。起初提升速度较快，晶体生长较细，比籽晶的直径小，可达到3mm左右，防止位错向晶体体内延伸，又称为“缩颈”。“缩颈”技术是 Dash 在 20 世纪 50 年代发明的[6-8]，“缩颈”使得位错很快滑移出硅单晶表面，而不是继续向晶体体内延伸，以保证直拉单晶无位错生长。

5）放肩：“缩颈”完成后，晶体提升速度降低，晶体生长直径增大至所需直径，这个过程称为放肩。

6）等径：当放肩达到所需直径，晶体加快提升速度，并匀速提升，让硅晶体保持固定的直径生长。

7）收尾：在晶体生长结束时，加快硅晶体的提升速度，同时升高硅熔体的温度，使得硅晶体的直径不断变小，最终晶体离开硅熔体，硅单晶生长完成。

8）冷却：直拉单晶完成后，要放在晶体炉中随炉冷却，直至冷却到接近室温，然后取出单晶硅。在冷却过程中，还需通入保护气体。

高温下石英坩埚壁面会与硅熔体发生反应产生一氧化硅（SiO），其反应式为

$$SiO_2 + Si \longrightarrow 2SiO \tag{6-16}$$

同时，高温下石英坩埚也会发生脱氧反应，其反应式为

$$SiO_2 \longrightarrow SiO + O \tag{6-17}$$

产生的氧原子绝大多数（大约 98%）会以 SiO 的形式存在，少量的氧原子则溶于硅熔体中，这是单晶硅棒中氧杂质的主要来源，如图 6-7 所示。

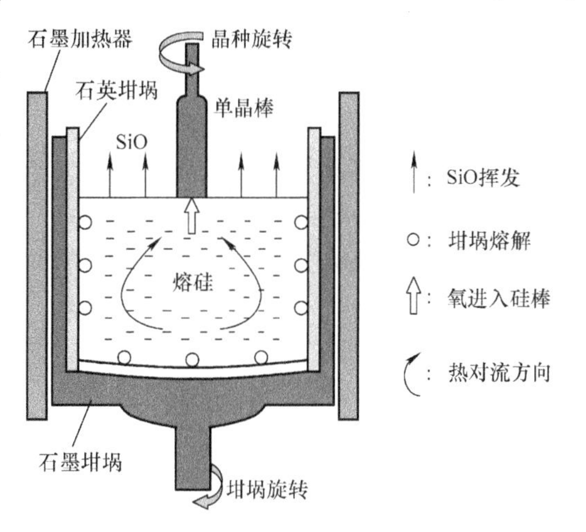

图 6-7　直拉单晶硅杂质生成示意图

SiO 比较容易从硅熔体表面挥发，挥发出来的 SiO 气体，会在较冷的炉壁作用下凝结成颗粒并附着在上面。随着凝结颗粒的增多，不可避免地会有少量 SiO 落入硅熔体中，破坏晶体的周期性生长。为了避免 SiO 在炉壁的凝结，通常是持续通入保护气体（氩气或氮气），在保护气体的输运下将 SiO 抽走。当炉内气压远大于 SiO 饱和蒸气压，则上述现象更严重。如果炉内的气压为高真空状态，那么 SiO 从硅熔体表面挥发就会出现沸腾现象，导致硅熔体的飞溅损失，同时也给单晶的生长带来不利。一般情况下，炉内的真空压力不小于 650Pa。

氧是硅晶体中的主要杂质，以过饱和间隙状态存在于硅晶体中，在一定的热处理条件下形成“热施主”，对硅晶体提供电子，影响载流子浓度，甚至造成硅晶体反型。并且氧杂质可以降低少数载流子的寿命以及光衰减效应。因此，硅晶体中的高氧浓度会直接影响太阳能电池的效率。

溶解在硅熔体中的氧的传输包括对流和扩散，氧在硅中的扩散系数很小，故氧主要通过对流来传输到固液界面或者自由表面。除了利用保护气带走 SiO 来减少氧杂质外，降低坩埚的旋转速度和采用较大直径的坩埚也可降低氧杂质浓度。

2. 区熔法

区熔法是 20 世纪 50 年代提出并被应用到晶体制备技术中的。区熔法不使用石英坩埚，而是将圆柱形高纯多晶硅棒垂直固定于悬浮区熔单晶炉上部，在感应线圈中通过高功率的射频电流，射频电流激发电磁场将在多晶柱中引起涡流，产生焦耳热，部分熔化多晶硅棒。熔区依靠熔硅表面的张力和电磁力支撑而悬浮于多晶硅和下方长出的单晶之间，所以又称为悬浮区熔法（float zone），简称 FZ[9,10]。

悬浮区熔单晶炉为真空或者有氩气等保护气体的封闭腔室。先把籽晶夹在多晶硅棒下，高频线圈移动到多晶硅棒下端，并加热使之熔融与籽晶接触。当多晶硅棒底端出现熔滴时，将籽晶插入熔区，快速拉出一个晶颈，然后放慢拉速，降低温度放肩至较大直径。高频感应线圈配合单晶生长速度缓慢向上移动通过整根多晶硅棒，最终生长为一根单晶硅棒。多晶硅棒和籽晶同轴旋转且旋转方向相反。目前，大多数的悬浮区熔单晶炉感应线圈由多匝变为单匝，图 6-8 为区熔单晶硅示意图。

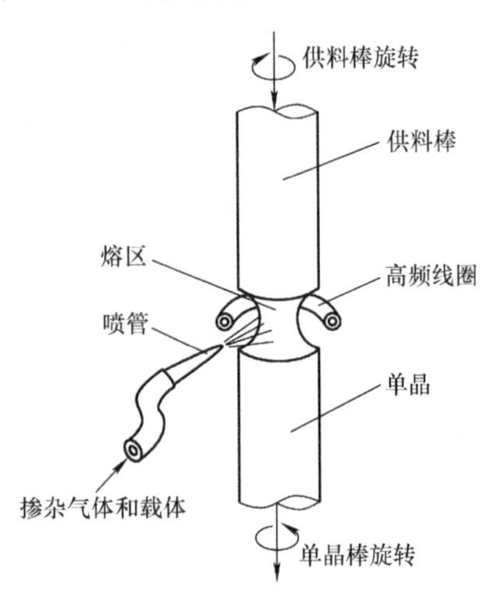

图 6-8　区熔单晶硅示意图

区熔法不使用坩埚，且熔区呈悬浮状态，不与任何物质相接触，不会被污染，而且可以反复提纯，所以能够获得高纯度的单晶。实际区熔法生成的单晶硅的氧含量比直拉法的氧含量低 2 ~3 个数量级。因此，很多高质量的电子器件多采用区熔法制备的单晶硅来制造。但是，区熔法工艺比较烦琐，生产效率偏低，生产成本较高。此外，由于工艺特殊性，较难生产出大直径的单晶硅棒。

6.1.3　铸造多晶硅

1975 年，德国瓦克（Wacker）公司首先利用浇铸法制备了多晶硅材料。他们首先在一个坩埚内熔化原料，然后再倒入另一个预热的坩埚里，采用定向凝固技术铸造了大晶粒的多晶硅。几乎同时，美国 Solarex 公司提出了结晶法，美国晶体系统公司提出了热交换法，日本电气公司和大阪钛公司提出了模具释放铸锭法等。为了降低多晶硅的不均匀性及提高生产率，进行了大量的研究，并给出了用于生长控制和优化的模型[11,12]。

自 2004 年起，已有公司开始利用坩埚下降的定向凝固法生长多晶硅材料。定向凝固是在凝固过程中采用强制手段，在熔体中建立起沿特定方向的温度梯度，从而使熔体在器壁上形核后沿着与热流相反的方向，按要求的结晶取向进行凝固的技术。图 6-9 为采用定向凝固技术铸造多晶硅的示意图。坩埚上部保持高温，坩埚底部逐渐降温，形成垂直方向的温度梯度。从而坩埚底部首先结晶，并从底部垂直生长。通过控制坩埚内的温场和垂直方向的温度梯度，保持固液界面在同一个水平面上，最终生长出取向性较好的柱状多晶硅锭。

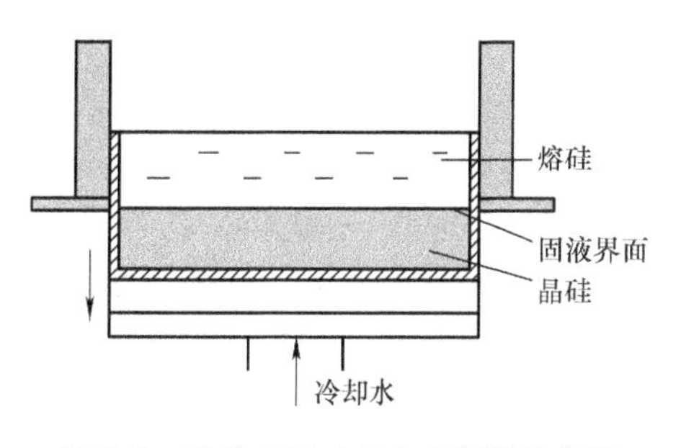

图 6-9　铸造多晶硅的定向凝固示意图

铸造多晶硅的具体步骤及工艺如下：

1）装料：放入适量的高纯多晶硅原料，将炉内抽真空，并通入氩气作为保护气体。在铸造多晶硅时，由于硅熔体和石英坩埚的热膨胀系数不同，结晶时很可能造成硅晶体或石英坩埚的破裂。同时，由于硅熔体和石英坩埚的长时间接触，也会造成石英坩埚的腐蚀，使得多晶硅中的氧浓度升高。因此，工艺上为了解决这些问题，利用 Si_3N_4 或 SiO/SiN 等材料在石英坩埚内壁进行涂层，从而隔离硅熔体和石英坩埚。

2）加热：利用石墨加热器给炉体加热，蒸发炉体及硅原料等吸附的湿气，然后缓慢加温，使石英坩埚的温度达到 1200 ~ 1300℃。该过程需要 4 ~ 5h。

3）熔化：逐渐增加加热功率，使石英坩埚内的温度达到 1500℃左右，硅原料开始熔化。熔化过程中一直保持 1500℃，直至化料结束。该过程需要 9 ~ 11h。

4）晶体生长：硅原料熔化结束后，降低加热功率，使石英坩埚的温度降低至 1420 ~ 1440℃硅熔点左右。然后石英坩埚逐渐向下移动，或者隔热装置逐渐上升，使得石英坩埚慢慢脱离加热区，与周围形成热交换。同时，冷却板通水，使熔体的温度自底部开始降低。因此，首先在底部形成晶体硅，并呈柱状向上生长。生长过程中，固液界面始终保持与水平面平行，直至晶体生长完成。该过程需要20 ~ 22h。

5）退火：晶体生长完成后，由于晶体底部和上部存在较大的温度梯度。因此，多晶硅锭中存在热应力，在硅片加工和电池制备过程中容易造成硅片碎裂。所以，晶体生长完成后，晶锭保持在熔点附近 2 ~ 4h，使多晶硅锭温度均匀，以减少热应力。

6）冷却：退火后，提升隔热装置或者完全下降晶锭，炉内通入大量氩气，使晶体温度逐渐降低至室温附近。同时，炉内气压逐渐上升，直至达到大气压，最后除去晶锭，该过程约要 10h。

通常，高质量的铸造多晶硅锭应该没有裂纹、孔洞、硬质沉淀、细晶区等宏观缺陷。多晶硅锭正面晶界和晶粒清晰可见，其晶粒大小可达 10mm 以上。铸造多晶硅锭的顶部、底部等周边区域存在低质量区域，其厚度在 2 ~ 4cm，将在后续加工过程中切除，并回收作为回收料。低质量区的厚度与坩埚中杂质的扩散、多晶硅晶体生长后在高温的保留时间等因素有关。

铸造多晶硅的晶粒较大时，晶粒中的位错密度也比较高，影响了太阳能电池的光电转换效率。通过控制热场、温度梯度和冷却速度，使得整个多晶硅锭的晶粒大小比较均匀，在10~30mm。这种晶粒中的位错易于滑移到晶界处，导致晶粒内部的位错密度比普通的铸造多晶硅要低一个数量级，可提高0.3%~0.5%的光电转换效率。

6.1.4 制作硅片

拉制单晶硅棒为圆柱形，而铸造多晶硅锭为四方形，要制造太阳能电池需要切片等加工。由于其形状等不同，单晶硅棒和多晶硅锭的初始加工过程也有所区别。

1. 单晶硅棒的切断和切方

单晶硅棒的头尾非等径部分以及不符合产品要求部分需切除。早期用外圆切割机进行切除，但是其损失厚度达3~4mm，而且常会在出刀处留下台阶，为了去除台阶，其损失可达10mm厚。为了降低切削损失，采用带锯或内圆切断。带锯损失为1.0mm左右，而内圆切断损失为0.4~0.5mm。

切割时切断面要与单晶硅棒轴线应尽可能垂直，并采用水冷却，通过冷却水既可带走热量也可带走切屑。

拉制单晶硅棒的直径不是十分均匀，因此一般比需要加工的晶片直径大2~4mm。因此在切断后，利用金刚砂轮对晶体进行外径滚磨，使之成为标准的圆柱体。滚磨时也采用水冷却，使冷却的同时带走磨屑。

圆形硅片组合成组件时其空缺面积太大，为了提高太阳能电池组件的面积利用率，太阳能电池用硅片需要为方形。但是若完全切方，则单晶硅的切除较多，形成浪费，增加成本。因此，为了最大利用圆棒的面积，往往加工成带圆角方形，如图6-10所示。

通过切割、外径滚磨及切方得到单晶硅锭为100mm×100mm、125mm×125mm或156mm×156mm的圆角方形晶锭，如图6-11所示。

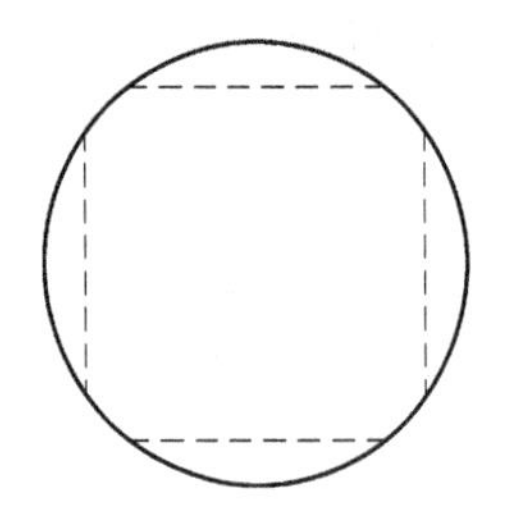

图6-10 单晶硅切方截面示意图

图6-11 切方后的单晶硅锭

2. 铸造多晶硅锭的切方

铸造的多晶硅锭是方形，由于底部和顶部等周边存在质量较差区域，因此四边切除 2 ~ 3cm，并纵向切割成 5 × 5 的 25 块晶块，或者 6 × 6 的 36 块晶块。然后，用带锯或线锯，将晶块的底部切除 3 ~ 5cm，顶部切除 2 ~ 3cm，得到如图 6-12 所示的多晶硅块。

硅晶体的切方过程中，晶体表面会造成严重的机械损伤。因此在切方后，一般需对晶块表面进行机械磨削处理，或者进行化学腐蚀处理，以去除切方所造成的机械损伤。

3. 硅晶体的切片

目前，太阳能电池用硅片的厚度为 180 ~ 200μm，采用多线切割技术，将超过 200km 的金属丝线，通过机械结构绕成 2400 条或更多的平行刀线，每次可以切片 2400 片以上，晶块长度可达 800 ~ 900mm，图 6-13 为多线切割机示意图。

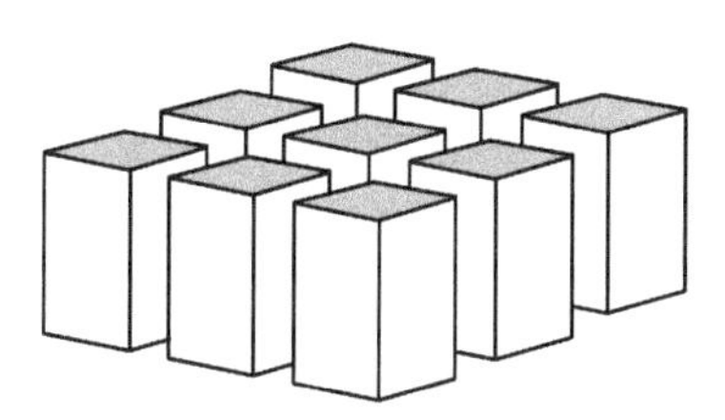

图 6-12　铸造多晶硅锭的晶块示意图

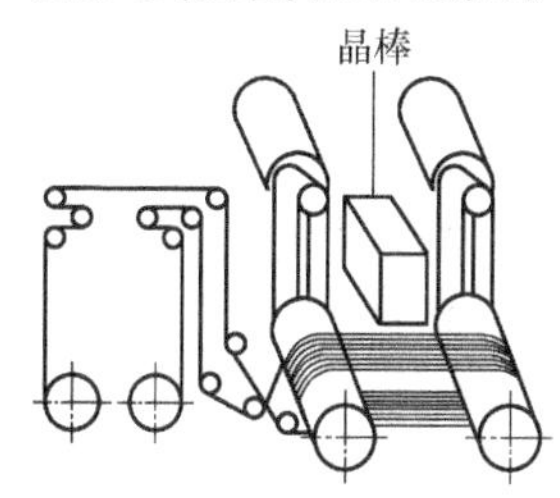

图 6-13　多线切割机示意图

多线切割所用的金属线直径为 120μm 左右，切削损失厚度为 150 ~ 180μm。表面损伤层为 5 ~ 15μm，无须通过研磨来消除，可直接用来制作太阳能电池。但是，硅太阳能电池仅需 100μm 左右的厚度就足以吸收太阳光中大部分可吸收波长。因此，减小硅片的厚度、降低切削损失以及表面损伤厚度是切片工艺的薄弱环节，有待进一步提高。常见单晶硅片及多晶硅片如图 6-14 所示。

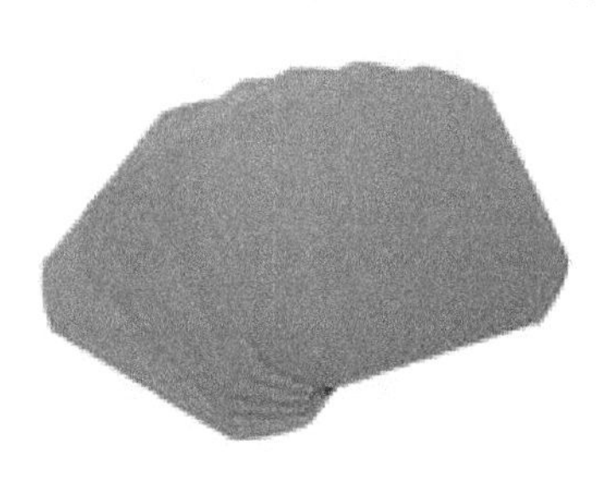

a) 单晶硅片

b) 多晶硅片

图 6-14　硅片

6.2　晶硅太阳能电池

晶硅太阳能电池加工过程根据不同的电池片厂商有所不同，但其加工工艺一般包括表面制绒、扩散制结、边缘刻蚀、去磷硅玻璃、镀减反射膜、印刷电极、烧结、测试分选及包装入库等一系列流程，其流程如图 6-15 所示。

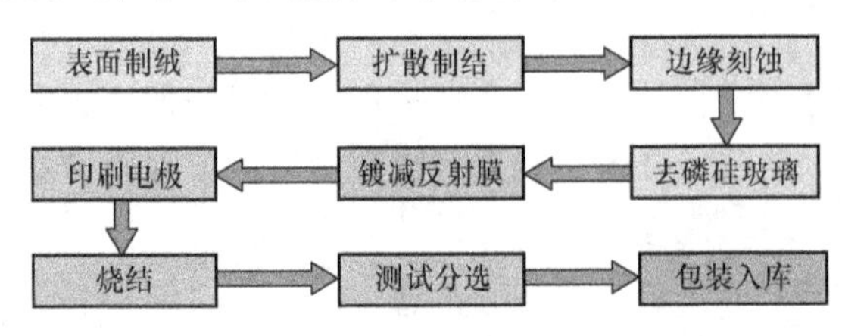

图 6-15　晶硅太阳能电池加工工艺流程图

6.2.1　表面制绒

晶硅太阳能电池基础材料是硅片。由于硅片在切片过程中受损伤，表面有一层 5 ~ 15μm 的损伤层，在制备电池时首先需要进行表面处理。硅片的表面处理包括化学清洗、表面腐蚀及表面制绒。

1. 硅片的化学清洗

硅片通过化学清洗去除表面各种杂质，如油脂、松香、蜡、金属及金属离子和尘埃等。首先，用甲苯等有机溶液将硅片初步去油，再用热的浓硫酸去除表面残留的有机或无机杂质，然后用热王水或碱性过氧化氢清洗剂及酸性过氧化氢清洗剂彻底清洗。

甲苯具有优异的有机物溶解性能，是一种有广泛用途的有机溶剂，用于油类、树脂、天然橡胶和合成橡胶、煤焦油等有机物的溶剂。

热的浓硫酸对有机物有强烈的脱水碳化作用，能溶解许多活泼金属及其氧化物，还能溶解不活泼的铜，并能与银作用，生成微溶于水的硫酸银，但不能与金作用。

王水具有极强的氧化性、腐蚀性和强酸性，不仅能溶解活泼金属及其氧化物，而且几乎能溶解所有不活泼金属，如铜、银以及金、铂等。

碱性过氧化氢清洗剂为 30% 的过氧化氢（H_2O_2）和 25% 的浓氨水（$NH_3 \cdot H_2O$）的混合溶液，是去离子水，也称Ⅰ号清洗剂。

酸性过氧化氢清洗剂为 30% 的 H_2O_2 和 37% 的浓盐酸（HCl）的混合溶液，是去离子水，也称Ⅱ号清洗剂。

Ⅰ号、Ⅱ号清洗剂一般加热至 75 ~ 85℃进行清洗，时间为 10 ~ 20min。

2. 表面腐蚀

表面腐蚀是为了去除表面的切片机械损伤。腐蚀后还需再次清洗。表面腐蚀可采用酸腐蚀法或碱腐蚀法。

（1）酸腐蚀法

常用的酸腐蚀液是浓硝酸（HNO_3）和氢氟酸（HF）的混合溶液。首先硝酸

使硅氧化，其化学反应式为

$$4HNO_3 + 3Si \longrightarrow 3SiO_2 + 4NO + 2H_2O \tag{6-18}$$

硅表面被 HNO_3 氧化后形成一层 SiO_2 薄膜，并保护硅晶体。腐蚀液中的 HF 将 SiO_2 薄膜溶解，其化学反应式为

$$SiO_2 + 6HF \longrightarrow H_2SiF_6 + 2H_2O \tag{6-19}$$

生成的六氟硅酸（H_2SiF_6）是溶于水的。这样对硅表面进行有效腐蚀，其腐蚀速度与腐蚀液的组分比例及腐蚀液温度等参数有关。为了控制腐蚀速度，并使硅表面光亮，可以在腐蚀液中加入醋酸（CH_3COOH）作为缓冲剂。常用腐蚀液配方为 HNO_3∶HF∶CH_3COOH = 5∶3∶3 或 5∶1∶1，在室温下腐蚀 10min，腐蚀深度为单面 30μm。

（2）碱腐蚀法

硅可与 NaOH、KOH 等碱性溶液发生化学反应，生成硅酸盐，并放出氢气，其化学反应式为

$$Si + 2NaOH + H_2O \longrightarrow Na_2SiO_3 + 2H_2 \tag{6-20}$$

通常用较廉价的 NaOH 溶液。为了加快腐蚀速度，需将溶液加热至 80～85℃，腐蚀 12min，腐蚀深度为单面 20μm。

碱腐蚀的硅表面没有酸腐蚀的光亮平整，但制成的太阳能电池的性能完全相同。碱腐蚀法成本较低，对环境污染小，因此在晶硅太阳能电池生产工艺中，全都采用碱腐蚀法。硅片腐蚀后，用纯水冲洗 4～8min。

3. 表面制绒

未经处理的硅片表面的光反射率大于 35%。为减少对太阳光的反射损失，提高硅片的光吸收率，应进行表面织构化处理，即在硅片表面制备绒面结构[13]。对于单晶硅而言，利用硅的各向异性采用择优化学腐蚀剂就可以在硅片表面腐蚀形成金字塔结构，如图 6-16 所示。当太阳光照射在金字塔形的绒面结构上时，反射的光线会照射在相邻的绒面上，形成二次入射或多次入射，降低了太阳光的反射率，其光学反射原理如图 6-16b 所示。

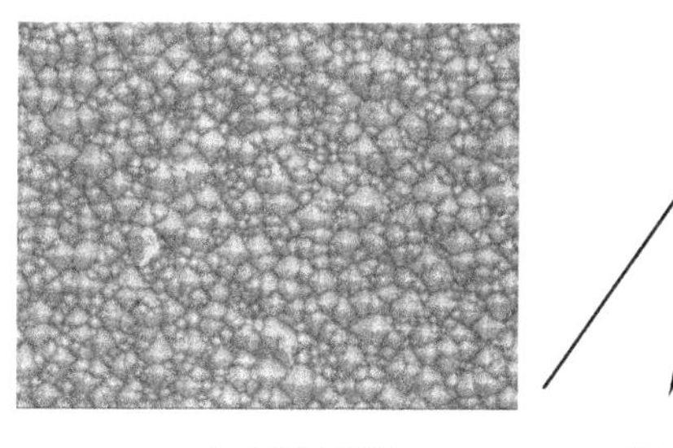

a) 400倍绒面

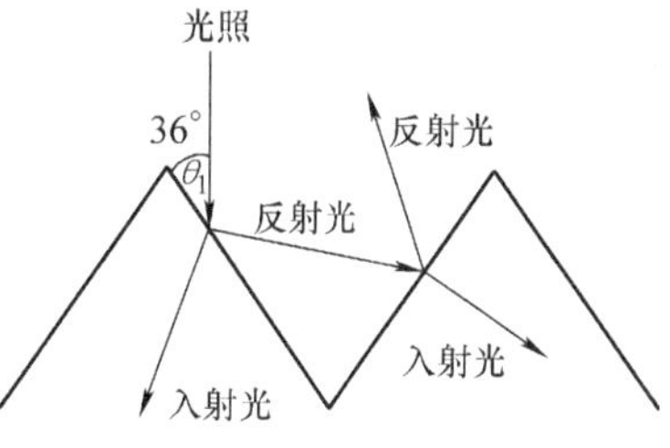

b) 金字塔结构反射原理

图 6-16 单晶硅绒面结构

p 型单晶硅表面制绒通常采用含醇的 NaOH 或 KOH 稀溶液，在 80～90℃温度下，进行 15～25min 的腐蚀。由于腐蚀具有各向异性，可以制备成金字塔结构。因为在硅晶体中，(1 1 1) 面是原子最密排面，最为稳定，腐蚀速度最低。因此，碱腐蚀后 4 个与晶体硅 (1 0 0) 面相交的 (1 1 1) 面构成了金字塔形结构。由于腐蚀过程的随机性，金字塔结构的大小不等，以控制在 2～4μm 为宜。

单晶硅表面制绒完成后，反射率大大降低，可达到 10% 左右，表面呈黑色，其反射率随波长的变化如图 6-17 所示。

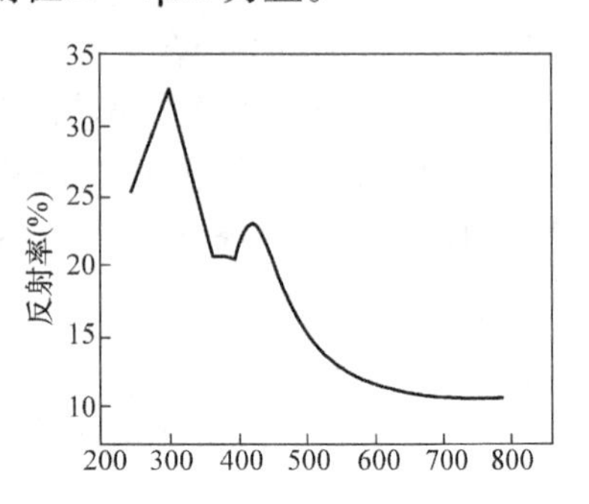

图 6-17　绒面硅片表面反射率与波长关系图

制绒腐蚀液一般用有含醇添加剂的 NaOH 混合溶液，主要成分是 NaOH 及添加剂异丙醇 (iso － Propyl alcohol，IPA) 和硅酸钠 (Na_2SiO_3)。NaOH 浓度为 1% 左右，Na_2SiO_3 浓度为 1.5%～2%，IPA 浓度为 0.6%～0.8%。

IPA 协助释放氧气和减慢 NaOH 对硅片的腐蚀速度，调节各向异性腐蚀作用，有利于形成优良的金字塔绒面。Na_2SiO_3包括 NaOH 腐蚀硅表面生成的 Na_2SiO_3，具有缓冲剂的作用，防止 NaOH 剧烈反应，使得形成更多的金字塔生长点，从而生成均匀而稠密的金字塔绒面。

对于多晶硅片，由于由很多不同晶粒构成，硅片表面具有不同的晶向，择优腐蚀的碱性溶液不适用。因此，多晶硅表面的制绒通常采用 HNO_3 和 HF 混合溶液，在 6～10℃低温下对硅片表面进行腐蚀约 2min。它利用切片机械损伤处腐蚀较快的原理，在硅片表面形成凹槽状的绒面结构，如图 6-18 所示。制绒后的多晶硅表面只有一部分区域可以实现二次吸收，但它的反射率也能降低到 20% 左右。

图 6-18　多晶硅绒面结构

4. 制绒后硅片的清洗工艺

单晶硅片碱制绒后，通过酸碱中和反应，利用盐酸 (HCl) 酸洗去除残留的 NaOH 碱液。用 10% 浓度的盐酸在室温下酸洗 10min，再在纯水中溢流清洗 3min。

同时，HCl 能溶解硅片上的部分沾污杂质及部分氧化物。但是，不能溶解 SiO_2 等难溶物质，因此还要进行 HF 漂洗，以去除 SiO_2氧化层。HF 浓度为 8%～10%，漂洗时间为 10min，再在纯水中溢流、喷淋清洗各 5～6min。

多晶硅片酸制绒后，利用 5% 的 KOH 碱液在 20℃下进行碱洗 0.5min，以去除残留的酸液。再在 20℃下进行 HCl + HF 酸洗 1min。HCl 浓度为 10%，中和碱洗后残留在硅片上的碱液。HF 浓度为 5%，去除硅片表面氧化层。最后在纯水中清洗。

清洗后采用热吹风或喷氮的方法烘干硅片，去除硅片表面残留的水。

5. 清洗制绒工艺实例

单晶硅片清洗制绒工艺比较成熟，通常采用槽式设备，主体分为 9 个槽，硅片浸没在溶液槽中进行腐蚀及清洗，通过传输滚轮实现自动循环。表 6-1 和表 6-2 分别举了一个采用有醇添加剂腐蚀液的清洗制绒工艺实例和烘干工艺实例。

表 6-1　单晶硅片清洗制绒工艺

槽号	1#	2#	3#	4#	5#	6#	7#	8#	9#
槽名	水槽	水槽	制绒槽	制绒槽	水槽	HCl 槽	水槽	HF 槽	水槽
作用	去杂质颗粒	去杂质颗粒	形成金字塔绒面	形成金字塔绒面	去除碱液	去除金属杂质	去除酸液	使硅片脱水	去除酸液
溶液	纯水	纯水	NaOH 无醇添加剂	NaOH 无醇添加剂	纯水	HCl	纯水	HF	纯水
温度/℃	60	60	78	常温	常温	常温	常温	常温	常温
时间/s	300	300	900	900	180	180	180	180	180
方法	超声	溢流	鼓泡	鼓泡	喷淋	—	喷淋	—	溢流

表 6-2　单晶硅片清洗制绒烘干工艺

喷水/s	喷氮/s	延时/s	压力/MPa	低速/高速/(r/min)	温度/℃
30	320	10	0.4～0.7	200/300	128

多晶硅片酸腐蚀制绒多采用丽娜（Rena Intex）链式制绒设备或斯密德（Schmid）在线制绒设备，这类设备和工艺较好地解决了反应温度过高的问题。如表 6-3 所示，清洗制绒设备主体分为 7 个槽。此外还配置有排风系统、自动及手动补液系统、循环控制系统和温度控制系统等。

表 6-3　多晶硅片清洗制绒工艺

1#	2#	3#	4#	5#	6#	7#
刻蚀槽	水洗槽 1	碱洗槽	水洗槽 2	酸洗槽	水洗槽 3	吹干槽

6.2.2　扩散制结

晶硅太阳能电池一般利用掺硼的 p 型硅作为基础材料，在 900℃左右，通过扩散五价的磷原子形成 pn 结。磷扩散的工艺有多种，主要包括气态磷扩散、固态磷扩散和液态磷扩散等形式。而大规模生产中，通常使用三氯氧磷（$POCl_3$）液态源热扩散法制备 pn 结。热扩散是形成 pn 结最常用的工艺方法，图 6-19 所示为管式扩散炉示意图。

$POCl_3$ 在600℃高温下分解生成五氯化磷（PCl_5）和五氧化二磷（P_2O_5），其反应式为

$$5POCl_3 \xrightarrow{>600°C} 3PCl_5 + P_2O_5 \tag{6-21}$$

其中，由于 $POCl_3$ 的不完全分解生成的 PCl_5，对硅表面有腐蚀作用。因此，通入氧气和氮气，氧气使 PCl_5 进一步分解成 P_2O_5，其反应式为

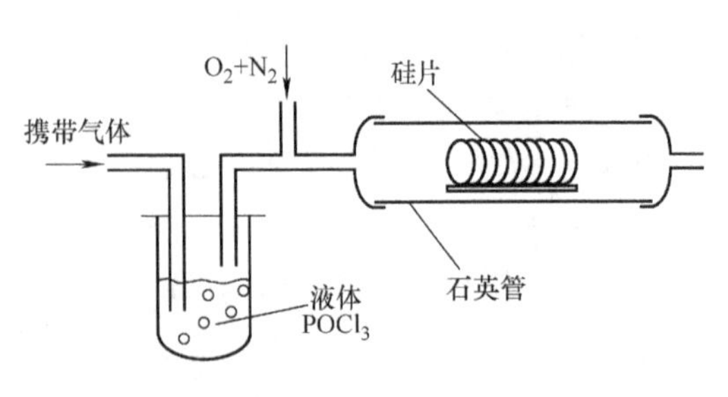

图6-19　管式扩散炉示意图

$$4PCl_5 + 5O_2 \longrightarrow 2P_2O_5 + 10Cl_2 \tag{6-22}$$

氮气将携带 P_2O_5 蒸气进入石英管，称为通源。进入石英管的 P_2O_5 与硅反应，生成 SiO_2 和 P 原子，其反应式为

$$2P_2O_5 + 5Si \longrightarrow 5SiO_2 + 4P \tag{6-23}$$

硅片表面形成一层含 P_2O_5 和 P 原子的 SiO_2 层，称为磷硅玻璃，然后 P 原子向硅中进行扩散。一般 P 的预淀积温度为 850 ~ 900℃，此时硅片表面杂质浓度应等于磷在预淀积温度下的固溶度，约为 $5\times10^{20}/cm^3$。

晶硅太阳能电池对高辐射强度的短波长光有较大的吸收系数，因此在电池表面产生的光生载流子较多。为使尽量多的光生载流子到达 pn 结处形成收集，而提高光生载流子的收集率，pn 结到硅片表面的距离（即结深）要尽量浅，一般为 300nm。浅结死层小，电池短波响应好，但浅结会引起串联电阻加大。为保持电池较低的串联电阻，需要增加上电极的栅线数目，又将会增大阻挡光线面积，两者互相矛盾，需要兼顾。

6.2.3　边缘刻蚀及去磷硅玻璃

p 型硅片扩散制结后，在表面形成了磷硅玻璃层和扩散层。尽管现在扩散制结采用单面扩散方式，将硅片成对背靠背放置，但是扩散杂质气体仍会钻入硅片之间的缝隙，形成扩散，图 6-20 所示为扩散后的硅片结构示意图。边缘扩散层降低了电池的并联电阻值，甚至会造成电池正面及背面电极的短路。因此，必须去除边缘磷硅玻璃层和扩散层。而磷硅玻璃对太阳光有阻挡作用，并影响后续减反射膜的制备，也需要去除。

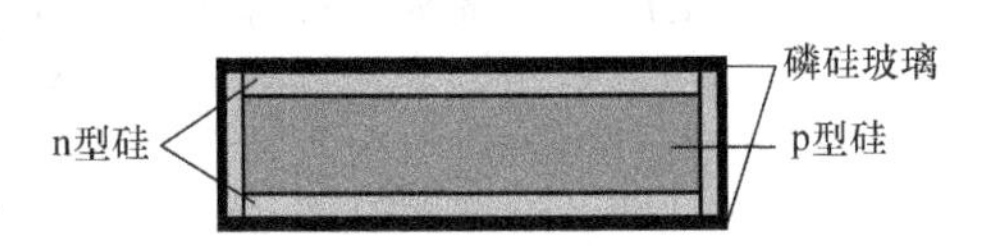

图 6-20　扩散后的硅片结构示意图

目前电池片生产大多采用等离子体干法刻蚀电池周边扩散层，然后采用氢氟酸湿法腐蚀去除电池表面的磷硅玻璃。

如果在 n 型硅片上制 pn 结，扩散过程中形成的是硼硅玻璃，化学腐蚀去除工序相仿。

1. 等离子体干法刻蚀

晶硅太阳能电池边缘的等离子体干法刻蚀，将硅片整齐叠放，并用夹具固定，再置于等离子体刻蚀设备内进行刻蚀，除去四周边缘扩散层。等离子体刻蚀大多使用 CF_4+O_2或 SF_4+O_2为反应气体，在低气压状态下，在射频功率的激发下产生电离并形成等离子体。等离子体由电子和离子组成，在电子的撞击下反应气体分解成中性基团和离子，其放电过程反应式为

$$\begin{cases} e^- + CF_4 \longrightarrow CF_3^+ + F + 2e^- \\ e^- + CF_4 \longrightarrow CF_3 + F + e^- \\ e^- + CF_3 \longrightarrow CF_2 + F + e^- \\ e^- + O_2 \longrightarrow 2O + e^- \end{cases} \tag{6-24}$$

产生的腐蚀性气体从侧面打向叠层硅片，与硅片边缘进行化学反应，形成挥发性生成物 SiF_4，达到刻蚀目的，其刻蚀过程反应式为

$$\begin{cases} Si + 4F \longrightarrow SiF_4 \\ 3Si + 4CF_3 \longrightarrow 4C + 3SiF_4 \\ SiO_2 + 4F \longrightarrow 3SiF_4 + O_2 \\ 2C + 3O \longrightarrow CO + CO_2 \end{cases} \tag{6-25}$$

掺入一定量的 O_2，可以提高 Si 和 SiO_2的刻蚀速度。等离子体刻蚀的优点是刻蚀速度快，而各向同性，刻蚀后不会改变硅片的形貌，边缘刻蚀后的硅片结构如图 6-21所示。

2. 湿法刻蚀表面磷硅玻璃

为了后续减反射膜的均匀性以及表面钝化的效果，通常使用 HF 稀溶液去除 20 ~40nm 厚的磷硅玻璃层。HF 对磷硅玻璃和硅具有选择性反应，只腐蚀主要成分为 SiO_2的磷硅玻璃，而不会腐蚀硅，其反应式如式（6-19）所示。

由于 HF 对 SiO_2的腐蚀速度很高，工艺上难以控制，在室温下腐蚀时通常使用 3% ~10% 的稀溶液，或添加缓冲剂氟化铵。去磷硅玻璃后的硅片结构如图 6-22 所示。背面的 n 型扩散层会在后续的背电场烧结中被穿透。

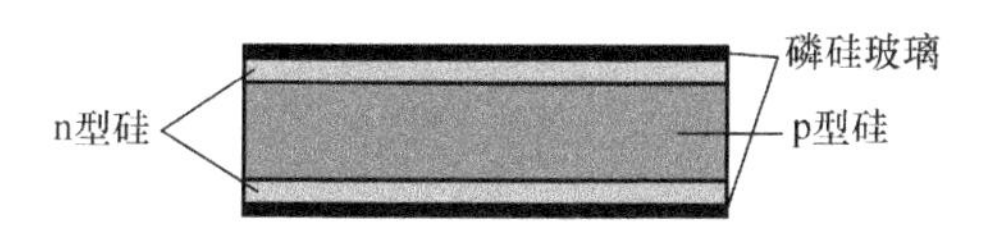

图 6-21　边缘刻蚀后的硅片结构示意图

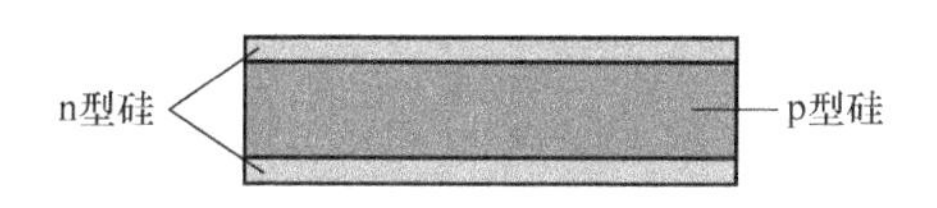

图 6-22　去磷硅玻璃后的硅片结构示意图

6.2.4　镀减反射膜

光线照射到绒面的硅表面，单晶硅有约 10% 的反射损失，多晶硅有多达 20% 左右的损失。因此，为了进一步降低入射光在硅片表面的反射率，增加光吸收，提

高电池光电转换效率，在电池受光面制备减反射膜。

1. 减反射原理

在硅表面加入一层透明介质膜，光线在膜的下表面形成反射回到膜的上表面，如图6-23所示。如果返回的光线的相位发生180°的滞后，则与膜的上表面形成的反射光互相抵消。因此，减反射膜的光学厚度应为

$$nd = \frac{\lambda_0}{4} \tag{6-26}$$

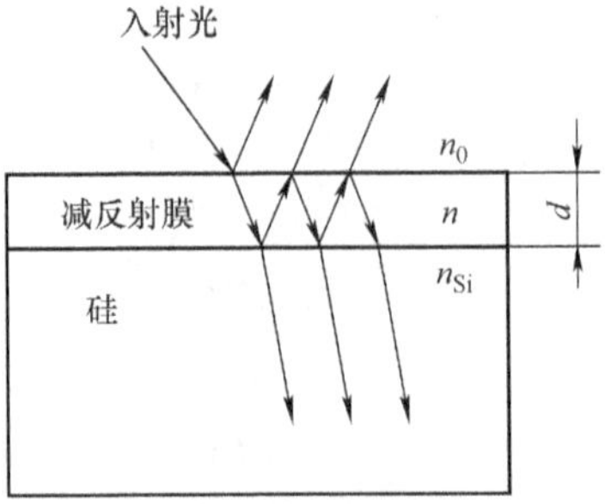

图6-23　透明介质膜的光反射

式中，d为减反射膜的厚度；n为减反射膜的折射率；λ_0为入射光的特定波长。此时反射率为

$$R_{\lambda_0} = \left(\frac{n^2 - n_0 n_{Si}}{n^2 + n_0 n_{Si}}\right)^2 \tag{6-27}$$

当减反射膜的折射率满足

$$n = \sqrt{n_0 n_{Si}} \tag{6-28}$$

则针对特定波长λ_0的反射率为零，即$R_{\lambda_0} = 0$。当波长大于或小于λ_0时，反射率将增大，因此按太阳光谱和电池的相对光谱响应合理选取波长λ_0。晶硅太阳能电池可吸收波长为300～1100nm，减反射效果最好的波长范围为500～700nm，通常选取$\lambda_0 = 600\text{nm}$。对应的减反射膜的光学厚度为150nm。镀膜后硅片表面呈深蓝色。

通常晶硅太阳能电池采用玻璃封装，其折射率$n_0 = 1.5$，而硅的折射率为$n_{Si} = 3.9$，因此减反射膜的折射率应为

$$n = \sqrt{n_0 n_{Si}} = 2.4$$

减反射膜的材料除应满足上述条件外，还需有较大的透光率、物理和化学稳定性良好、制备方法和设备较经济等条件。TiO_2、SiO_2、MgF_2等薄膜为常用的减反射膜材料，其折射率如表6-4所示。

表6-4　减反射膜材料的折射率

材料	折射率 n
Si_3N_4	2.05
SiO_2	1.46
Al_2O_3	1.76
TiO_2	2.62
MgF_2	1.38

虽然热氧化SiO_2有良好的表面钝化作用，有利于提高电池效率，但折射率偏低，其减反射效果欠佳。TiO_2的折射率合适，减反射效果较好，但是没有钝化作

用。SiN_x 具有良好的减反射效果，还有很好的表面钝化和体钝化作用[14,15]，是目前使用最多的材料。

2. 氮化硅减反射膜的沉积方法

沉积氮化硅（SiN_x）减反射膜主要采用等离子体增强化学气相沉积法（Plasma Enhanced Chemical Vapor Deposition，PECVD）。PECVD 技术是利用辉光放电产生等离子体，而等离子体化学活性很强，很容易发生化学反应沉积薄膜。为了使化学反应能在较低的温度下进行，利用了等离子体的活性来促进反应，因而这种方法称为 PECVD。

太阳能电池的 SiN_x 减反射膜以硅烷（SiH_4）和氨气（NH_3）作为反应气体，采用 PECVD 技术，在 300～400℃下，沉积 SiN_x 薄膜，其化学反应式为

$$3SiH_4 + 4NH_3 \longrightarrow Si_3N_4 + 12H_2 \tag{6-29}$$

实际上，所形成的膜并不是严格按氮化硅的化学计量比 3∶4 构成的，氢的原子数百分含量高达 40at%，写作 SiN_x∶H，简写为 SiN_x。因此，SiN_x 减反射膜不仅可以显著减少光的反射，而且其中所含的大量氢原子，在约为 800℃的高温下，对硅片表面和体内进行钝化。特别是多晶硅片，由于晶界上的悬挂键可被氢原子饱和，可显著减弱复合中心的作用，提高太阳能电池的短路电流和开路电压，可提高电池的光电转换效率 1% 左右。

SiN_x 减反射膜，通过调节 SiH_4 和 NH_3 的比例，改变 Si 和 N 的比例，可使 SiN_x 薄膜的折射率 n 在 1.8～2.3 之间变化。通常将 SiN_x 减反射膜的折射率控制在 2.00～2.15，单晶硅片的膜厚度 d 控制在 70～83nm，多晶硅片控制在 70～89nm，使得 SiN_x 减反射膜的光学厚度 nd 为 150nm 左右。

SiN_x 减反射膜沉积后的硅片表面呈均匀的深蓝色。SiN_x 的颜色随其厚度呈现不同的颜色，深蓝色表明厚度为 80nm 左右。图 6-24 表示减反射膜及绒面对晶体硅片的反射率影响。

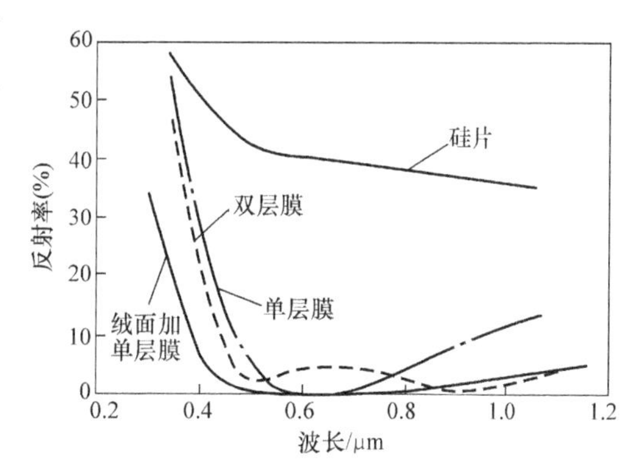

图 6-24　减反射膜及绒面对晶体硅片的光反射率影响

6.2.5　印刷电极及烧结

为了使晶硅太阳能电池的电能输出，必须在电池上制作正、负电极，使其收集光生载流子并放出电能。在常规 pn 结电池中，电极与半导体之间必须是欧姆接触，才能有较高的电导率。基底为 p 型材料的晶硅太阳能电池的正面为 n 型区，与其接触的电极是负电极，称为上电极。背面为 p 型区，与其接触的电极是正电极，称为背电极。

1. 正负电极丝网印刷

电池正面为受光面，因此为了减少金属电极的阻挡面积，上电极通常制成栅线状，由主栅线和副栅线两部分组成。副栅线一方面为了增大受光面积，另一方面为了减少光生载流子的扩散距离，提高收集率，同时保持良好的导电性，副栅线要尽可能细窄，而厚度要尽可能大，并布满正面 n 型区，如图 6-25 所示。副栅线宽度通常为 40 ~ 75μm。一般上电极占电池面积的 6% ~ 10%。由于栅线电极细而长，需用高电导率的银浆制造。

背电极是由与正电极主栅线一样的银主电极，再加上用铝浆烧结后覆盖电池全部或绝大部分的背电场组成，可有效地收集光生载流子。背电场也用网状银铝浆。背电极的主电极及背电场如图 6-26 所示。

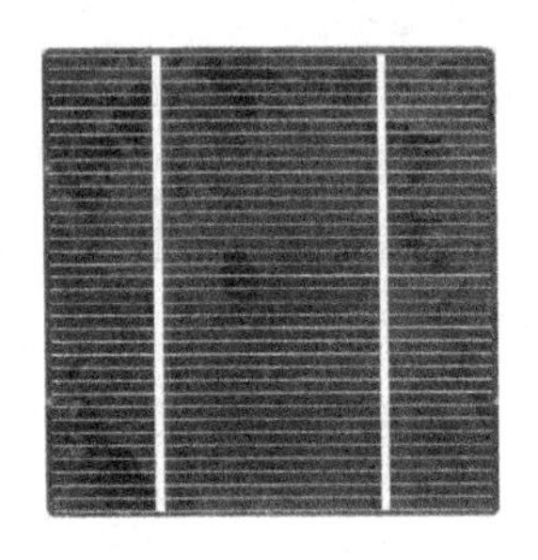

图 6-25　电池正面栅线状上电极

a) 主电极

b) 背电场

图 6-26　电池背面主电极及背电场

目前，正负电极的制备常用的工艺是丝网印刷工艺。太阳能电池制造中丝网印刷的金属电极浆料主要由铝浆、银浆和银铝浆。进行丝网印刷时，首先将浆料敷设在所设计图形的网板上，再用刮刀在网板上横向刮动浆料，并施加一定压力，使浆料按照设计图形挤压到硅片上。丝网印刷工艺具有自动化程度高、产量大、重复性好、成本低的特点。

2. 烧结

丝网印刷制成的正、负电极还需通过高温烧结工艺才能形成欧姆接触。烧结的好坏决定了银与硅之间是否能形成良好的金属 - 半导体的欧姆接触，从而影响到电池的串联电阻和转换效率。

正面电极的银浆中一般含有有机载体和无机玻璃粉料。其中玻璃粉料在烧结过程中，起到腐蚀穿透减反射膜和降低银、硅的共熔点的作用。烧结工艺分几个步骤：在 100 ~ 200℃下，将浆料中的溶剂挥发；在 200 ~ 400℃下，将有机树脂黏合剂烧除；400 ~ 600℃下，玻璃粉料开始熔化；600 ~ 800℃下，熔融的玻璃粉料和熔解的银开始刻蚀掉减反射膜，并刻蚀掉极薄的硅表面层。最后，银颗粒在硅表面层结晶析出。

背面铝浆烧结后，可除去如图 6-22 所示的背面 pn 结。烧结过程中，当温度升到铝－硅共晶温度 577℃以上时，在铝－硅交界处，变成铝硅熔体，冷却后形成硅固熔体，部分铝析出形成再结晶层。实际也是对硅的铝重掺杂过程，铝为 p 型杂质源，在足够厚的铝层和合金温度 800℃下，能有效去除背面 n 型区，产生 p^+ 重掺杂层，与电池基底 p 区形成 pp^+ 浓度结，形成自建电场，称为背电场。

背电场降低了少数载流子在背面复合的概率，反射部分未吸收的长波光子以增加光生电流，并增加开路电压。

同时，电池表面的氮化硅减反射膜 SiN_x∶H 中包含的氢原子，在烧结过程中的高温环境给 SiN_x∶H 提供了 N—H 和 Si—H 键断裂的热能，释放出的氢原子扩散到硅片中，不仅能钝化硅材料界面的悬挂键，而且能深入硅体中进行钝化。烧结温度控制在 700℃左右时钝化效果较好，超过 1100℃时，氮化硅中的氢将全部逸出，从而降低表面钝化效果。

6.2.6　测试分选及包装入库

硅片通过表面制绒、扩散制结、边缘刻蚀及去磷硅玻璃、印刷电极及烧结等工艺电池制备完毕，但需要检验其质量。电池的出厂检测主要测试电池的 $I-V$ 特性曲线，从 $I-V$ 特性曲线可以得知电池的短路电流、开路电压、填充因子、效率以及最大输出功率等参数。并按照电压、电流和功率值分档，或根据电池转换效率分级，并包装入库，为封装太阳能电池组件做好准备。

电池检测在标准测试条件下进行。标准测试条件为太阳辐射强度为 $1000W/m^2$，温度为 25℃，大气质量 AM1.5。图 6-27 为一个典型的 156mm 电池在标准测试条件下的 $I-V$ 及 $P-V$ 特性曲线，表 6-5 为典型 125mm、156mm 单晶及 156mm 多晶太阳能电池的电气参数，根据厂商及型号其参数值有些出入。

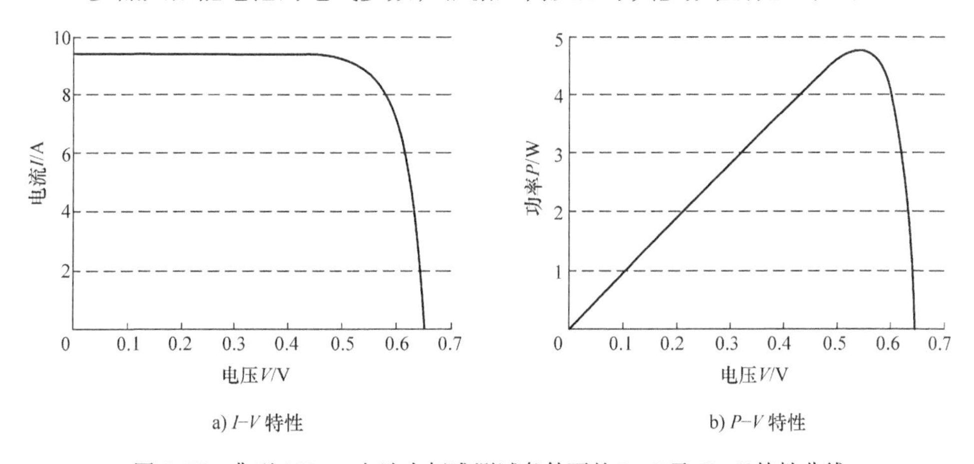

图 6-27　典型 156mm 电池在标准测试条件下的 $I-V$ 及 $P-V$ 特性曲线

表 6-5 典型晶硅太阳能电池电气参数

参数	125mm 单晶	156mm 单晶	156mm 多晶
短路电流 I_{SC}/A	6.29	9.45	9.20
开路电压 V_{OC}/V	0.678	0.665	0.657
最大功率点电流 I_m/A	5.92	9.08	8.69
最大功率点电压 V_m/V	0.576	0.532	0.538
最大功率 P_{max}/W	3.41	4.83	4.67
效率 η (%)	22.3	19.8	19.2
开路电压温度系数/(mV/℃)	-1.74	-2.13	-2.03
短路电流温度系数/(mA/℃)	2.9	4.7	5.52
最大功率温度系数/(%/℃)	-0.29	-0.42	-0.40

6.3 晶硅太阳能电池组件

单片晶硅太阳能电池输出电压较低，只有0.6~0.7V，且晶体硅太阳能电池比较脆，不能独立抵御外界恶劣条件，一般不能单独作为电源使用。因而将若干个单体电池进行串联，并加以封装，引出电极导线，成为可以独立作为光伏电源使用的最小单元，称为太阳能电池组件，也称光伏组件（PV Module）。

光伏组件将电池按一定的排列方式串联后封装而成，功率一般为几瓦至数百瓦不等。采用60片或72片组件封装工艺，以6×10或6×12方式排列。60片组件开路电压约为36V，72片组件开路电压约为43V。

光伏组件为可直接使用的最小单元，需具有一定的防腐性和抗压、抗击打能力以及防风、防雨能力等。因此，光伏组件的封装工艺直接关系到其输出性能、工作寿命、可靠性和稳定性。

6.3.1 组件的主要封装材料

晶硅太阳能电池组件结构如图6-28所示，由电池、钢化玻璃、EVA胶膜、TPT背板、铝合金边框、接线盒等部分组成。由于正面为受光面，因此采用透明玻璃作为电池的正面保护层。TPT背板是背面保护层，用EVA胶膜将电池与正面玻璃及背面TPT背板黏结，EVA胶膜也是透明材料。

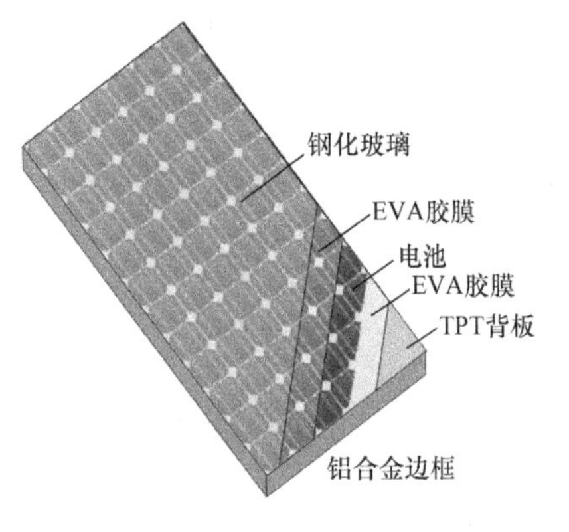

图6-28 晶硅太阳能电池组件结构

1. 电池

晶硅太阳能电池是由硅单晶或多晶材料

制成，具有薄而脆，不能经受撞击等特点。晶硅电池的破坏应力约为 $12\times10^{-2}kg/cm^2$，极易破碎。目前，大多数晶硅太阳能电池组件采用125mm或156mm单晶硅太阳能电池以及156mm多晶硅太阳能电池，厚度约为180μm。

2. 钢化玻璃

目前，封装光伏组件采用低铁绒面钢化玻璃，厚度为（3.2±0.3）mm。在晶硅太阳能电池光谱响应的波长范围内，即320～1100nm光谱波长范围内，透光率达91%以上。由于红外光使电池温度上升，降低转换效率，对大于1200nm的红外光有较高的反射率，而对紫外光线的辐射耐辐射性能优良，透光率不下降。

降低玻璃的铁含量，可以有效地增加玻璃的透光率，因此铁含量应不高于0.015%。并且，为了降低反射率玻璃的两个面做成大小不同的绒面，为了增加强度做成钢化玻璃，使其封装成组件后可以承受直径25mm的冰球以23m/s的速度撞击。

3. EVA胶膜

晶硅太阳能电池的囊封材料采用EVA胶膜，是一种热熔胶黏剂。常温下无黏性，在140℃左右的固化温度下交联，采用挤压成型工艺形成稳定胶层，并变得完全透明。

EVA胶膜由于其高黏着力、耐久性、高透明度等优点，使得它被越来越广泛地应用于各种光学产品。其高黏着力可以适用于各种界面，包括玻璃、金属及塑料等，且不受湿度和吸水性胶片的影响。良好的耐久性可以抵抗高温、潮气、紫外线等。低熔点，易流动，能适用于各种玻璃的夹胶工艺，如压花玻璃、钢化玻璃、弯曲玻璃等。

EVA胶膜的厚度在0.4～0.6mm之间，具有弹性，表面平整，厚度均匀，内含交联剂、抗紫外剂和抗氧化剂等。在固化温度下交联，采用真空层压技术将硅晶片组包封，并和正面玻璃及背板材料黏合为一体，提高正面玻璃的透光率，起增透的作用。

4. TPT背板

光伏组件的背面封装材料使用最多的是聚氟乙烯复合膜（又被称为TPT）。TPT两边是聚氟乙烯膜（PVF），中间是聚对苯二甲酸乙二醇酯膜（PET），为PVF/PET/PVF三层结构。外层保护层PVF具有良好的抗环境侵蚀能力，中间层为PET聚酯薄膜具有良好的绝缘性能，内层PVF经表面处理和EVA具有良好的黏结性能。

5. 铝合金边框及接线盒

铝合金边框的主要作用是保护玻璃边缘，提高组件的机械强度，增加密封性，且便于组件的安装和运输。为达到光伏组件的机械强度要求及其他要求，采用6063 T5以上的铝合金材料。

光伏组件的正、负极从背板引出连接到接线盒，实现与外接电路的连接，以增加连接强度和可靠性。接线盒用硅胶黏结在TPT背板上，为了保证25年以上的寿命，接线盒由工程塑料制成，并加有防老化和抗紫外线辐射剂。

6.3.2 组件封装工艺

晶硅太阳能电池组件的封装工艺流程如图6-29所示。通过封装组件具有坚固的机械强度、良好的绝缘性能及耐腐蚀性能，并增强了光的透射能力。

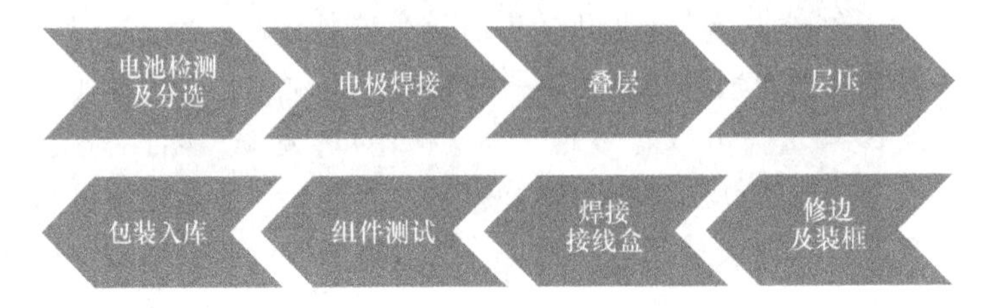

图6-29 晶硅太阳能电池组件封装工艺流程

1. 电池检测及分选

由于电池随其材料、生产工艺等其电特性差别较大，就算同一厂家、同一型号、同一批次的电池，电池性能也不尽相同，其电参数值也有所差别。因此，组件封装时首先要检测电池片性能，并进行分选，不允许将电性能差异大的电池片串联在同一组件中。为提高光伏组件的转换效率，必须将性能一致或十分相近的电池进行匹配组合封装。

首先目测外观，将有缺陷的电池按照缺陷类别分区放置，并记录缺陷类型。为了美观，通常对电池片的色差也要进行分选。

其次是电性能测试，对外观分选合格的电池片，用太阳能电池分选仪对电池的转换效率和单片功率等进行测试和分选。一般以功率按0.05W为间隔分档，或以效率按0.5%间隔分档放置。分档分级时，大多数按每个组件所需的电池片数量分包，如60片或72片。

2. 电极焊接

电池片焊接包括电池片正面焊接和背面串联焊接，焊接用的焊带是镀锡的铜带，长度约为电池片边长的2倍。将1/2焊带焊在正面的主栅线上，剩下1/2焊带焊在第二个电池的背面电极上，使得两块电池形成串联，两块电池片间距控制在（1.5±0.5）mm，如图6-30所示。焊接要光滑、无毛刺、无虚焊、无脱焊、无锡珠。如6×10排列的60片组件，将串联10片电池，形成一个电池串。

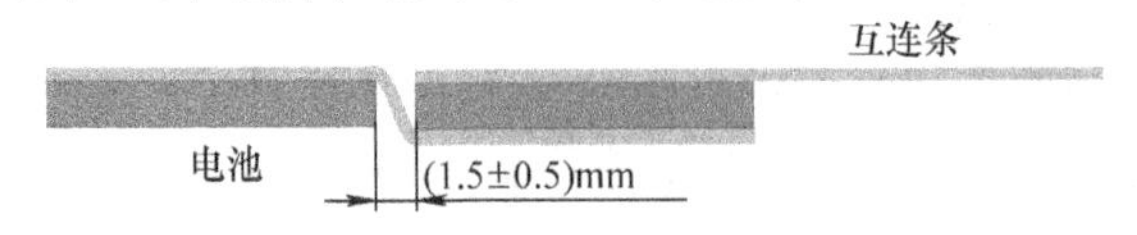

图6-30 晶硅太阳能电池电极焊接

3. 叠层

焊接好电池串后叠层封装所需材料，由下向上一次叠放钢化玻璃、EVA 胶膜、电池串、EVA 胶膜、TPT 背板，如图 6-31 所示。电池串按照组件设计要求进行摆放，如 6×10 排列的 60 片组件封装时，将 6 组串接好的 10 片电池串头尾交叉依次摆放，再依次用焊带将电池串串接。电池串之间间隙一致，误差不得超过 ±0.5mm。按组件设计规定的位置电池上层的 EVA 胶膜和 TPT 上切开方形电极引出口，将组件的正、负极从方形口引出，并固定在背板上。

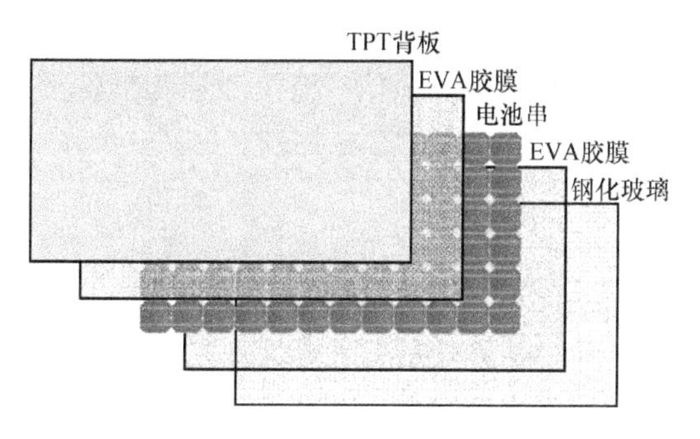

图 6-31　晶硅太阳能电池的叠层顺序

叠层后的层压件在测试台上检测电压、电流，并检测内部是否有异物，一切正常就可以进行层压。

4. 层压

将叠层好的层压件放入层压机内，通过抽真空将组件内的空气抽出，并进行加热层压。层压机加热板加热，使 EVA 胶膜熔化，在外部大气压力下将电池、玻璃和背板黏结在一起，形成层压组件。

层压工艺是组件生产的关键一步，层压温度和层压时间根据 EVA 胶膜的性质决定，使用快速固化 EVA 胶膜时，层压时间约为 22min，固化温度为 140 ~ 145℃。

5. 修边及装框

层压时 EVA 胶膜熔化后由于压力而向外延伸固化形成毛边，所以层压完毕应将其切除。切除毛边后装进注有硅胶的铝边框，以增加组件的强度，并进一步密封电池组件，延长电池的使用寿命。边框和玻璃组件的缝隙用 1527 硅胶（即硅酮树脂）填充。

6. 焊接接线盒

在组件背面引线处焊接接线盒，以利于电池与其他设备或电池间的外部连接。接线盒用 1521 双组分硅胶黏结在背板上。接线盒黏结后将组件的引出导线焊接到接线盒的电极端子上，并密封组件，引出电极开口区域。接线盒中为了降低阴影影响，正、负电极应并接旁路二极管。

7. 组件测试

组件封装后进行外观检查和电性能测试、耐压绝缘测试以及 EL 测试。电性能测试是在标准测试条件下，对组件的输出功率进行标定，并测试其输出特性，确定组件的质量等级，并通过不同温度和辐射强度下的性能参数值，即短路电流、开路电压、最大功率点电压、电流及最大功率等，对光伏组件的性能进行评价。

图 6-32 所示为一个 60 片 156mm 电池在标准测试条件下的 $I-V$ 及 $P-V$ 特性

曲线，表6-6所示为60片及72片125mm、156mm单晶及156mm多晶太阳能电池组件的电气参数，根据厂商及型号其参数值有些差异。

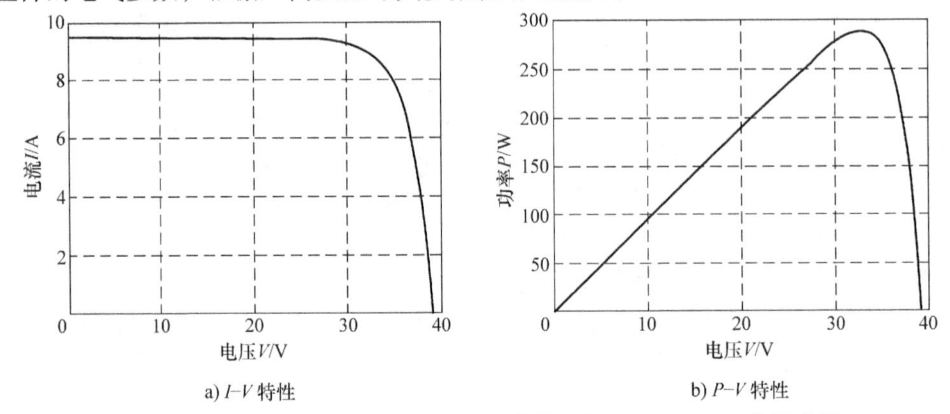

图6-32 60片156mm电池在标准测试条件下的 $I-V$ 及 $P-V$ 特性曲线

表6-6 60片及72片太阳能电池组件电气参数

参数	60片		72片	
	156mm单晶	156mm多晶	125mm单晶	156mm多晶
短路电流 I_{SC}/A	9.45	9.20	5.45	9.29
开路电压 V_{OC}/V	39.9	39.4	44.5	46.4
最大功率点电流 I_m/A	9.08	8.69	5.00	8.84
最大功率点电压 V_m/V	31.9	32.3	36.0	37.4
最大功率 P_{max}/W	290	280	180	330
效率 η（%）	17.7	17.11	17.0	17.0
开路电压温度系数/(mV/℃)	-12.77	-12.21	-15.13	-14.85
短路电流温度系数/(mA/℃)	4.7	5.52	2.73	4.65
最大功率温度系数/(%/℃)	-0.42	-0.40	-0.5	-0.42

耐压绝缘测试是测试组件边框和电极引线之间的耐压性和绝缘强度，以保证组件在恶劣条件下不被损坏。

EL（Electroluminescence）称作电致发光或场致发光。EL测试是根据光伏组件中电池片发光亮度的差异，显示组件中的裂片、劣质片和焊接缺陷。给组件通电使其发光，即电致发光，利用成像系统呈现组件的EL图像，可有效地发现硅材料的缺陷、印刷缺陷、烧结缺陷、工艺污染和裂纹等问题。

6.4 非晶硅薄膜太阳能电池的制造

非晶硅薄膜太阳能电池组件分为两大类，第一类是以玻璃为衬底的刚性非晶硅太阳能电池组件，第二类是以很薄的不锈钢板或塑料等柔性材料为衬底的柔性非晶硅太阳能电池组件。两种非晶硅薄膜太阳能电池组件其电池结构基本相同，由透明导电薄膜（Transparent Conductive Oxide，TCO）、p 层、i 层、n 层、Al 组成，如图 6-33 所示。

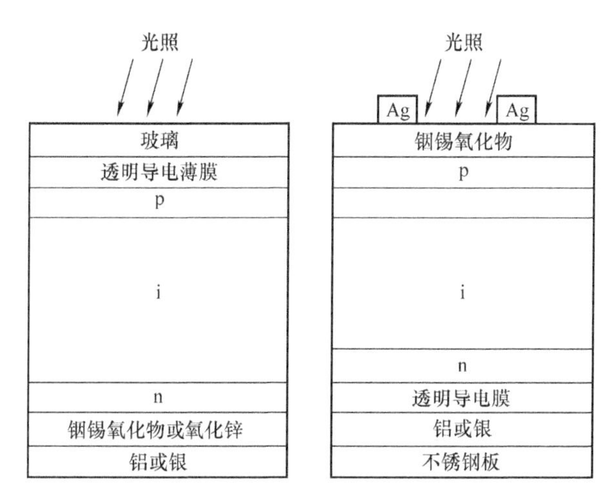

图 6-33　非晶硅薄膜太阳能电池结构

以玻璃为衬底的刚性非晶硅薄膜太阳能电池的制备流程如图 6-34 所示。

图 6-34　刚性非晶硅薄膜太阳能电池制备流程图

薄膜电池直接在衬底材料中沉积电极及 p－i－n 结构，但是由于单一电池的电压很小，因此需将沉积的电池切割分离，再进行串接，以提高工作电压，非晶硅薄膜太阳能电池组件结构如图 6-35 所示。薄膜的切割采用激光切割技术[16,17]。

首先，采用 3～4mm 厚的玻璃，并进行清洗。然后沉积 TCO 后，用波长为 1064nm 的红外线激光进行切割断路。再依次沉积 p－i－n 单结非晶硅层，用波长为 532nm 的绿光激光进行非晶硅层的切割分片。然后制备 Al 背电极，并用波长为 532nm 的绿光激光进行背电极的切割，形成单一的电池。最后用铜线连接两块电池的正、负电极，形成串接，再用 EVA 胶膜与背板层压，接上接线盒完成非晶硅薄膜太阳能电池的制备。

Al 背电极作为各子电池的负电极，成为电池间的串联通路，并可反射没有被

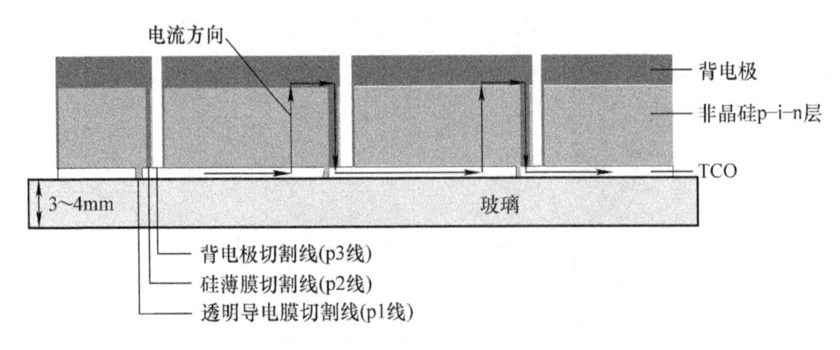

图6-35　非晶硅薄膜太阳能电池组件结构示意图

非晶硅层吸收的光子，增加电池的光吸收率。

6.4.1　制备透明导电薄膜

TCO 用作 a－Si：H 太阳能电池的正面接触电极，因此其导电能力、耐久性、透光性及陷光结构（Light Trapping），将直接影响电池的转换效率和使用寿命。TCO 的电阻率需低至 $10^{-4} \sim 10^{-3}\Omega \cdot cm$，透光率在可吸收辐射频段达 85% 以上，对衬底材料的附着力要强，且有耐高温、耐腐蚀等稳定性能。应用于太阳能电池的常见 TCO 有 In_2O_3、SnO_2 及 ZnO 等。

SnO_2：F 绒面透光率高、电阻率低、均匀性好，因此常用于太阳能电池的 TCO 的生产中，通常采用常压化学气相沉积（Atmospheric Pressure CVD，APCVD）法来制备。物理气相沉积法所得的 TCO 具有较好的均匀性及光电特性。

用四氯化锡（$SnCl_4$）与氧或水分子做化学反应而得，其化学反应式为

$$SnCl_4 + O_2 \longrightarrow SnO_2 + 2Cl_2 \tag{6-30}$$

$$SnCl_4 + 2H_2O \longrightarrow SnO_2 + 4HCl \tag{6-31}$$

为了提高 SnO_2 的透光率和电导率，在沉积过程中通入 $C_2H_2F_2$，形成 SnO_2：F。

6.4.2　沉积 p－i－n

p－i－n 非晶硅的沉积采用 PECVD 法。p 层作为 TCO 薄膜的下面层，通常采用禁带宽度较大、透光率较高的非晶硅碳合金（a－SiC：H）。

1. 沉积 p 层

在沉积 p 型 a－SiC：H 合金前，用去离子水冲洗激光切割后的导电玻璃，并烘干后放入 PECVD 放电室中，开始沉积。沉积 p 型 a－SiC：H 的气源为硅烷（SiH_4）、甲烷（CH_4）、硼烷（B_2H_6）和氦气（He）的混合气体。He 为稀释气体，B_2H_6气体在等离子体中分解出 B 原子，实现对 a－SiC：H 材料的 B 原子掺杂，

形成 p 型 a－SiC：H 合金层。SiH_4和 CH_4制得 a－SiC：H，C 含量改善窗口层的光学性质，如光学带隙及明暗电导比等。可通过 CH_4浓度的变化，获得含 C 量不同的 a－SiC：H。

p 型 a－SiC：H 的 PECVD 温度为 200～300℃，腔体压力约为 60Pa，沉积时间为 40～50s，沉积厚度为 8～9nm。

2. 沉积 i 层

本征层 i 为光吸收层，是光生载流子的产生区，应尽量降低本征层中的空间电荷密度，提高光生载流子的寿命及迁移率，在确定的本征层厚度下，提高结内电场，从而提高光生载流子的收集率。并且为了增加本征层中的光吸收，要有合适的厚度。

沉积 i 层 a－Si：H 的气源为 SiH_4 和 H_2 的混合气体，腔体压力约为 100Pa，沉积温度为 200～300℃，沉积时间为 2500～3000s，沉积厚度为 300～500nm。

3. 沉积 n 层

沉积 n 型 a－Si：H 层的气源为 SiH_4、PH_3、H_2和 He 的混合气体，其中 PH_3气体在等离子体中分解出 P 原子，实现对 a－Si：H 的 P 原子掺杂，形成 n 型 a－Si：H层。沉积温度为 200～300℃，腔体压力约为 130Pa，沉积时间为 90～100s，沉积厚度为 30～40 nm。

6.4.3　激光切割技术

激光切割是利用激光束对材料进行剥除。当入射激光接触薄膜表面后，薄膜吸收光束能将其转为热能，进而达到熔解温度或汽化温度，形成熔化或汽化，进行薄膜剥除，如图 6-36 所示[1,18]。

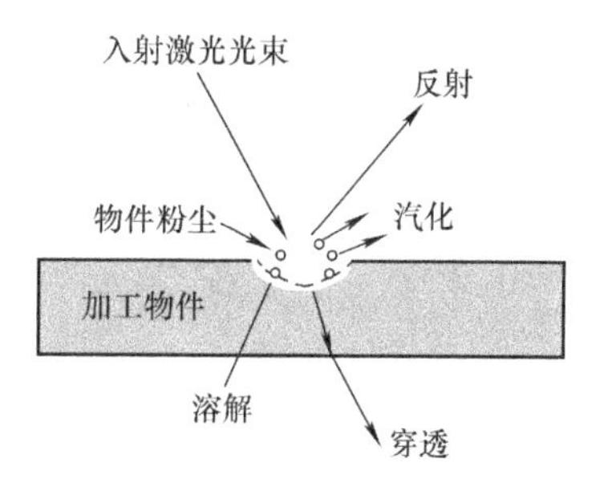

图 6-36　激光切割原理

非晶硅薄膜太阳能电池的制备中共进行 3 次激光切割，分别是切割 TCO、非晶硅层以及 Al 背电极。激光切割必须考虑薄膜对激光波长的吸收特性，并选择适当的波长，使薄膜有效地吸收激光束，形成切割。TCO、氢化非晶硅薄膜、氢化微晶硅薄膜及单晶硅的激光吸收系数与波长关系如图 6-37 所示。TCO 的切割采用的激光波长为 1064nm，切割背电极及非晶硅层的激光的波长为 532nm，可避免切割到 TCO 层。

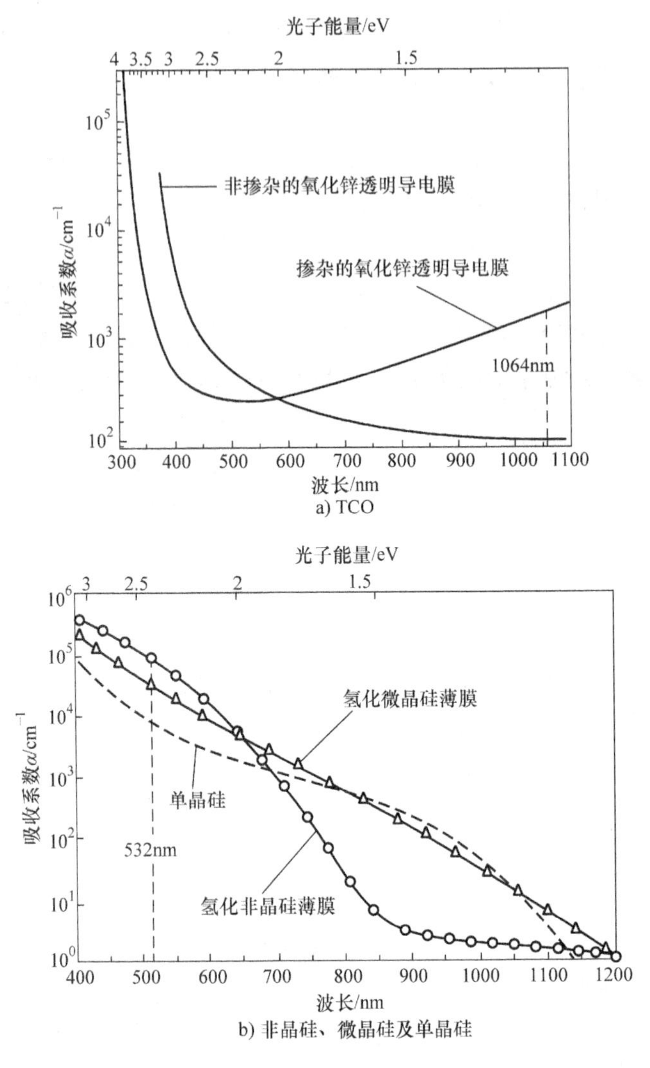

图 6-37　TCO 及半导体材料的激光吸收系数与波长关系

习　题

1. 太阳能级纯度是什么？
2. 单晶硅的制造中，直拉法相对区熔法的优点是什么？
3. 列举两个常用太阳能电池的尺寸及其光生电流大小。
4. 为什么太阳能电池组件的正面颜色为深蓝色？
5. 为什么晶硅太阳能电池组件是串联结构，没有并联？
6. 太阳能电池板的制造工艺中提高太阳能吸收率的措施都有哪些？

参考文献

[1] 翁敏航. 太阳能电池：材料·制造·检测技术 [M]. 北京：科学出版社，2013.

[2] 段光复. 高效晶硅太阳电池技术：设计、制造、测试、发电 [M]. 北京：机械工业出版社，2014.

[3] ENDRÖS A L. Mono - and tri - crystalline Si for PV application [J]. Solar Energy Materials & Solar Cells, 2002, 72 (1): 109 - 124.

[4] 杨德仁. 太阳电池材料 [M]. 北京：化学工业出版社，2008.

[5] OMARA W, HERRING R B, HUNT L P. Handbook of semiconductor Silicon technology [M]. [S. l.]: Noyes Publications, 1990.

[6] DASH W C. Silicon crystals free of dislocations [J]. Journal of Applied Physics, 1958, 29 (4): 736 - 737.

[7] DASH W C. Growth of Silicon crystals free from dislocations [J]. Journal of Applied Physics, 1959, 30 (4): 459 - 474.

[8] DASH W C. Improvements on the pedestal method of growing Silicon and Germanium crystals [J]. Journal of Applied Physics, 1960, 31 (4): 736 - 737.

[9] KECK P H, GOLAY M J. Crystallization of Silicon from a Floating Liquid Zone [J]. Physical Review, 1953, 89 (6): 1297 - 1297.

[10] 施钰川. 太阳能原理与技术 [M]. 西安：西安交通大学出版社，2009.

[11] FERRAZZA F. Growth and post growth processes of multicrystalline Silicon for photovoltaic use [J]. Solid State Phenomena, 1996, 51: 449 - 460.

[12] FRANKE D, RETTELBACH T, HÄßLER C, et al. Silicon ingot casting: process development by numerical simulations [J]. Solar Energy Materials & Solar Cells, 2002, 72 (1): 83 - 92.

[13] STUART R W, MARTIN A G. Applied photovoltaics [M]. London: Earthscan, 2008.

[14] LEGUIJT C, LÖLGEN P, EIKELBOOM J A, et al. Low temperature surface passivation for Silicon solar cells [J]. Solar Energy Materials & Solar Cells, 1996, 40 (4): 297 - 345.

[15] ABERLE A G, RUDOLF H. Progress in Low - temperature surface passivation of Silicon solar cells using Remote - plasma Silicon nitride [J]. Progress in Photovoltaics Research & Applications, 1997, 5 (1): 29 - 50.

[16] YAMAMOTO K, YOSHIMI M, SUZUKI T, et al. Large - area and high efficiency a - Si/poly - Si stacked solar cell submodule [C] //IEEE Photovoltaic Specialists Conference, 2000: 1428 - 1432.

[17] MARKVART T, CASTAÑER L. Practical handbook of photovoltaics: fundamentals and applications [M]. Oxford: Elsevier, 2003.

[18] GOETZBERGER A, HOFFMANN V U. Photovoltaic solar energy Generation [M]. [S. l.]: Springer, 2005.

Chapter 7

第7章 光伏发电系统

光伏发电具有十分广泛的应用，只要有太阳照射就可以应用光伏发电。光伏组件为直流源，且其输出电压及电流随太阳辐射、温度及负载而变。因此，光伏发电的应用需要电力电子变换器等其他一系列设备组成自身特点的系统，称为光伏发电系统。

光伏发电系统主要由光伏组件、电力电子变换器、负载或电网等组成，如图7-1所示。根据系统要求还有可能需要汇流箱和电压表、电流表等各种测量设备以及储能、监控、配电箱等设备。

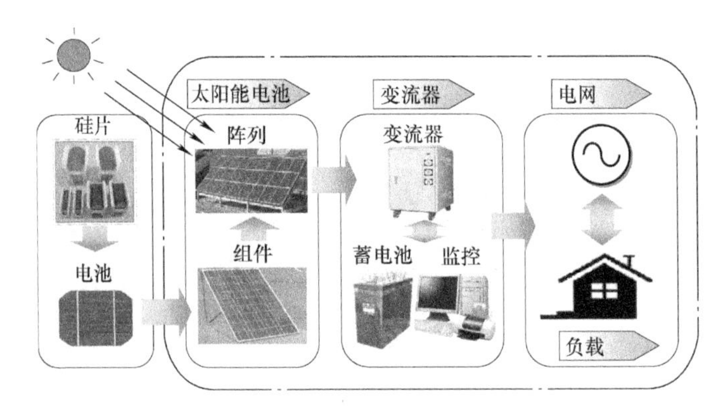

图7-1　光伏发电系统结构图

7.1　光伏发电系统的分类

光伏发电系统可按供电方式、太阳能采集方式及建筑应用方式等进行分类，如图7-2所示。

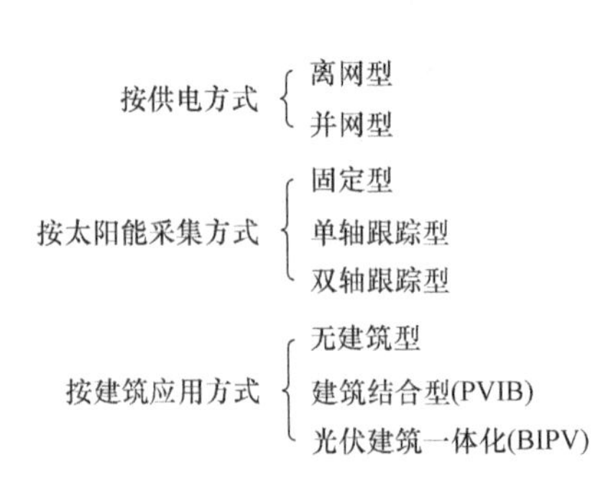

图7-2　光伏发电系统的分类

按供电方式可分为离网型和并网型；按太阳能采集方式可分为固定型、单轴跟踪型、双轴跟踪型；按建筑应用方式可分为无建筑型、建筑结合型（PhotoVoltaic In Building，PVIB）及光伏建筑一体化（Building Integrated PhotoVoltaic，BIPV）系统等。

7.1.1　离网型光伏发电系统

离网型光伏发电系统结构简单、系统功率较小、安装灵活，并且节省了化石燃料的使用，故其应用范围较广。如太阳能飞机、太阳能船、太阳能电动车等交通工具的应用和太阳能路灯、信号灯、航标灯、广告牌等灯具的应用以及在电网无法连接到的山区、居民分散的牧区等偏远地区的生活用电等均有离网型光伏发电系统的应用。

图7-3　太阳能水泵的应用

最简单的离网型光伏发电系统是直联系统，将光伏方阵受光照时发出的直流电直接供给负载使用，中间没有储能设备及电能变换设备，负载只在有光照时才能工作。这种直联系统早期在偏远地区或草原上有应用，如太阳能水泵等，但是其效率及实用性低。图7-3为太阳能水泵应用实例照片。

通常离网型光伏发电系统主要由光伏阵列、充放电控制器、逆变器、储能电池和负载等部分组成，如图7-4所示。光伏阵列容量较大时，需加汇流箱及配电箱等设备。光伏阵列将太阳辐射能转换为电能送至逆变器，或经过汇流箱送至逆变器，由逆变器将直流电逆变为交流电给交流负载供电。

光伏阵列容量较小，其电压较低时，一般通过充放电控制器与储能单元进行能量交换，并将其电压升压至逆变器输入电压要求，再进行逆变，供交流负载用电。因此，充放电控制器串接于线路，如图7-4a所示。

光伏阵列容量较大，其电压较高、并联数较多时，通过汇流箱将多个并联的光伏阵列输出的电能汇流，再通过逆变器逆变给交流负载供电，或通过DC/DC变换器给直流负载供电，如图7-4b所示。当太阳能充足、

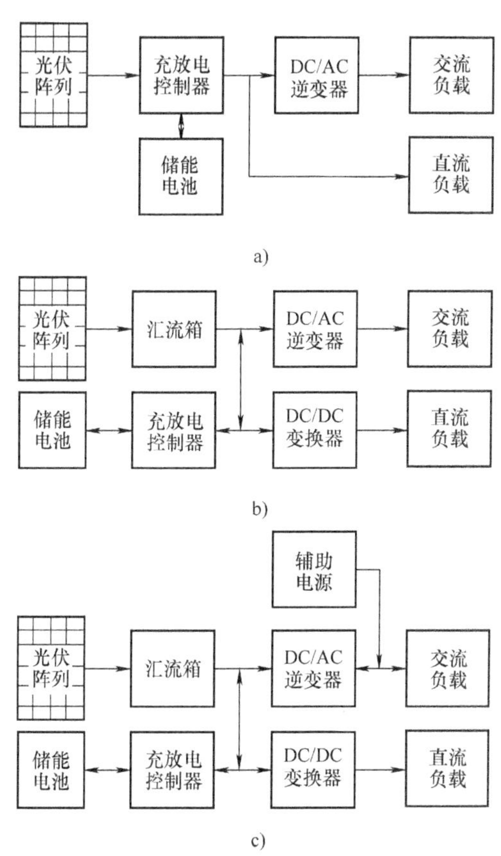

图7-4　离网型光伏发电系统结构

负载用电有剩余时，将发出的多余电能通过充放电控制器存储在蓄电池中；当光照较差，发电量不能满足负载时，充放电控制器释放蓄电池中存储的电能供负载使用。

负载对供电可靠性要求较高的离网型光伏发电系统，为了减小系统失电小时数，若完全由光伏发电系统供电，其光伏组件及蓄电池容量需要很大，导致一次投资成本过大。因此，离网型光伏发电系统根据具体情况，通过经济性分析，可增加辅助电源，降低系统成本，如图 7-4c 所示。当遇到连续阴雨天，光伏电池板发电量不足，且蓄电池中电能耗尽时，起动辅助电源（如柴油发电机等）给负载供电，可大大提高光伏发电系统的供电可靠性。

7.1.2 并网型光伏发电系统

有电网的地区，将太阳能电池发出来的直流电由逆变器转换成标准的 50Hz/60Hz 交流电，并接于电网，形成并网型光伏发电系统。随着化石能源的枯竭以及绿色环境意识的日益增长，为了实现可持续发展目标，经过近 30 年的演变，并网型光伏发电系统技术日益完善，成为光伏发电系统的主要应用方式。并网型光伏发电系统的形式也越来越多样化，主要分为有逆流型和无逆流型。

集中式光伏电站没有当地负荷或占比极小，发出来的电几乎全部送到电网，因此为有逆流型并网型光伏发电系统，其结构如图 7-5 所示。

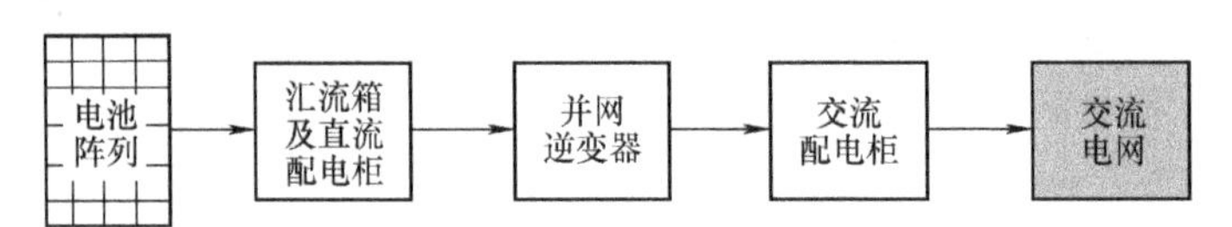

图 7-5　集中式光伏电站系统结构图

分布式光伏发电系统原则上自发自用，对电网公司来说不受控，即不监测、不控制。因此电网公司限制其并网，允许你并网使用，但不允许有逆流出现，防止对电网的冲击及电能质量的下降。光伏发电系统并接于电网，由电网支撑电压，当光伏能量不足时自动由电网补给不足的能量，而当光伏能量有余时，不允许将多余电能向电网输送，称为无逆流型并网型光伏发电系统。

分布式光伏发电系统随其应用对象容量可设计为从几百瓦到几兆瓦。10kW 左右及其以下的小容量并网系统，光伏组件可直接接入逆变器，逆变器的输出直接并入电网给负载供电，无须汇流箱或配电柜等其他设备，其系统结构如图 7-6 所示。系统容量较大，有多支路并联时需要汇流箱、配电柜等设备进行汇流及保护。

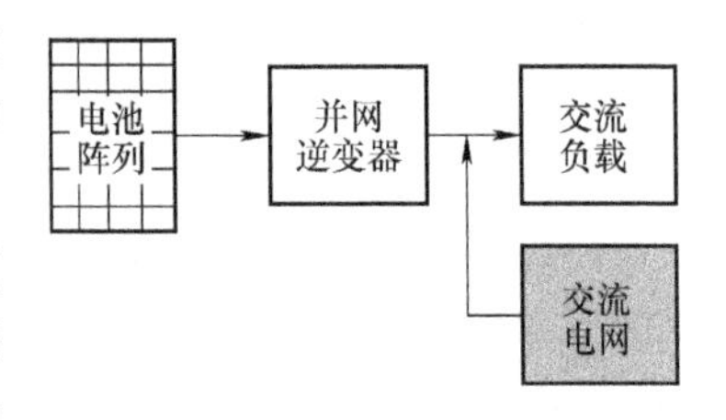

图 7-6　无逆流型并网型光伏发电系统结构图

目前，一般分布式并网型光伏发电系统并不

是完全限制逆流，而是在系统设计时就限制其系统容量，一般限制当地负载的30%以下，可保证光伏发电系统无须限流措施的情况下自发自用。实际运行时，在局部时间段有可能形成逆流，为有逆流型并网型光伏发电系统。但是由于当地负荷相对较大，逆流能量较小，对电网影响很小。

由于集中式光伏电站一般设置在光能充足的沙漠等地区，离城市（即负荷）较远，而当地负荷以家庭负荷为主，早晚需求较大，白天需求较小。而光伏发电系统在白天光能充足，发电量较多。因此，为了就地消纳，引入储能，将白天发出的多余的电能存储下来，给早晚负荷供电，降低了弃光现象，提高了光伏发电系统的利用率。图7-7为有储能有逆流型并网型光伏发电系统的结构图，根据需要可加汇流箱、配电柜等设备。

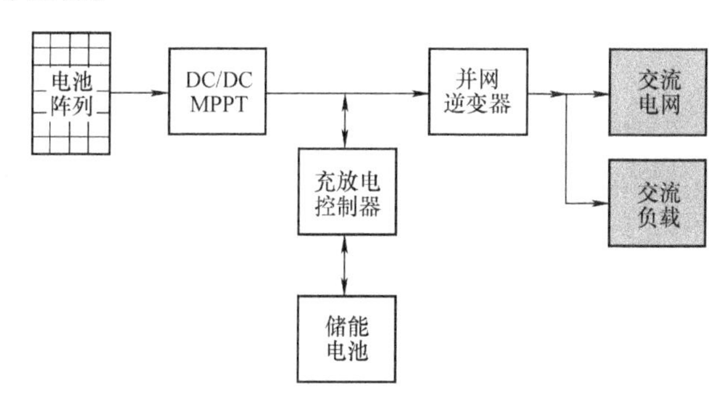

图7-7　有储能有逆流型并网型光伏发电系统结构图

光伏发电系统受到气候、云彩、空气清洁度等因素的影响，其输出为一个瞬时变化的不稳定的能源，将给电网带来冲击。分布式光伏发电系统为了提高供电质量也引入了储能设备，减小了光伏发电系统对电网的冲击。储能设备的引入，使并网型光伏发电系统对电网可起削峰填谷作用以及调频作用，从以前对电网的“垃圾电”转换为应急保护电能，提高了配电网的智能化。

7.1.3　光伏与建筑的结合

随着分布式光伏的发展光伏发电与建筑的结合越来越受到人们的重视。在城市里应用光伏发电系统，只能利用建筑物的有效面积安装太阳能电池。安装在建筑物上的光伏发电系统，统称为建筑光伏（Building Mounted Photovoltaic，BMPV）。

建筑光伏的优点为：可就地发电、就地使用，一定范围内减少了电力运输过程产生的费用和损耗；有效利用了建筑物外表面积，不需占用地面空间，节省了土地资源；由于光伏阵列吸收太阳能，降低了屋顶或墙面的温度，改善了室内环境，降低了空调负荷，有效地减少了建筑物的常规能源消耗；白天是城市用电高峰期，利用此时充足的太阳辐射发电，缓解高峰电力需求，解决了电网峰谷供需矛盾。

建筑光伏的光伏组件与建筑物的结合形式主要有两种，一种是附着于建筑物上，称为 BAPV（Building Attached Photovoltaic），一般在现有建筑物上安装光伏发电系统的时候采用这种形式。另一种是与建筑物同时设计、同时施工和安装并与建筑物形成完美结合的太阳能光伏发电系统，称为光伏建筑一体化（Building Integrated Photovoltaic，BIPV）。图 7-8 为斜屋顶上的 BAPV 和 BIPV 应用实例。

a) BAPV

b) BIPV

图 7-8　建筑光伏应用实例

BAPV 的功能是发电，与建筑物功能不发生冲突，不破坏或削弱原有建筑物的功能，但没有其他功能。BIPV 作为建筑物外部结构的一部分，既具有发电功能，又具有建筑构件和建筑材料的功能，甚至还可以提升建筑物的美感，与建筑物形成完美的统一体。

BIPV 的优点为：可利用建筑本身作为光伏发电系统的支撑结构；光伏组件代替建筑物的外围护结构，减少了建筑材料和人工，降低了成本；使用光伏组件作为新型建筑围护材料，增加了建筑物的美观，更受市场的欢迎。

7.1.4　光伏发电系统的采光方式

光伏发电系统按照其采光方式可分为固定型和单轴跟踪型、双轴跟踪型。固定型计算分析所选址地的光伏系统的最佳角度，以最佳角度为电池板的固定角度，不进行任何跟踪太阳的控制。固定型光伏发电系统设计简单，且由于没有机械部件，几乎不需要维护，寿命长。但是，其光伏发电系统的发电效率相对于太阳跟踪型低。

单轴跟踪型只有一个旋转轴来改变电池板的角度，使太阳光线垂直于电池面板来达到太阳辐射强度的最大化，从而提高光伏转换率。单轴跟踪根据旋转轴的方位可以分为水平单轴跟踪与倾斜单轴跟踪。水平单轴跟踪以水平轴为中心，旋转改变其倾斜角，达到跟踪太阳的目的，提高了其发电效率，比固定型可提高 20% ~ 30% 的发电量。倾斜单轴跟踪以有固定倾斜角的轴为中心，在固定倾斜角下可改变其方位角，达到跟踪太阳的目的，比固定型可提高 25% ~35% 的发电量。

双轴跟踪型具备两个方向的旋转轴，即水平轴和垂直轴，太阳能电池板可以在太阳的方位角和高度角上同时跟踪太阳，使电池板一直保持垂直于太阳光线。可提高 35% ~45% 的发电量。

太阳跟踪型光伏发电系统虽然能提高系统效率，但是结构复杂，成本相对较高，且由于有机械转动，寿命相对较短，维护费用相对较高。图 7-9 为固定型、双轴跟踪型以及水平单轴跟踪、倾斜单轴跟踪型光伏发电系统应用实例。

a) 固定型

b) 双轴跟踪型

c) 水平单轴跟踪型

d) 倾斜单轴跟踪型

图 7-9　光伏发电系统的应用实例

7.1.5　聚光型光伏发电系统

聚光型光伏发电系统（Concentrated Photovoltaics，CPV）利用聚光光学元件将光汇聚到太阳能电池上，用聚光光学元件代替太阳能电池，节省了半导体材料，可大大降低成本，且提高转换效率。其汇聚倍率可达几倍到上千倍，通常汇聚倍率大于 50 倍的聚光系统称为高倍聚光光伏系统（High Concentrated Photovoltaics，HCPV）[1]。

聚光光学元件通常采用镜面或透镜，镜面利用光的镜面反射将入射光反射到太阳能电池上，而透镜是利用光的折射将入射光聚焦到太阳能电池上。

1. 反射式聚光

反射式聚光又有槽型平面聚光和抛物面聚光两种方式。槽型平面聚光利用平面镜做成槽型，平行光经反射后集中到底部的太阳能电池上，如图 7-10a 所示。槽型平面聚光的汇聚倍率为 1.5 ~ 3。图 7-10b 所示为 2 倍聚光型光伏发电系统应用实例。

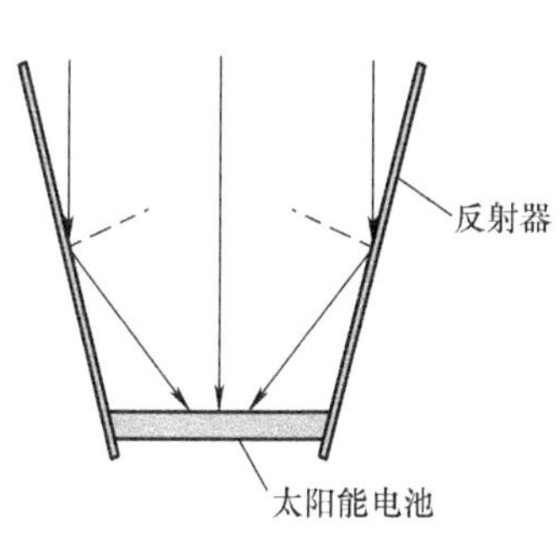

a) 槽型平面聚光原理

b) 槽型平面2倍聚光型光伏发电系统应用实例

图 7-10　槽型平面聚光

平行光经过抛物面内的反射后汇聚到焦点上，在焦点处放置太阳能电池，就可将入射的太阳光汇集到太阳能电池上，如图 7-11 所示。虽然制作抛物镜面要比平面镜复杂，但是其聚光效果要好得多，所以在低倍聚光系统中常采用抛物面聚光器。

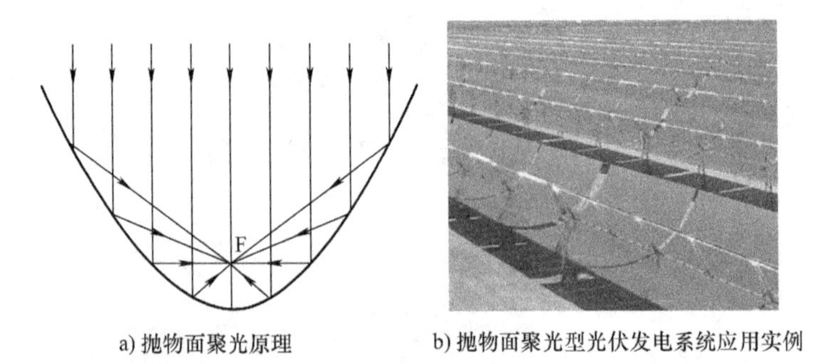

a) 抛物面聚光原理　　b) 抛物面聚光型光伏发电系统应用实例

图 7-11　抛物面聚光

为了进一步提高汇聚倍率，可采用二次抛物面聚光或蝶式点聚光，如图 7-12 所示。

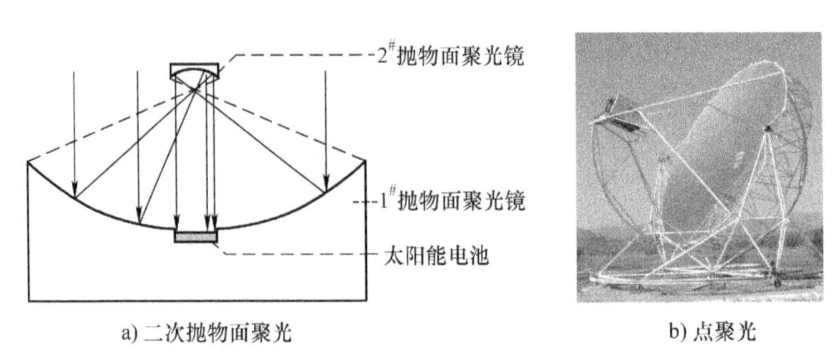

a) 二次抛物面聚光　　b) 点聚光

图 7-12　抛物面聚光

2. 折射式聚光

众所周知，凸透镜可以聚光，如图 7-13a 所示。但是用于聚光光伏发电系统，其厚度将变得非常大。而光的折射只在介质面形成，为了减轻厚度和重量，如

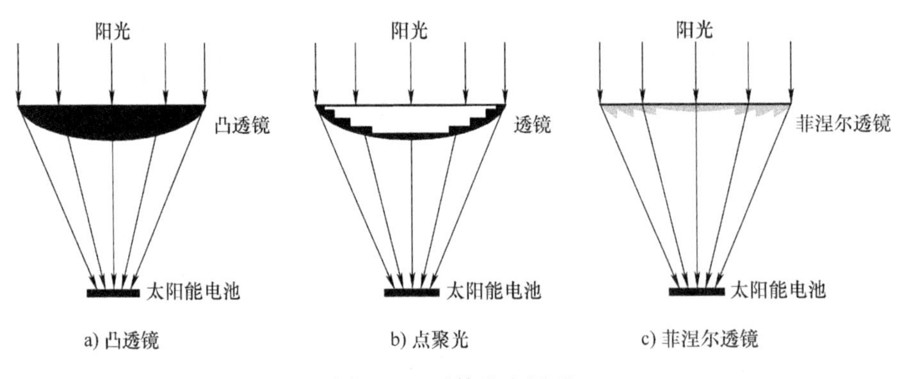

a) 凸透镜　　b) 点聚光　　c) 菲涅尔透镜

图 7-13　透镜聚光原理

图7-13b所示将透镜掏空，再将入射面对齐形成如图7-13c所示的菲涅尔透镜，聚光效果与凸透镜完全一样。因此，折射式聚光光伏发电系统通常采用菲涅尔透镜，图7-14所示为菲涅尔透镜聚光光伏发电系统实物图。

图7-14　菲涅尔透镜聚光光伏发电系统

无论是反射式聚光还是折射式聚光，由其工作原理可知，入射光需垂直于聚光器，稍有偏差聚光点就不在太阳能电池板上，其效率将大大降低。因此，聚光型光伏发电系统需采用太阳跟踪系统。通常线聚光采用单轴跟踪系统，点聚光采用双轴跟踪系统。

3. 散热系统

目前，晶硅太阳能电池的光电转换效率一般在20%左右，也就是说投射到电池表面上80%左右的太阳能都不能转化成电能，而是转化成热能，导致光伏电池的工作温度升高、转换效率降低。在夏日光照充足时，晶硅太阳能电池温度可达75℃以上。采用聚光方式后电池表面受到的辐射强度大大加强，普通晶硅组件在两倍太阳光强下就会起泡并氧化，效率就会大幅降低，甚至由于受热不均匀电池片有可能裂开。因此需采用适当的散热措施疏导这些热能，才能在聚光条件下使太阳能电池保持较低的工作温度，确保光电转换效率维持在较高的水平。

散热可采用水冷、强制风冷或加散热片进行自然散热。采用水循环冷却效果最好，但是必须增加水管、水泵等水循环散热装置，成本较高且需要消耗电能；强制风冷方式需消耗大量电能来转动风扇，且风扇的寿命与可靠性不高；采用铝或铜制的散热片进行自然散热，无附加能耗，但是散热温度有限，主要应用于汇聚倍率较低的聚光型光伏发电系统。

太阳能电池的发电效率在一定程度上受电池组温度均匀性的影响。光伏组件将一系列太阳能电池串联而成，组件的输出电流将受到电池组中输出最小的电池的限制。因此，温度最高且效率最低的太阳能电池将会制约整个组件的发电效率。因此需保持光伏组件的温度均匀性。

散热系统的可靠性将在很大程度上决定太阳能电池的使用效率及寿命，设计时应考虑到极端情况，如最高温度限制和系统故障停运等。

4. 聚光光伏组件

HCPV广泛使用Ⅲ－Ⅴ族太阳能电池，在高辐射强度下仍具有很高的光电转换效率。Ⅲ－Ⅴ族太阳能电池与晶硅太阳能电池相比具有极高的光电转换效率及比硅高得多的耐高温特性。

HCPV中使用的Ⅲ－Ⅴ族太阳能电池采用多结叠层结构，选择不同材料进行组合使它们的吸收光谱和太阳光谱接近一致，提高了光电转换效率，理论转换效率可达68%。目前使用最多的是以GaInP为顶层结，以GaAs或GaInAs为中间层结，以 Ge 为底层结的三层 pn 结结构的多结叠层太阳能电池，其电池结构如图 7-15a 所示。这 3 种不同的半导体材料的晶格常数基本匹配，且每一种半导体材料均具有不同的禁带宽度，分别吸收不同波段的太阳光谱，从而提高了太阳能电池的量子效率及光谱响应。GaInP 的禁带宽度为 1.9eV，吸收太阳辐射的波谱范围为 400～650nm；GaInAs 的禁带宽度为 1.3eV，吸收太阳辐射的波谱范围为 560～950nm；大于 950nm 的太阳辐射由底层 Ge 来吸收，如图 7-15b 所示。

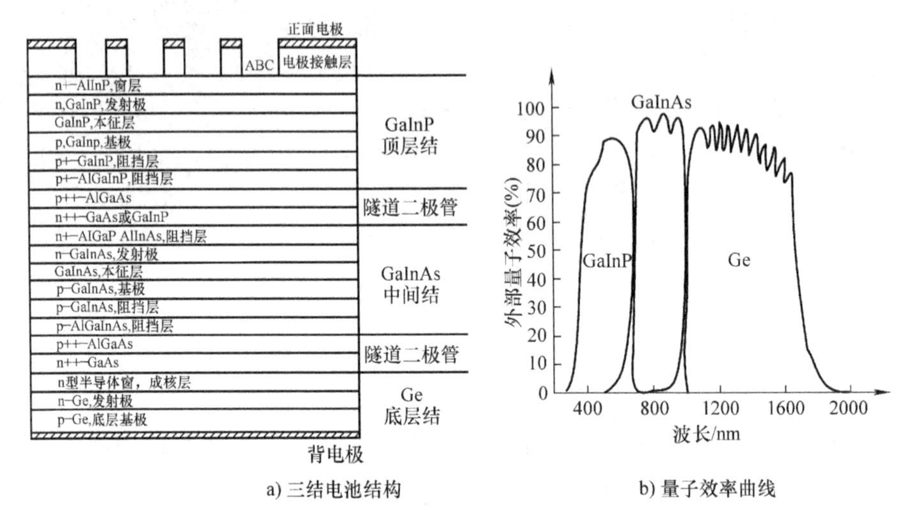

a) 三结电池结构　　b) 量子效率曲线

图 7-15　三结Ⅲ－Ⅴ族太阳能电池结构及其量子效率曲线

三结叠层结构的Ⅲ－Ⅴ族太阳能电池随聚光倍数的增加光电转换效率也将提高，到达极限效率后将下降，如图 7-16 所示。

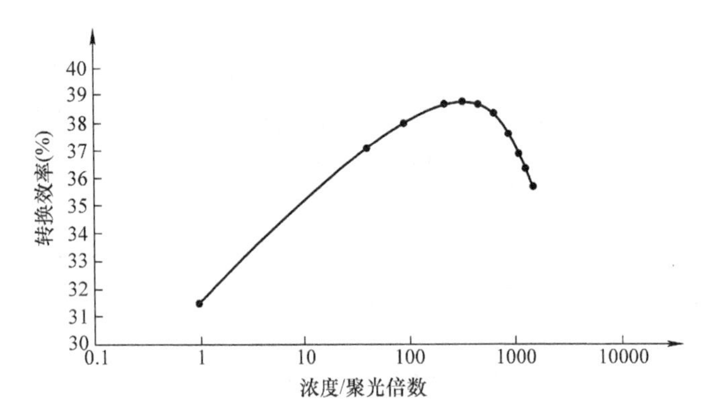

图 7-16　三结Ⅲ－Ⅴ族太阳能电池的光电转换效率随聚光倍数的变化

同时，光电转换效率的提高也意味着转换为热能的能量的降低，对散热系统的要求也将降低。

7.2　并网型光伏发电系统的体系结构

并网型光伏发电系统主要有光伏阵列、逆变器以及电网组成，而光伏发电系统追求最大的发电功率输出，光伏阵列的分布方式、与逆变器的连接关系以及逆变器的结构等对系统发电功率的输出有着直接影响。

根据光伏阵列的不同分布以及与逆变器的连接关系，并网型光伏发电系统可分为集中式结构、串行结构、多支路结构、交流模块式结构以及直流模块式结构等[2,3]。

7.2.1　集中式结构

集中式结构将所有的光伏组件通过串、并联构成光伏阵列，然后采用单台逆变器集中并网发电，其结构如图7-17所示。一般用于较大功率的并网型光伏发电系统，如光伏电站等。

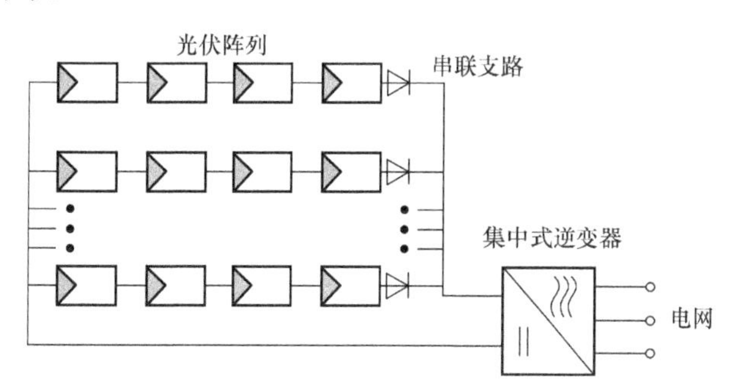

图7-17　集中式结构

集中式结构只采用一台并网逆变器，因而其结构简单、功率大、效率高，效率可达99%，价格相对便宜，施工方便。但是，每一个串联支路需串接一个二极管，防止形成内部环流，增加了二极管损耗。且抗阴影能力差，如阴影时光伏阵列的输出特性曲线出现复杂多波峰，无法实现良好的最大功率点跟踪。需要相对较高的直流母线电压，降低了安全性。最后，系统扩展和冗余能力差[2]。

7.2.2　串行结构

串行结构是指光伏组件通过串联构成光伏阵列，每一串光伏阵列接一台逆变器，并联多台并网发电，其结构如图7-18所示。

串行结构由于每一串光伏阵列接一台逆变器，因此无须串联二极管，阵列损耗下降，系统扩展和冗余能力增强。且由于每一支路控制各支路电池的最大功率点，因此阴影影响降低。但是，系统仍会受到阴影影响，相对于集中式成本高，效率

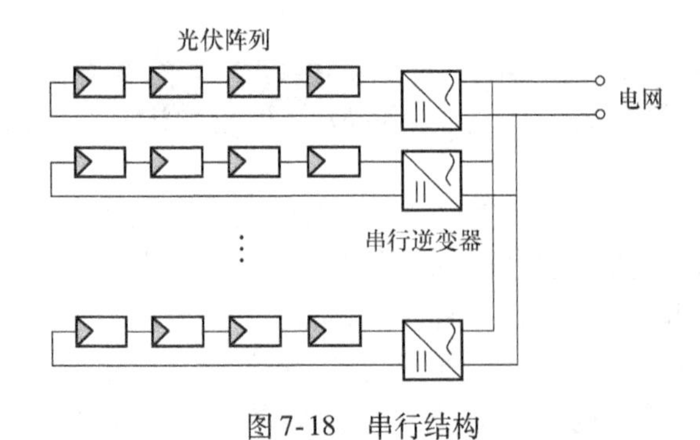

图 7-18　串行结构

低，一般为 97% 左右。

7.2.3　多支路结构

多支路结构是由多个 DC/DC 变换器及一个逆变器构成，综合了集中式和串行结构的优点[4,5]。具体实现形式主要有并联型和串联型两种多支路结构，其结构如图 7-19 所示。

多支路结构中每个 DC/DC 变换器控制每一支路，包括 MPPT 控制，因此无须串联二极管，阵列损耗下降，阴影影响降低。并联型多之路结构中某个 DC/DC 变换器出现故障，系统仍然能够工作，具有良好的可扩充性。且集中的逆变器效率高、系统成本降低、可靠性增强。但是，系统仍会受到阴影影响。

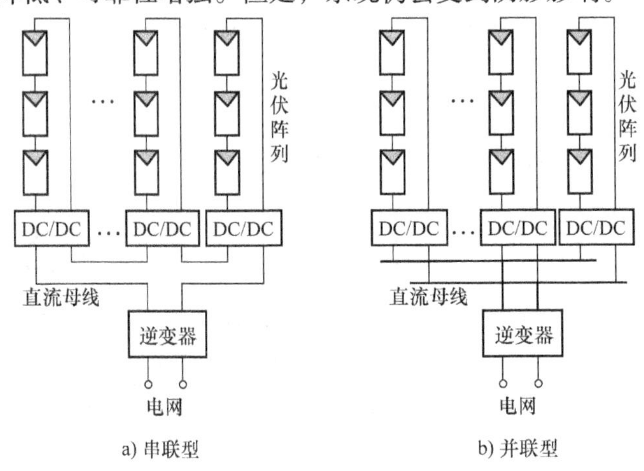

图 7-19　多支路结构

7.2.4　模块式结构

1. 交流模块式结构

交流模块式结构（Module Integrated Converter，MIC），最早由 Kleinkauf 教授于 20 世纪 80 年代提出，是指把并网逆变器和光伏组件集成在一起作为一个光伏发电系统模块，其结构如图 7-20 所示。

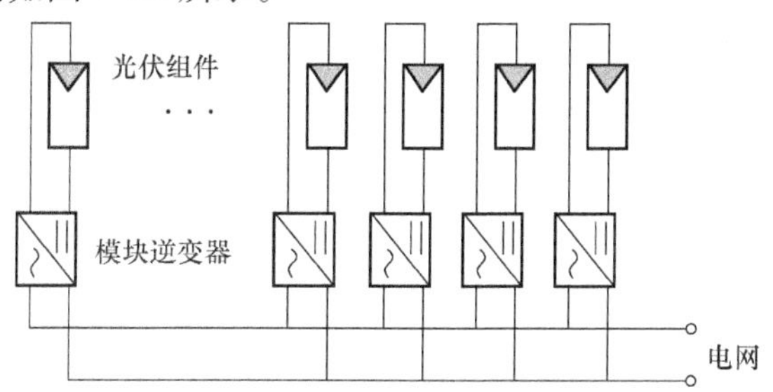

图 7-20　交流模块式结构

交流模块式结构每个光伏组件均集成并网逆变器，直接控制组件输出，因此不需要二极管，光伏组件损耗低，最大程度地提高了组件效率，没有直流母线高压，增加了系统工作的安全性，且无阴影问题，扩充性强[6]。但是，由于容量小逆变器效率较低，为 95% 左右，成本相对高。

2. 直流模块式结构

将并联多支路结构与交流模块式结构思想相结合提出了直流模块式结构，其结构如图 7-21 所示。

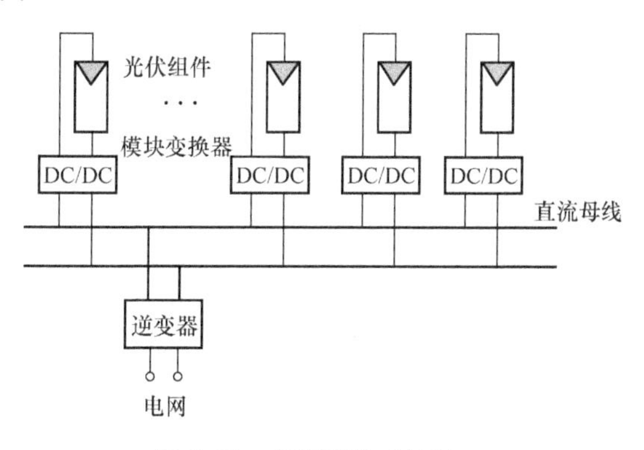

图 7-21　直流模块式结构

直流模块式结构每个光伏组件均集成 DC/DC 变换器，直接控制组件输出，因此不需要二极管，光伏组件损耗低，最大程度地提高了组件效率，且无阴影问题，扩充性强。由于输出为直流，因此可构成直流网，但是对于交流负载或为了并网需要逆变器。且由于容量小效率较低，成本相对高。

7.3　光伏并网逆变器

光伏并网逆变器是将太阳能电池所输出的直流电转换成符合电网要求的交流电并输入至电网的电力电子变换器。逆变器的性能决定整个光伏并网系统是否能够稳定、安全、可靠、高效地运行，同时也是影响整个系统寿命的主要因素。

光伏并网逆变器根据有无隔离变压器，光伏并网逆变器可分为隔离型和非隔离型，隔离型又可分为工频变压器隔离与高频变压器隔离，如图 7-22 所示。

7.3.1　光伏并网逆变器的电路拓扑[2]

1. 工频隔离型光伏并网逆变器

工频隔离型是光伏并网逆变器最常用的结构，也是目前市场上使用最多的光伏

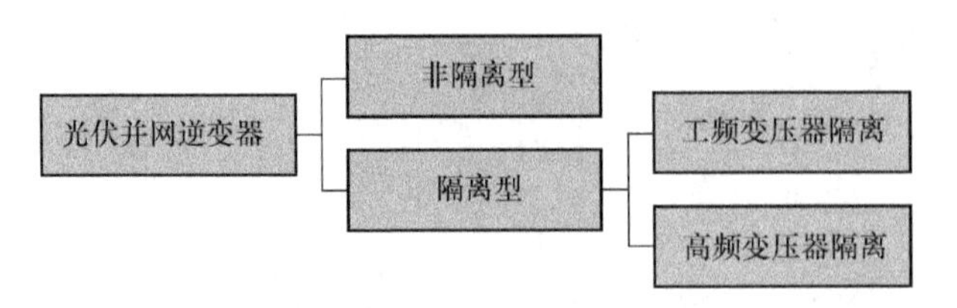

图 7-22　光伏并网逆变器分类

逆变器类型。工频隔离型光伏并网逆变器将光伏阵列输出的直流电转化为 50Hz/60Hz 的交流电，再经过工频变压器并入电网，该工频变压器同时完成电压匹配以及隔离功能。

工频隔离型光伏并网逆变器的主电路和控制电路相对简单，光伏阵列直流输入电压的匹配范围较大，而且由于光伏和电网隔离，保证了光伏系统不会向电网注入直流分量，并提高了系统安全性。但是，工频变压器体积大、质量重，工频变压器的存在还增加了系统损耗、成本和安装难度。

单相工频隔离型光伏并网逆变器一般采用半桥式和全桥式结构，如图 7-23 所示。单相并网光伏发电系统功率小于等于 8kW，工作电压一般小于 600V，效率为 95%左右。

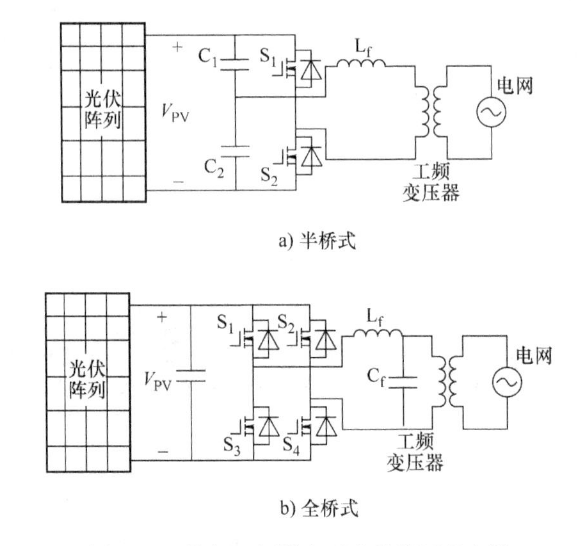

图 7-23　单相工频隔离型光伏并网逆变器

三相工频隔离型光伏并网逆变器一般采用两电平桥式结构或三电平桥式结构，如图 7-24 所示。三相工频隔离型光伏并网逆变器功率从 10kW 至数百 kW，效率可达99%。两电平结构直流工作电压一般在 450～820V，三电平结构直流工作电压一般在 600～1000V，三电平结构输出电流波形品质更好。

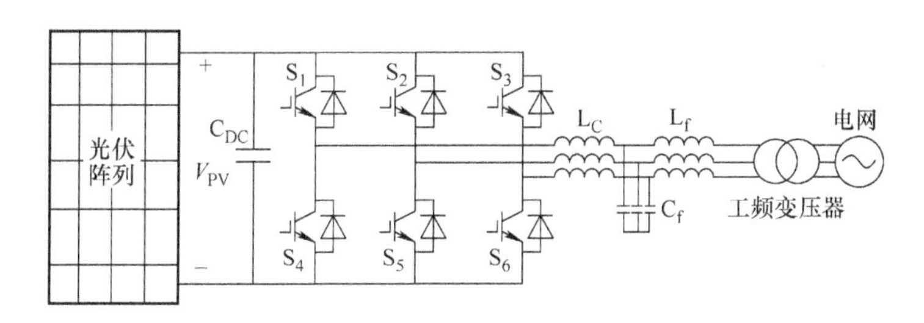

a) 三相桥式

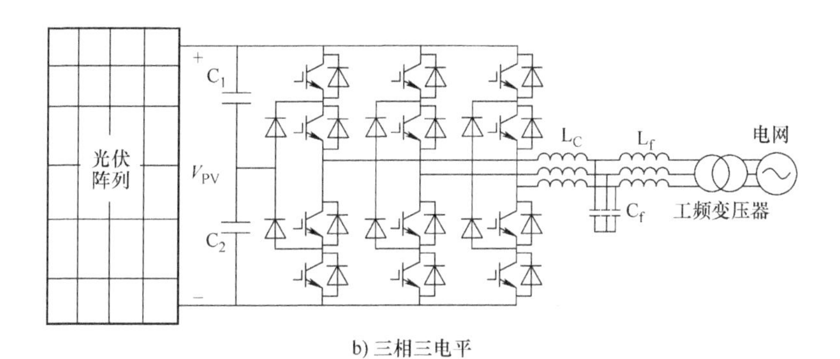

b) 三相三电平

图 7-24　三相工频隔离型光伏并网逆变器

2. 高频隔离型光伏并网逆变器

高频隔离型光伏并网逆变器与工频隔离型的不同在于使用了高频变压器。由于工作频率可达几十千赫兹到几百千赫兹，因此滤波器体积也可大大减小。高频变压器相比于工频变压器具有体积小、质量轻等优点。但是电力电子器件较多，拓扑结构及控制方法比较复杂，且单机容量小，一般在几百瓦至几千瓦，效率相对较低，一般在95%左右。

目前，光伏组件功率一般在150～300W，因此交流模块式结构中的模块逆变器容量一般采用反激式逆变器结构，如图7-25所示[7]。反激电路采用正弦脉宽宽度调制（Sinusoidal Pulse Width Modulation，SPWM）方法，输出正弦整流波形，后级桥式逆变电路做工频运行，将后半波转换极性，形成正弦波，并入电网。

反激式逆变器相对其他高频隔离型逆变器结构简单，但是功率较小，因此多采用交错并联结构，效率大约在93%以上，直流工作电压一般在20～50V。

单机容量在几千瓦的高频隔离型光伏并网逆变器一般采用桥式结构，如图7-26所示。桥式高频隔离型光伏并网逆变器有两种工作模式，一种为前级逆变桥工作在等占空比（50%）模式，然后后级高频逆变电路采用SPWM方法进行逆变，LC滤波后并入电网，其电路拓扑如图7-26a所示[8]。另一种为前级逆变桥采用高频正弦脉宽脉位调制（Sinusoidal Pulse Width Position Modulation，SPWPM）方法，经过LC滤波输出正弦整流波形，后级逆变桥工作在工频模式，将后半波进行

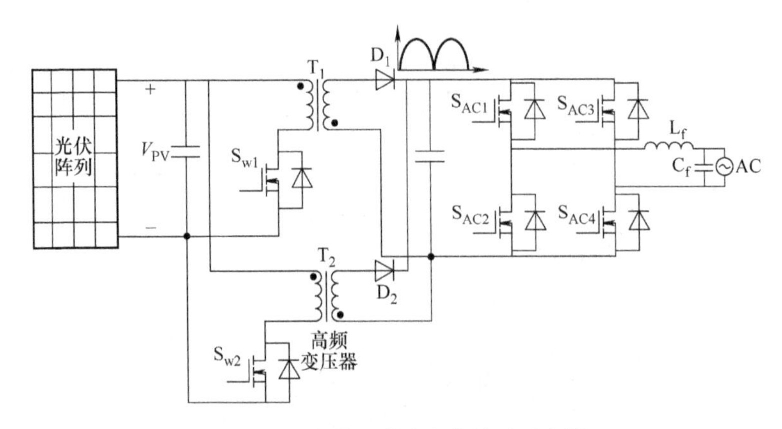

图 7-25　交错反激式光伏并网逆变器

极性转换，形成正弦交流波形并入电网，其电路拓扑如图 7-26b 所示。相比于第一种工作模式，第二种工作模式后级逆变桥工作在工频模式下，开关频率低，损耗小，效率相对较高[9]。

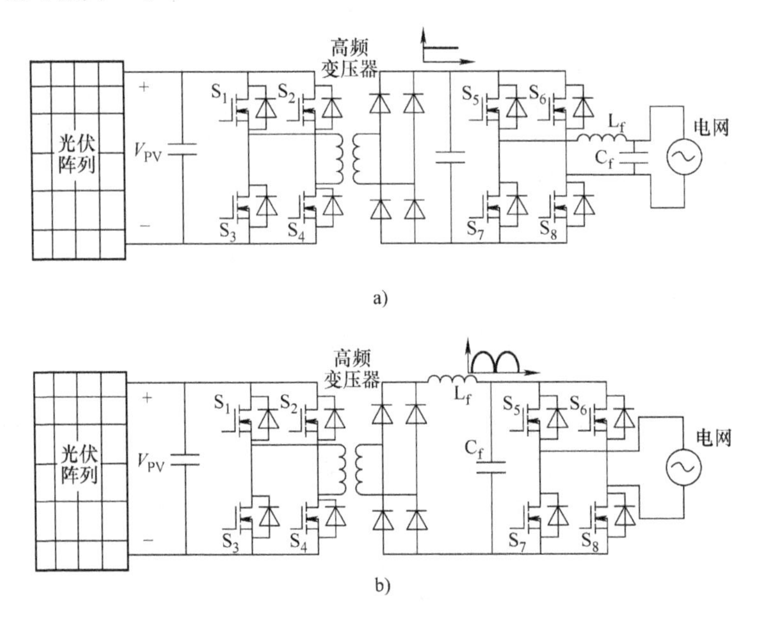

图 7-26　桥式高频隔离型光伏并网逆变器

3. 非隔离型光伏并网逆变器

隔离型逆变器中，变压器将电能转化成磁能，再将磁能转换成电能。显然这一过程导致能量损耗，一般数千瓦的小容量变压器导致的能量损耗可达 5%，甚至更高。因此，为了提高光伏并网逆变器的效率，采用无变压器的非隔离型光伏并网逆变器。

由于省去了笨重的工频变压器或复杂的高频变压器，系统结构简单、质量轻、成本低、具有相对较高的效率。但是，光伏阵列与电网是不隔离的，容易向电网注入直流分量，且导致光伏组件与电网电压直接连接，太阳能电池板两极有电网电压，降低了安全性。大面积的太阳能电池阵列不可避免地与地面存在较大的分布电容，会产生太阳能电池对地的共模漏电流。

去除工频隔离型光伏并网逆变器各种拓扑中的变压器，即是非隔离型光伏并网逆变器的各种拓扑，如半桥式、全桥式、三电平等。但是，这些传统拓扑结构为降压电路，直流侧电压必须大于电网电压峰值，即光伏阵列的输出电压必须满足并网逆变要求才能正常运行，因此降低了对光伏阵列的 MPPT 控制范围。采用如图 7-27所示的多级结构，可很好地解决这些问题。

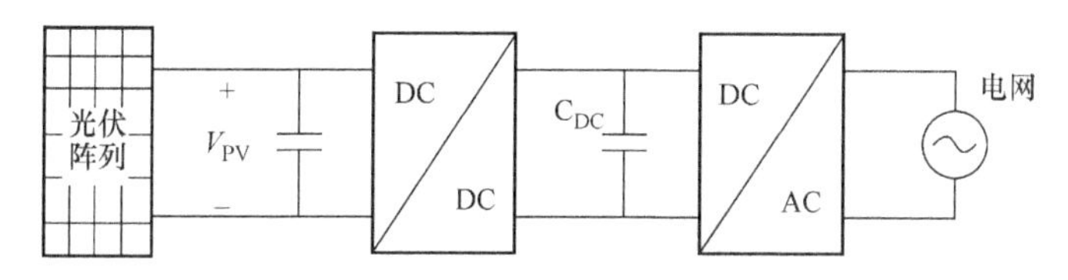

图 7-27　多级光伏并网逆变器

采用多级变换的拓扑结构前级 DC/DC 变换电路进行光伏阵列的 MPPT 控制，后级 DC/AC 逆变电路进行并网逆变控制。MPPT 和并网逆变分开控制不仅可以放大 MPPT 控制范围，还可以采用多路 DC/DC 形成并联型多支路结构以及可提供稳定的直流母线电压。

如图 7-28 所示，前级 DC/DC 一般采用 Boost 电路进行升压控制，使得光伏阵列工作在一个宽泛的范围内，并且没有逆变电路的功率波动，Boost 电路的输入端电压波动很小，提高了 MPPT 精度。

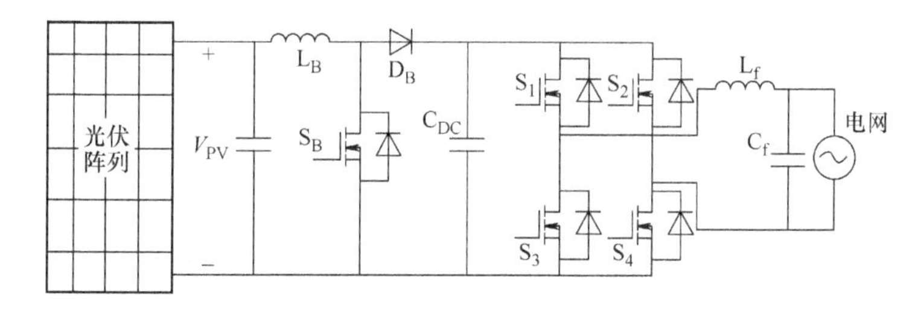

图 7-28　两级式单相光伏并网逆变器

随着系统功率等级越来越大，光伏阵列并联数越来越多，为了加快动态响应，提高 MPPT 精度，可并联前级 DC/DC 电路，采用载波移相 PWM 多重化调制技术。基于双重化 Boost 电路的多级光伏并网逆变器拓扑结构如图 7-29 所示。

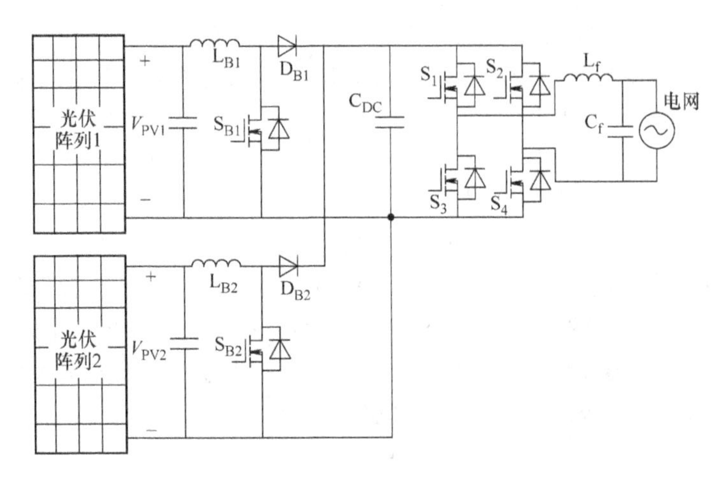

图 7-29　双重化 Boost 电路的多级光伏并网逆变器拓扑结构

7.3.2　光伏并网逆变器的功能

光伏并网逆变器的基本功能是把来自光伏阵列的直流电转换成交流电，并把电能输送给连接于公共电网的交流负载，同时把剩余的电能逆流到电网中。除了这个基本功能外还需有自动运行和停机功能、最大功率点跟踪控制、反孤岛效应功能、自动电压调整功能等主要功能以及过电压、过电流、漏电检测等保护功能。对于高频变压器隔离或非隔离型光伏并网逆变器还需有直流分量抑制功能等。

1. 自动运行和停机功能

早晨日出后，太阳辐照度逐渐增大，当达到可获取输出的条件时，并网逆变器将自动开始运行。一旦进入运行状态就开始自动监视太阳能电池方阵的输出。

日落、阴天或雨天时，只要满足运行条件便继续运行，直到光伏阵列输出很小，并网逆变器输出接近零时，自动停机。

2. 最大功率点跟踪控制

在不同条件下，太阳能电池的输出功率随工作电压的变化而改变，且有唯一的最大功率点。因此，对于光伏发电系统来说，应当寻求太阳能电池的最优工作状态，以最大限度地利用太阳能。利用某种控制方法，实现太阳能电池的最大功率输出运行的技术被称为最大功率点跟踪（MPPT）控制技术。

常用的 MPPT 控制方法有定电压跟踪法、短路电流比例系数法、扰动观察法、电导增量法以及其他智能 MPPT 控制方法[10-12]。

光伏并网逆变器控制输出电流与电网同频同相以并入电网，同时为了提高效率需控制光伏阵列的电压，实现 MPPT 控制。

3. 反孤岛效应功能

光伏发电系统处于并网状态下电网发生故障事故或停电时，光伏发电系统未能及时检测出停电状态继续向电网供电的运行状态称为孤岛（Islanding）效应。

孤岛效应的发生给系统设备及相关人员带来了如下危害：

1）由于光伏并网逆变器通常只控制输出电流，因此孤岛效应使电压和频率失去控制，将会发生较大的波动，对用户设备造成损坏；

2）电网恢复时不像光伏并网逆变器的起动先去锁相再并入电网，而是直接投入，将由于不同步会引起大的电流冲击；

3）用户或线路维修人员不一定意识到断开电网的设备还有电，给相关人员带来触电的危险。

因此，当电网跳闸时，光伏并网逆变器必须具备反孤岛保护功能，即应及时检测孤岛效应并切除功能。

反孤岛策略有被动式和主动式两种，被动式是通过捕捉从并网运行向单独运行转移时电压波形或相位等的变化来检测单独运行状态。主动式是并网逆变器主动去扰动电网，并分析其响应的策略方式，有主动频移法、功率扰动法等[2]。

4. 自动电压调整功能

并网型光伏发电系统并网运行时，由于电能逆流并网点的电压有时会超过电网的允许范围，此时逆变器应自动调压，防止电压上升。自动电压调整一般采用超前相位无功功率控制和输出功率控制等。

1）超前相位无功功率控制：正常状态下逆变器的输出电流与电网电压同相位，并控制其功率因数等于1。并网点的电压上升并超过设定电压时，将解脱功率因数为1的控制，使逆变器的电流相位超前于电网电压。因为有相位差，降低并网电流，起到降低并网电压的作用。超前电流的控制进行到功率因数等于0.8为止。由此抑制电压上升的效果最大可达2%～3%。

2）输出功率控制：用超前相位无功功率控制抑制电压达到极限后，电网电压仍然上升时，将控制其输出功率，限制光伏系统的输出，防止并网点的电压上升。

习　题

1. 跟踪型光伏发电系统比固定型可提高20%～35%的发电效率，但是为什么实际应用相对较少？

2. 光伏并网逆变器除了基本逆变并网功能外还需有什么其他功能？

3. 光伏逆变器为什么需要MPPT控制？

参考文献

[1] 沈文忠. 太阳能光伏技术与应用［M］. 上海：上海交通大学出版社，2013.

[2] 张兴. 太阳能光伏并网发电及其逆变控制 [M]. 北京：机械工业出版社，2011.

[3] NAKAJIMA A, ICHIKAWA M, SAWADA T, et al. Improvement on actual output power of thin film Silicon HYBRID module [C] // World Conference on Photovoltaic Energy Conversion, 2004: 1915 - 1918.

[4] MEINHARDT M, CRAMER G, BURGER B, et al. Multi - string - converter with reduced specific costs and enhanced functionality [J]. Solar Energy, 2001, 69 (1/6): 217 - 227.

[5] PIAO Zheng - guo, CHOI Y O. The performance evaluation analysis of PV system for arch and flat - plate type [J]. Korean Institute of Electrical Engineers, 2015, 64 (7): 1012 - 1018.

[6] 陈诚. 两级式光伏微型逆变器的研究 [D]. 北京：北方工业大学，2015.

[7] 张明. 基于 CCM 的软开关反激光伏逆变器的研究 [D]. 北京：北方工业大学，2016.

[8] 薛昊. 高效微型光伏并网逆变器的研制 [D]. 北京：北方工业大学，2015.

[9] 张腾. 基于 LCL 谐振的高频隔离型光伏并网逆变器的研究 [D]. 北京：北方工业大学，2015.

[10] ESRAM T, CHAPMAN P L. Comparison of photovoltaic array maximum power point tracking techniques [J]. IEEE Transactions on Energy Conversion, 2007, 22 (2): 439 - 449.

[11] XIAO Wei - dong, DUNFORD W G, PALMER P R, et al. Application of centered differentiation and steepest descent to maximum power point tracking [J]. IEEE Transactions on Industrial Electronics, 2007, 54 (5): 2539 - 2549.

[12] 户永杰. LCT 谐振式高频隔离型光伏并网逆变器的研究 [D]. 北京：北方工业大学，2017.

附　录

附录 A　常用物理常数表

名称	数值	名称	数值
电子电量 q	1.602×10^{-19}C	阿伏伽德罗常数 N	6.025×10^{23}mol^{-1}
电子静止质量 m_0	9.108×10^{-31}kg	玻耳半径（$a_0=h_2/(m_0q)$）	0.529×10^{-10}m
真空中光速 c	2.998×10^{8}m/s	真空介电常数 ε_0	8.854×10^{-12}F/m
普朗克常数 h	6.625×10^{-34}J·s	真空磁导率 μ_0	$4\pi\times10^{-7}$H/m
$h=h/$（2π）	1.054×10^{-34} J·s	绝对零度	−273.15℃
玻耳兹曼常数 k_0	1.380×10^{-23}J/K	室温（300K）的 kT 值	0.026eV

附录 B Ⅳ族半导体材料的性质

性质		材料			
		Si	Ge	SiC	
密度/(10^{-3}kg/cm^3)		2.328	5.3267	3.2	
原子密度/(10^{22}cm^{-3})		5.00	4.42	—	—
晶体结构		金刚石	金刚石	闪锌矿	纤锌矿
晶格常数/nm		0.543089	0.565754	0.43595	a 0.308065
					c 1.511738
熔点/℃		1420	941	2830	
热导率/(W/cm·K)		1.40	0.65	0.2	4.9
热膨胀系数/(10^{-6}K^{-1})		2.44	5.5	2.9	
体压缩系数/(10^{-7}cm^2/N)		1.02	1.3	—	—
介电常数		11.9	16.0	9.72	10.32
本征载流子浓度/(cm^{-3})		1.02×10^{10}	2.4×10^{13}	—	—
本征电阻率/(Ω·cm)		3.16×10^{5}	50	0.7	1
迁移率/(cm^2/V·s)	电子	1350	3900	980	300
	空穴	500	1900	—	50
有效质量 m_0	电子	m_l0.97 m_t0.19	m_l1.64 m_l0.0819	0.4	m_l1.5 m_l0.25
	空穴	$(m_p)_l$0.16 $(m_p)_h$0.53	$(m_p)_l$0.044 $(m_p)_h$0.28	—	3.5
态密度有效质量 m_0	电子	1.062	0.55	—	1.0
	空穴	0.591	0.37		
寿命/μs		130	2×10^{4}	<1	
禁带宽度/eV		1.119	0.6643	2.6	2.994
温度系数/(10^{-4}eV/K)		−2.8	−3.6	−5.8	−3.3
电子亲和能/eV		4.05	4.13	4	—
功函数/eV		4.6	4.80	—	4.4

注：1. 三维空间中的晶格一般有 3 个晶格常数，分别用 a、b、c 来表示。

2. m_l 为纵向有效质量，m_t 为横向有效质量，$(m_p)_l$ 为轻空穴有效质量，$(m_p)_h$ 为重空穴有效质量。

附录 C　Ⅲ－Ⅴ族半导体材料的性质

性质		材料		
		GaAs	InAs	InSb
密度/(10^{-3}kg/cm^3)		5.307	5.667	5.7751
晶体结构		闪锌矿	闪锌矿	闪锌矿
晶格常数/nm		0.56419	0.60584	0.647877
熔点/℃		1238	943	525
热导率/(W/cm·K)		0.54	0.26	0.18
热膨胀系数/(10^{-6}K^{-1})		6.0	5.19	5.04
介电常数		13.18	14.55	17.72
迁移率/(cm^2/V·s)	电子	8000	22600	10000
	空穴	100～3000	150～200	1700
有效质量 m_0	电子	0.067	0.027	0.0135
	空穴	$(m_p)_1$0.082 $(m_p)_h$0.45	$(m_p)_1$0.025 $(m_p)_h$0.41	$(m_p)_1$0.016 $(m_p)_h$0.44
态密度有效质量 m_0	电子 空穴	1.1	—	0.438
禁带宽度/eV		1.424	0.356（d）	0.18
温度系数/(10^{-4}eV/K)		-3.95	-3.5	-2.9
电子亲和能/eV		4.07	4.90	4.59
功函数/eV		4.71	4.55	4.77

注：d 表示直接带隙。

附录 D　Ⅱ－Ⅵ族半导体材料的性质

性质		材料				
		ZnO	CdS	CdSe	CdTe	
密度/(10^{-3}kg/cm^3)		—	4.84	5.74	5.90	5.86
晶体结构		纤锌矿	纤锌矿	纤锌矿	纤锌矿	闪锌矿
晶格常数/nm		a 0.32496	a 0.4136	a 0.4299	a 0.457	0.6477
		c 0.52065	c 0.6713	c 0.7010	c 0.747	
熔点/℃		2000	1750	1350	1098	1098
迁移率/(cm^2/V·s)	电子	180	210	500	300	600
	空穴	—	18	—	65	65
有效质量 m_0	电子	0.32	0.20	0.13	0.14	0.11
	空穴	0.27	5（//c） 0.7（⊥c）	2.5（//c） 0.4（⊥c）	0.37	0.35
禁带宽度/eV		3.2	2.53	1.74	1.44	1.50
温度系数/(10^{-4}eV/K)		-9.5	-5	-4.6	—	-4.1

注：//c 表示与 c 平行轴的分量，⊥c 表示与 c 垂直轴的分量。

附录 E Ⅳ-Ⅵ族半导体材料的性质

性质			材料		
			PbS	PbSe	PbTe
密度/(10^{-3}kg/cm^3)			7.60	8.15	8.16
晶体结构			氯化钠型	氯化钠型	氯化钠型
晶格常数/nm			0.5935	0.6122	0.6439
熔点/℃			1114	1065	917
热导率/(W/cm·K)			0.03	0.017	0.017
热膨胀系数/(10^{-6}K^{-1})			2.6	2.0	2.7
折射率			4.19 (6μm)	4.54 (6μm)	5.48 (6μm)
介电常数			169	210	425
迁移率/(cm^2/V·s)		电子	550	1020	1620
		空穴	600	930	750
有效质量 m_0	电子	m_l	0.105	0.07	0.24
		m_t	0.080	0.040	0.024
	空穴	m_l	0.105	0.068	0.31
		m_t	0.075	0.034	0.022
态密度有效质量 m_0		电子	0.088	0.048	0.052
		空穴	0.084	0.043	0.053
禁带宽度/eV			0.42	0.29	0.32
温度系数/(10^{-4}eV/K)			4	4	4